中文版
Animate CC 2019
基础培训教程

数字艺术教育研究室 编著

人民邮电出版社
北 京

图书在版编目（CIP）数据

中文版Animate CC 2019基础培训教程 / 数字艺术教
育研究室编著. -- 北京 : 人民邮电出版社，2021.2
ISBN 978-7-115-53656-3

Ⅰ．①中… Ⅱ．①数… Ⅲ．①超文本标记语言－程序
设计－教材 Ⅳ．①TP312.8

中国版本图书馆CIP数据核字(2020)第206654号

内 容 提 要

本书全面、系统地介绍了 Animate CC 2019 的基本操作方法和网页动画的制作技巧，包括 Animate CC 2019 基础入门、图形的绘制与编辑、对象的编辑与修饰、文本的编辑、外部素材的应用、元件和库、基本动画的制作、层与高级动画、声音素材的导入和编辑、动作脚本应用基础、制作交互式动画、组件和动画预设、商业案例实训等内容。

本书主要以课堂案例为主线，通过对各案例实际操作的讲解，帮助读者快速上手，熟悉软件功能和网页动画制作思路。书中的软件功能解析部分使读者能够深入学习软件功能；课堂练习和课后习题，可以拓展读者的实际应用能力，提高读者的软件使用水平；商业案例实训，可以帮助读者快速掌握动画的设计理念和设计元素，使读者顺利达到实战水平。

本书附带学习资源，内容包括书中所有案例的素材、效果文件以及在线视频，读者可通过在线方式获取这些资源，具体方法请参看本书前言。

本书适合作为院校和培训机构艺术专业课程的教材，也可作为 Animate CC 2019 自学人士的参考用书。

◆ 编　　著　　数字艺术教育研究室
　　责任编辑　　张丹丹
　　责任印制　　马振武

◆ 人民邮电出版社出版发行　　北京市丰台区成寿寺路 11 号
　　邮编　100164　　电子邮件　315@ptpress.com.cn
　　网址　https://www.ptpress.com.cn
　　三河市中晟雅豪印务有限公司印刷

◆ 开本：787×1092　1/16
　　印张：18
　　字数：481 千字　　　　　　　　　2021 年 2 月第 1 版
　　印数：1 – 2 500 册　　　　　　　2021 年 2 月河北第 1 次印刷

定价：59.80 元

读者服务热线：(010)81055410　印装质量热线：(010)81055316
反盗版热线：(010)81055315
广告经营许可证：京东市监广登字 20170147 号

Animate CC 2019 是 Adobe 公司开发的网页动画制作软件。它功能强大、易学易用，深受网页制作爱好者和动画设计人员的喜爱，已经成为这一领域非常流行的软件。目前，我国很多院校和培训机构的艺术专业都将 Animate 作为一门重要的专业课程。为了帮助院校和培训机构的教师比较全面、系统地讲授这门课程，也为了帮助读者熟练地使用 Animate 进行动画设计，数字艺术教育研究室组织院校从事 Animate 教学的教师和网页动画设计公司经验丰富的设计师共同编写了本书。

我们对本书的编写体例做了精心的设计，按照"课堂案例—软件功能解析—课堂练习—课后习题"这一思路进行编排，力求通过课堂案例演练使读者快速熟悉软件功能和动画设计思路；通过软件功能解析使读者深入学习软件功能和制作技巧；通过课堂练习和课后习题，拓展读者的实际应用能力。在内容编写方面，我们力求通俗易懂、细致全面；在文字叙述方面，我们注意言简意赅、重点突出；在案例选取方面，我们强调案例的针对性和实用性。

本书附带学习资源，内容包括书中所有案例的素材及效果文件。读者在学习时，可以调用这些资源进行深入练习。这些学习资源文件均可在线获取，扫描"资源获取"二维码，关注"数艺设"的微信公众号，即可得到资源文件获取方式，并且可以通过该方式获得"在线视频"的观看地址。另外，购买本书作为授课教材的教师也可以通过该方式获得教师专享资源，其中包括教学大纲、电子教案、PPT 课件，以及课堂案例、课堂练习和课后习题的教学视频等相关教学资源包。如需资源获取技术支持，请致函 szys@ptpress.com.cn。本书的参考学时为 66 学时，其中实训环节为 24 学时，各章的参考学时可以参见下面的学时分配表。

资源获取

章　序	课程内容	学时分配	
		讲　授	实　训
第 1 章	Animate CC 2019 基础入门	2	
第 2 章	图形的绘制与编辑	4	2
第 3 章	对象的编辑与修饰	4	1
第 4 章	文本的编辑	4	1
第 5 章	外部素材的应用	2	1
第 6 章	元件和库	4	1
第 7 章	基本动画的制作	4	2
第 8 章	层与高级动画	4	2
第 9 章	声音素材的导入和编辑	2	1
第 10 章	动作脚本应用基础	2	2
第 11 章	制作交互式动画	2	3
第 12 章	组件和动画预设	2	2
第 13 章	商业案例实训	6	6
学 时 总 计		42	24

由于时间仓促，编者水平有限，书中难免存在疏漏之处，敬请广大读者批评指正。

编　者
2020 年 8 月

资源与支持

本书由"数艺设"出品，"数艺设"社区平台（www.shuyishe.com）为您提供后续服务。

学习资源

所有案例的素材、效果文件和在线视频

教师专享资源

教学大纲
电子教案
PPT 课件
教学视频

资源获取请扫码

"数艺设"社区平台，为艺术设计从业者提供专业的教育产品。

与我们联系

我们的联系邮箱是 szys@ptpress.com.cn。如果您对本书有任何疑问或建议，请您发邮件给我们，并请在邮件标题中注明本书书名及 ISBN，以便我们更高效地做出反馈。

如果您有兴趣出版图书、录制教学课程，或者参与技术审校等工作，可以发邮件给我们；有意出版图书的作者也可以到"数艺设"社区平台在线投稿（直接访问 www.shuyishe.com 即可）。如果学校、培训机构或企业想批量购买本书或"数艺设"出版的其他图书，也可以发邮件给我们。

如果您在网上发现针对"数艺设"出品图书的各种形式的盗版行为，包括对图书全部或部分内容的非授权传播，请您将怀疑有侵权行为的链接通过邮件发给我们。您的这一举动是对作者权益的保护，也是我们持续为您提供有价值的内容的动力之源。

关于"数艺设"

人民邮电出版社有限公司旗下品牌"数艺设"，专注于专业艺术设计类图书出版，为艺术设计从业者提供专业的图书、U 书、课程等教育产品。出版领域涉及平面、三维、影视、摄影与后期等数字艺术门类，字体设计、品牌设计、色彩设计等设计理论与应用门类，UI 设计、电商设计、新媒体设计、游戏设计、交互设计、原型设计等互联网设计门类，环艺设计手绘、插画设计手绘、工业设计手绘等设计手绘门类。更多服务请访问"数艺设"社区平台 www.shuyishe.com。我们将提供及时、准确、专业的学习服务。

目 录

第1章

Animate CC 2019 基础入门

本章介绍

本章将详细讲解 Animate CC 2019 的基础知识和基本操作。通过学习本章内容，读者可以对 Animate CC 2019 有一个初步的认识，并能够掌握软件的基本操作方法和技巧，为以后的学习打下坚实的基础。

学习目标

● 了解 Animate CC 2019 的操作界面。

● 掌握文件操作的方法和技巧。

● 了解 Animate CC 2019 的系统配置。

技能目标

● 了解 Animate CC 2019 的操作界面。

● 熟练掌握 Animate CC 2019 的文件操作方法。

● 了解 Animate CC 2019 的系统配置。

1.1 Animate CC 2019 的操作界面

Animate CC 2019 的操作界面由以下几部分组成：菜单栏、工具箱、时间轴、场景和舞台、“属性”面板及浮动面板，如图 1-1 所示。下面将一一介绍各组成部分。

菜单栏
时间轴
工具箱
场景和
舞台
“属性”面板
浮动面板

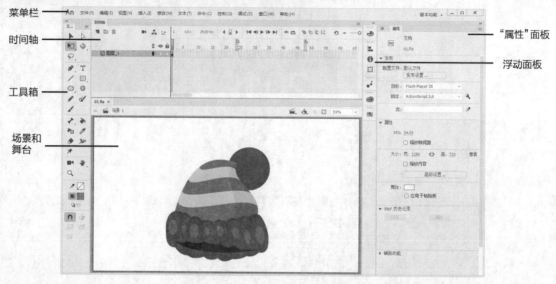

图 1-1

1.1.1 菜单栏

Animate CC 2019 的菜单栏依次为“文件”菜单、“编辑”菜单、“视图”菜单、“插入”菜单、“修改”菜单、“文本”菜单、“命令”菜单、“控制”菜单、“调试”菜单、“窗口”菜单及“帮助”菜单，如图 1-2 所示。

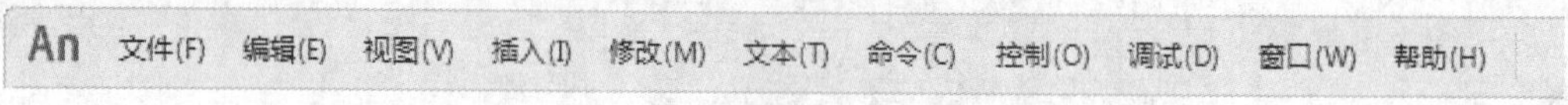

An
文件(F)
编辑(E)
视图(V)
插入(I)
修改(M)
文本(T)
命令(C)
控制(O)
调试(D)
窗口(W)
帮助(H)

图 1-2

“文件”菜单：主要功能是创建、打开、保存、打印、输出动画，以及导入外部图形、图像、声音、动画文件，以便在当前动画中使用。

“编辑”菜单：主要功能是对舞台上的对象和帧进行选择、复制、粘贴，以及自定义面板、设置参数等。

“视图”菜单：主要功能是进行环境设置。

“插入”菜单：主要功能是创建图层、元件、动画及插入帧。

“修改”菜单：主要功能是修改动画中的对象。

“文本”菜单：主要功能是修改文字的大小、样式、对齐方式，以及对字母间距进行调整等。

“命令”菜单：主要功能是创建和管理、获取、运行命令。

"控制"菜单：主要功能是测试、播放动画。

"调试"菜单：主要功能是对动画进行调试。

"窗口"菜单：主要功能是控制各功能面板的显示及面板的布局设置。

"帮助"菜单：主要功能是提供在线帮助信息和支持站点的信息，包括教程和 ActionScript 帮助。

1.1.2　工具箱

选择"窗口 > 工具"命令，或按 Ctrl+F2 组合键，打开工具箱。工具箱提供了用于图形绘制和编辑的各种工具，分为"工具""查看""颜色""选项"4 个功能区，如图 1-3 所示。其中，有些工具按钮的右下方带有小三角标记◢，这表示还有拓展工具，将鼠标指针放置在工具按钮上，按住鼠标左键即可将其展开。

1. "工具"区

提供用于选择、创建、编辑图形的工具。

"选择"工具▶：选择和移动舞台上的对象，改变对象的大小和形状等。

"部分选取"工具▷：抓取、选择、移动和改变形状及运动路径。

"任意变形"工具▣：对舞台上选定的对象进行缩放、扭曲、旋转、变形。

"渐变变形"工具▣：对舞台上选定的对象进行填充渐变色变形。

"3D 旋转"工具◉：可以在 3D 空间中旋转影片剪辑实例。在使用该工具选择影片剪辑后，3D 旋转控件出现在选定对象之上。x 轴为红色，y 轴为绿色，z 轴为蓝色。使用橙色的自由旋转控件可同时绕 x 轴和 y 轴旋转。

"3D 平移"工具⚓：可以在 3D 空间中移动影片剪辑实例。在使用该工具选择影片剪辑后，影片剪辑的 x、y 和 z 这 3 个轴将显示在舞台上对象的顶部。x 轴为红色，y 轴为绿色，而 z 轴为黑色。应用此工具可以将影片剪辑分别沿着 x 轴、y 轴或 z 轴平移。

"套索"工具◯：在舞台上选择不规则的区域或多个对象。

"多边形"工具▽：在舞台上选择规则的区域或多个对象。

图 1-3

"魔术棒"工具✎：在舞台上根据颜色的范围来选择区域。

"钢笔"工具✒：绘制直线或光滑的曲线，调整直线的长度、角度及曲线的曲率等。

"添加锚点"工具✒：在绘制的线段上单击可以添加锚点。

"删除锚点"工具✒：在锚点上单击可以删除锚点。

"转换锚点"工具⌐：转换锚点的方向。

"文本"工具Ｔ：创建、编辑字符对象和文本窗体。

"线条"工具／：绘制直线段。

"矩形"工具▢：绘制矩形向量色块或图形。

"基本矩形"工具▣：绘制基本矩形，此工具用于绘制图元对象。图元对象是一种允许用户在属性面板中调整其特征的形状。使用此工具可以在创建形状之后精确地控制形状的大小、边角半径及其他属性，而无须从头开始绘制。

"椭圆"工具◯：绘制椭圆形、圆形向量色块或图形。

"基本椭圆"工具 ⊙：绘制基本椭圆形，此工具用于绘制图元对象。图元对象是一种允许用户在属性面板中调整其特征的形状。使用此工具可以在创建形状之后精确地控制形状的开始角度、结束角度、内径及其他属性，而无须从头开始绘制。

"多角星形"工具 ⊙：绘制等比例的多边形。

"铅笔"工具 ✐：绘制任意形状的向量图形。

"画笔"工具 ✐：绘制任意形状的色块矢量图形（颜色由笔触颜色决定）。

"画笔"工具 ✐：绘制任意形状的色块矢量图形（颜色由填充颜色决定）。

"骨骼"工具 ✐：可以实现反向运动，为制作的人物添加动画效果。

"绑定"工具 ✐：可以调整骨骼与控制点之间的关系。

"颜料桶"工具 ✐：改变色块的颜色。

"墨水瓶"工具 ✐：改变向量线段、曲线、图形边框线的颜色。

"滴管"工具 ✐：将舞台图形的属性赋予当前绘图工具。

"橡皮擦"工具 ◆：擦除舞台上的图形。

"宽度"工具 ✐：修改笔触的宽度。

"资源变形"工具 ✐：可以更好地控制手柄和变形结果。

2．"查看"区

提供可以改变舞台画面的工具，以便更好地进行观察。

"摄像头"工具 ▣：模仿摄像头移动的效果。

"手形"工具 ✋：移动舞台画面，以便更好地进行观察。

"旋转"工具 ✐：可以临时旋转舞台的视图角度，以特定角度进行绘制，而不用像"任意变形"工具 ▣那样，需要永久旋转舞台上的实际对象。

"时间滑动"工具 ✐：可以在舞台窗口中拖曳鼠标以调整时间标签所在的位置。

"缩放"工具 🔍：改变舞台画面的显示比例。

3．"颜色"区

选择用于绘制、编辑图形的笔触颜色和填充颜色。

"笔触颜色"按钮 ✐：选择图形边框和线条的颜色。

"填充颜色"按钮 ▣：选择要填充的区域的颜色。

"黑白"按钮 ▣：系统默认的颜色。

"交换颜色"按钮 ▣：可将笔触颜色和填充颜色进行交换。

4．"选项"区

不同的工具有不同的选项，通过"选项"区可为当前所选择的工具选择属性。

1.1.3　时间轴

时间轴用于组织和控制文件内容在一定时间内播放。按照功能的不同，"时间轴"面板分为左右两部分，分别为层控制区和时间线控制区，如图1-4所示。时间轴的主要组件是层、帧和播放头。

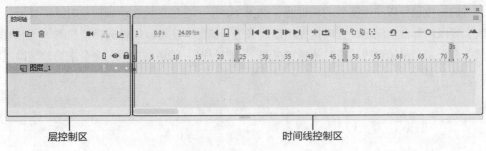

图 1-4

1．层控制区

层控制区位于时间轴的左侧。层就像堆叠在一起的多张幻灯片，每个层都包含一个可在舞台中显示的图像。在层控制区中，可以显示舞台上正在编辑的作品的所有层的名称、类型、状态，并可以通过工具按钮对层进行操作。

2．时间线控制区

时间线控制区位于时间轴的右侧，由帧、播放头、多个按钮及信息栏组成。与电影胶片一样，Animate 文档也将时间长度分为帧。每个层所包含的帧显示在该层名称右侧的一行中。时间轴顶部的时间轴标题指示帧的编号，播放头指示当前舞台中显示的帧，信息栏显示当前帧的编号、动画播放速率以及到当前帧为止的运行时间等信息。

1.1.4 场景和舞台

场景是所有动画元素的最大活动空间，如图 1-5 所示。像多幕剧一样，场景可能不止一个。要查看特定场景，可以选择"视图 > 转到"命令，再在其子菜单中选择场景的名称。

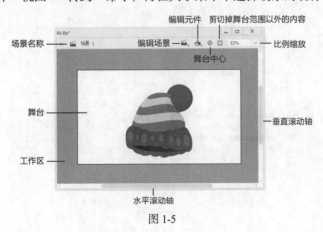

图 1-5

场景，也就是常说的舞台，是编辑和播放动画的矩形区域。在舞台上可以放置和编辑向量插图、文本框、按钮、导入的位图图形、视频等对象。舞台设置包括大小、颜色等设置。

在舞台上可以显示网格和标尺，以帮助制作者准确定位。显示网格的方法是选择"视图 > 网格 > 显示网格"命令，效果如图 1-6 所示。显示标尺的方法是选择"视图 > 标尺"命令，效果如图 1-7 所示。

在制作动画时，常常还需要借助辅助线来使舞台上的不同对象对齐。需要辅助线时，可以从标尺上向舞台方向拖曳鼠标以产生蓝色的辅助线，如图 1-8 所示，辅助线在动画播放时并不显示。不需要辅助线时，可以从舞台上向标尺方向拖曳辅助线来进行删除。还可以通过选择"视图 > 辅助线 > 显示辅助线"命令来显示辅助线，通过选择"视图 > 辅助线 > 编辑辅助线"命令来修改辅助线的颜色等属性。

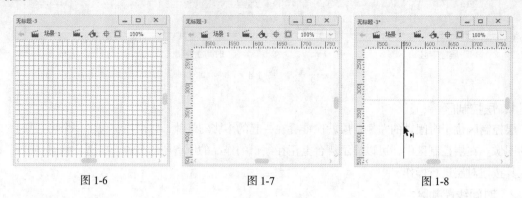

图 1-6   图 1-7   图 1-8

1.1.5 "属性"面板

对于正在使用的工具或资源，使用"属性"面板可以很容易地查看和更改它们的属性，从而简化文档的创建过程。当选定单个对象时，如文本、组件、形状、位图、视频、组、帧等，"属性"面板可以显示相应的信息和设置，如图 1-9 所示。当选定两个或多个不同类型的对象时，"属性"面板会显示选定对象的组合，如图 1-10 所示。

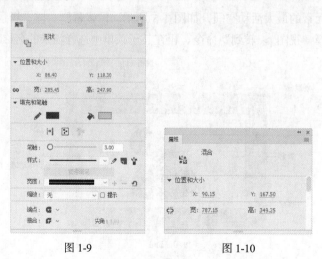

图 1-9   图 1-10

1.1.6 浮动面板

使用面板可以查看、组合和更改资源。但由于屏幕的大小有限，为了尽量使工作区最大化，Animate CC 2019 提供了许多种自定义工作区的方式，例如，可以通过"窗口"菜单来显示、隐藏面板；还可以通过拖动面板左上方的面板名称，将面板从面板组合中拖曳出来，利用这种方法也可以将独立的面板添加到面板组合中，如图 1-11 和图 1-12 所示。

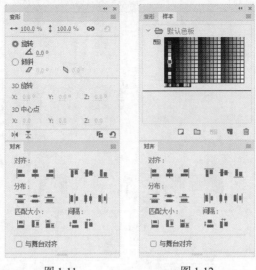

图 1-11   图 1-12

1.2 Animate CC 2019 的文件操作

1.2.1 新建文件

新建文件是使用 Animate CC 2019 进行设计的第一步。

在 Animate CC 2019 软件中，当没有打开任何文档时，创建新文档必须通过欢迎页进行创建，欢迎页如图 1-13 所示。在欢迎页的中上方选择要创建的文档的类型，在"预设"选项组中选择需要的预设，也可以在"详细信息"选项组中自定义尺寸、单位和平台类型，设置好之后单击"创建"按钮，即可创建一个新文档，如图 1-14 所示。

图 1-13   图 1-14

当已经有文档打开时，新文档可通过"文件"菜单进行创建。选择"文件 > 新建"命令，或按 Ctrl+N 组合键，弹出"新建文档"对话框，如图 1-15 所示，在对话框中进行设置，设置好之后单击"创建"按钮，即可创建一个新文档。

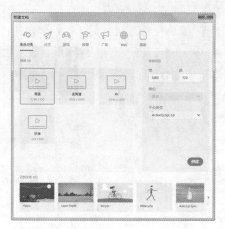

图 1-15

1.2.2　保存文件

编辑和制作完动画后，就需要保存动画文件。

通过选择"文件 > 保存""文件 > 另存为""文件 > 另存为模板"等命令可以将文件保存在磁盘上，如图 1-16 所示。当对设计好的作品进行第 1 次存储时，选择"保存"命令，弹出"另存为"对话框，如图 1-17 所示，然后在对话框中输入文件名，选择保存类型，再单击"保存"按钮，即可保存文件。

图 1-16

图 1-17

提示　在对已经保存过的动画文件进行了编辑操作后，选择"保存"命令，将不会弹出"另存为"对话框，计算机将直接保存最终确认的结果，并覆盖原始文件。因此，如果未确定是否要放弃原始文件，应慎用此命令。

若既要保留修改过的文件，又不想放弃原文件，则可以选择"文件 > 另存为"命令，弹出"另存为"对话框，在该对话框中，可以为修改过的文件重新命名、选择路径、设定保存类型，然后进行保存。这样原文件将保留不变。

1.2.3　打开文件

如果要修改已完成的动画文件，必须先将其打开。

选择"文件 > 打开"命令，弹出"打开"对话框，在对话框中搜索存储路径和文件，并确认文件类型和名称，如图 1-18 所示。然后单击"打开"按钮或直接双击文件，即可打开指定的动画文件，如图 1-19 所示。

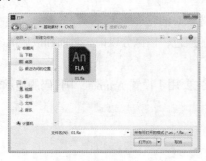

图 1-18

图 1-19

> **技巧**　在"打开"对话框中，也可以一次打开多个文件，只要在文件列表中将所需的几个文件选中，并单击"打开"按钮，系统就将逐个打开这些文件，这样可以避免多次调用"打开"对话框。在"打开"对话框中，按住 Ctrl 键的同时，用鼠标单击可以选中不连续的文件；按住 Shift 键，用鼠标单击可以选中连续的文件。

1.3　Animate CC 2019 的系统配置

应用 Animate 制作动画时，可以使用系统默认的配置，也可根据需要自己设定首选参数面板中的数值及浮动面板的位置。

1.3.1　首选参数面板

应用首选参数面板时可以自定义一些常规操作的参数选项。

参数面板依次分为"常规"选项卡、"代码编辑器"选项卡、"脚本文件"选项卡、"编译器"选项卡、"文本"选项卡和"绘制"选项卡，如图 1-20 所示。选择"编辑 > 首选参数"命令或按 Ctrl+U 组合键，即可弹出"首选参数"对话框。

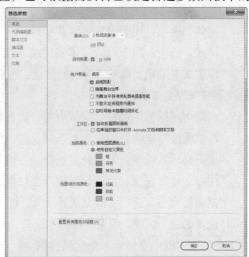

图 1-20

1."常规"选项卡
"常规"选项卡如图 1-20 所示。

"撤销"选项：在该选项下方的"层级"文本框中输入数值，可以对影片编辑中的操作步骤的撤销/重做次数进行设置；输入的数值为 2 ~ 300 范围内的整数。使用的撤销层级越多，占用的系统内存就越多，计算机的运行速度也就越慢。

"自动恢复"选项：可以恢复因突然断电或死机而没有保存的文档。

"用户界面"选项：主要用来调整工具界面颜色的深浅。

"工作区"选项：若要在选择"控制 > 测试影片"命令时在应用程序窗口中打开一个新的文档选项卡，请选择"在单独的窗口中打开 Animate 文档和脚本文档"选项，默认情况是在其自己的窗口中打开测试影片；若要在单击处于图标模式中的面板的外部时使这些面板自动折叠，请选择"自动折叠图标面板"选项。

"加亮颜色"选项：用于设置舞台中独立对象被选取时的轮廓颜色。

"绘图纸外观颜色"选项：用于设置绘图纸外观的颜色，以区分以前、目前和以后的颜色。

2．"代码编辑器"选项卡

"代码编辑器"选项卡如图 1-21 所示，该选项卡主要用于设置 Animate 中代码的显示效果。

图 1-21

"字体"选项：用于设置字体和字号。

"样式"选项：用于设置字体的样式，有"常规""倾斜""加粗""加粗并倾斜"几个选项。

"修改文本颜色"选项：单击此按钮，可在弹出的对话框中设置前景、背景、关键字、注释、标识符及字符串的文本颜色。

"自动结尾括号"选项：默认启用，即在默认情况下，所有代码是用括号括住的。

"自动缩进"选项：勾选此复选框，输入的代码将按级别进行缩进。

"代码提示"选项：勾选此复选框，在输入代码时会出现代码属性提示。

"缓存文件"选项：用于设置缓存文件限制，默认数值为 800。

"制表符大小"选项：默认大小为 4，可手动输入数值。

"选择语言"选项：用于选择脚本语言，有 ActionScript 和 JavaScript 两个选项，选择某个选项后在下方的文本框中会显示一个代码样例。

"括号样式"选项：用于选择括号样式，包括与控制语句位于同一行、位于单独行或仅在单独行添加右括号。

"中断链接方法"选项：勾选此复选框，系统显示代码行时将合理断开。

"保持数组缩进"选项：勾选此复选框，系统将合理缩进数组。

"在关键字后添加空格"选项：勾选此复选框，可以在每个关键字后面留有空格。

3．脚本文件选项卡

脚本文件选项卡如图 1-22 所示，主要用于脚本文件的设置。

"打开"选项：用于选择编码的类型，如果选择"UTF-8 编码"选项，将使用 Unicode 编码打开或导入文件；如果选择"默认编码"选项，将使用系统当前所用语言的编码形式打开或导入文件。

"重新加载修改的文件"选项：用于指定当脚本文件被修改、移动或删除时将如何操作，选择"总是"选项时将不显示警告，自动重新加载文件；选择"从不"选项时将不显示警告，文件仍保持当前状态；选择"提示"选项时将显示警告，并可以选择是否重新加载文件。

4．编译器选项卡

编译器选项卡如图 1-23 所示，用于针对选定的语言设置参数。

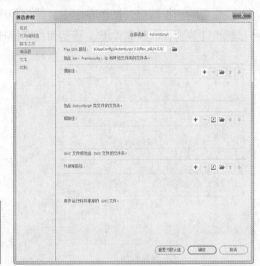

图 1-22　　　　　　　　　　　　　　　　　图 1-23

"Flex SDK 路径"选项：包含二进制、框架、库及其他文件夹的文件夹路径。

"源路径"选项：包含 ActionScript 类文件的文件夹路径。

"库路径"选项：SWC 文件或包含 SWC 文件的文件夹路径。

"外部库路径"选项：用作运行时共享库的 SWC 文件路径。

5．文本选项卡

文本选项卡如图 1-24 所示，用于针对文本的显示设置参数。

6．绘制选项卡

绘制选项卡如图 1-25 所示。

图 1-24　　　　　　　　　　　　　　　　　图 1-25

可以指定钢笔工具指针外观的首选参数，用于在画线段时进行预览或查看选定锚记点的外观；也可以通过绘画设置来指定对齐、平滑和伸直行为，更改每个选项的"容差"设置；还可以打开或关闭每个选项。默认状态下为一般。

1.3.2　设置浮动面板

Animate 中的浮动面板用于快速设置文档中对象的属性。可以应用系统默认的面板布局；也可以根据需要显示或隐藏面板，调整面板的大小。

1．系统默认的面板布局

选择"窗口 > 工作区布局 > 传统"命令，操作界面中将显示传统的面板布局。

2．自定义面板布局

将需要设置的面板调出到操作界面中，效果如图 1-26 所示。

将鼠标指针放置在面板名称上，移动面板至操作界面的右侧，效果如图 1-27 所示。

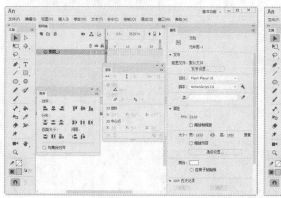
图 1-26

图 1-27

1.3.3　历史记录面板

历史记录面板用于在文档新建或打开以后对操作的步骤一一进行记录，以便制作者查看操作的过程。在历史记录面板中可以有选择地撤销一个或多个操作步骤，还可将面板中的步骤应用于同一对象或同一文档中的不同对象。在系统默认的状态下，历史记录面板可以撤销 100 个操作步骤，制作者还可以根据自身需要在"首选参数"面板（可在操作界面的"编辑"菜单中选择"首选参数"选项）中设置不同的撤销层级，数值的范围为 2 ~ 300。

 历史记录面板中的步骤顺序是按照操作过程一一对应记录下来的，不能对其进行重新排列。

选择"窗口 > 历史记录"命令或按 Ctrl+F10 组合键，弹出"历史记录"面板，如图 1-28 所示。对文档进行一些操作后，"历史记录"面板将对这些操作按顺序进行记录，如图 1-29 所示，其中滑块所在的位置就是当前进行的操作。

图 1-28　　　　　　　　　　　　　　　图 1-29

　　将滑块移动到绘制过程中的某一个操作步骤时，该步骤下方的操作步骤将显示为灰色，如图 1-30 所示。如果这时再进行新的操作，那么原来为灰色部分的操作步骤将被新的操作步骤替代，如图 1-31 所示。在"历史记录"面板中，已经被撤销的操作步骤将无法还原。

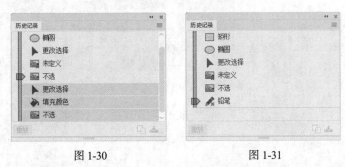

图 1-30　　　　　　　　　　　　　　　图 1-31

　　"历史记录"面板可以显示操作对象的一些参数。在面板中单击鼠标右键，在弹出的菜单中选择"视图 > 在面板中显示参数"命令，如图 1-32 所示。这时，面板中将显示操作对象的具体参数，如图 1-33 所示。

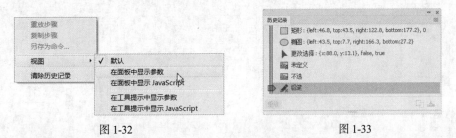

图 1-32　　　　　　　　　　　　　　　图 1-33

　　在"历史记录"面板中，可以清除已经完成的操作步骤。在面板中单击鼠标右键，在弹出的菜单中选择"清除历史记录"命令，如图 1-34 所示；弹出提示对话框，如图 1-35 所示，单击"是"按钮，面板中的所有操作步骤将会被清除，如图 1-36 所示。清除历史记录后，将无法找回被清除的操作步骤。

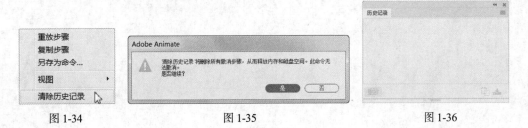

图 1-34　　　　　　　　　　图 1-35　　　　　　　　　　图 1-36

第**2**章　图形的绘制与编辑

本章介绍

本章将介绍 Animate CC 2019 绘制图形的功能和编辑图形的技巧，还讲解了多种选择图形的方法及设置图形色彩的技巧。通过学习本章的内容，读者可以掌握绘制图形、编辑图形的方法和技巧，能独立绘制出所需的各种图形效果并对其进行编辑，从而为进一步学习 Animate CC 2019 打下坚实的基础。

- -

学习目标

- 掌握基本线条与图形的绘制。
- 熟练掌握多种图形编辑工具的使用方法和技巧。
- 了解图形的色彩，并掌握几种常用的色彩面板。

- -

技能目标

- 掌握"天气图标"的绘制方法。
- 掌握"引导页中的插画"的绘制方法。
- 掌握"迷你太空"的绘制方法。
- 掌握"美食 App 图标"的绘制方法。

2.1　基本线条与图形的绘制

利用 Animate CC 2019 创造的充满活力的设计作品都是由基本图形组成的，Animate CC 2019 提供了各种工具来绘制线条和图形。

2.1.1　课堂案例——绘制天气图标

【案例学习目标】使用不同的绘图工具绘制图形并将图形组合成图像效果。

【案例知识要点】使用"椭圆"工具，绘制云的轮廓和眼睛；使用"线条"工具，绘制装饰线条，效果如图 2-1 所示。

【效果所在位置】Ch02 ＞ 效果 ＞ 绘制天气图标.fla。

图 2-1

（1）在欢迎页的"详细信息"选项组中，将"宽"选项设为 550，"高"选项设为 400；在"平台类型"选项的下拉列表中选择"ActionScript 3.0"选项，如图 2-2 所示。单击"创建"按钮，完成文档的创建，如图 2-3 所示。

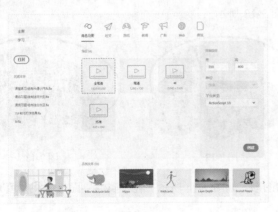

图 2-2

图 2-3

（2）在"时间轴"面板中，将"图层_1"重命名为"云"，如图 2-4 所示。选择"基本椭圆"工具 ，在基本椭圆工具"属性"面板中，将"笔触颜色"设为黑色，"填充颜色"设为无，"笔触"选项设为 1，其他选项的设置如图 2-5 所示。在舞台窗口中绘制 1 个圆形，效果如图 2-6 所示。用相同的方法绘制多个圆形，效果如图 2-7 所示。

（3）选择"选择"工具 ，在舞台窗口中框选所有圆形，如图 2-8 所示。在"属性"面板中将"填充颜色"设为深蓝色（#0085D0），"笔触颜色"设为无，效果如图 2-9 所示。按 Ctrl+B 组合键，将选中的图形打散，效果如图 2-10 所示。

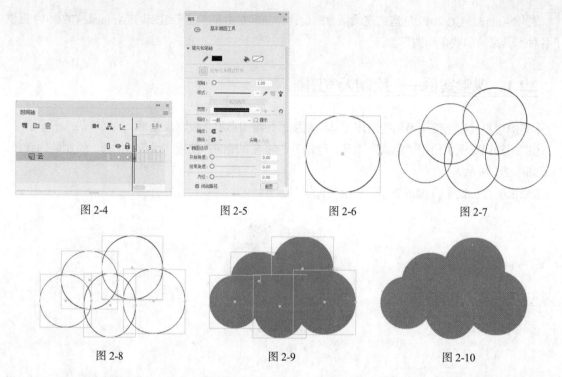

图 2-4　　　　　　图 2-5　　　　　　图 2-6　　　　　　图 2-7

图 2-8　　　　　　图 2-9　　　　　　图 2-10

（4）选择"椭圆"工具 ◎，在"属性"面板中将"填充颜色"设为无，"笔触颜色"设为黑色，在舞台窗口中绘制 1 个椭圆形，如图 2-11 所示。选择"选择"工具 ▶，在舞台窗口中双击黑色边线，将其选中，如图 2-12 所示。选择"窗口 > 变形"命令，弹出"变形"面板，将"旋转"选项设为 − 8.5°，按 Enter 键确认，效果如图 2-13 所示。

图 2-11　　　　　　图 2-12　　　　　　图 2-13

（5）在舞台窗口中选中椭圆形内部的图形，如图 2-14 所示。在"属性"面板中将"填充颜色"设为蓝色（#00A1E9），效果如图 2-15 所示。

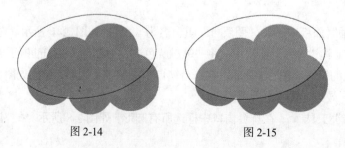

图 2-14　　　　　　图 2-15

（6）在黑色边线上双击鼠标将其选中，如图 2-16 所示。按 Delete 键，将黑色边线删除，效果如图 2-17 所示。

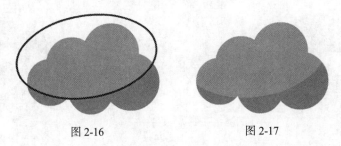

图 2-16　　　　　　　　　　　　　图 2-17

（7）单击"时间轴"面板上方的"新建图层"按钮，创建新图层并将其命名为"眼睛"，如图 2-18 所示。选择"椭圆"工具，在工具箱中将"笔触颜色"设为无，"填充颜色"设为白色；单击工具箱下方的"对象绘制"按钮；按住 Shift 键的同时，在舞台窗口中绘制 1 个圆形，如图 2-19 所示。用相同的方法绘制多个圆形，并分别填充相应的颜色，效果如图 2-20 所示。

图 2-18　　　　　　　　　　图 2-19　　　　　　　　　　图 2-20

（8）在"时间轴"面板中单击"眼睛"图层，将该图层中的图形全部选中，如图 2-21 所示。按 Ctrl+G 组合键，将选中的图形编组，效果如图 2-22 所示。

图 2-21　　　　　　　　　　　　　图 2-22

（9）选择"选择"工具，选中组合对象，按住 Alt 键的同时将图形向右拖曳到适当的位置，松开鼠标，复制图形，效果如图 2-23 所示。在"变形"面板中，将"缩放宽度"选项和"缩放高度"选项均设为 150%，"旋转"选项设为 125°，如图 2-24 所示，效果如图 2-25 所示。

（10）单击"时间轴"面板上方的"新建图层"按钮，创建新图层并将其命名为"线条"。选择"线条"工具，在线条工具"属性"面板中，将"笔触颜色"设为蓝色（#00A1E9），"笔触"选项设为 11，"端点"选项设为"圆角"，其他选项的设置如图 2-26 所示。按住 Shift 键的同时，在舞台窗口中绘制 1 条直线，效果如图 2-27 所示。

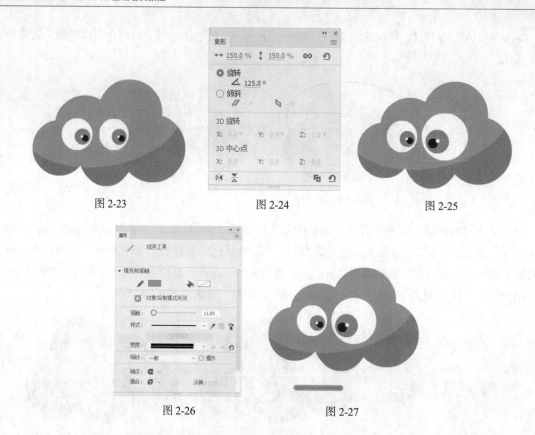

图 2-23　　　　　　　　　图 2-24　　　　　　　　　图 2-25

图 2-26　　　　　　　　　图 2-27

（11）选择"选择"工具 ▶，选中线条，按住 Alt 键的同时将线条向下拖曳到适当的位置，松开鼠标，复制线条，效果如图 2-28 所示。按两次 Ctrl+Y 组合键，可重复上述动作以复制线条，效果如图 2-29 所示。用上述方法制作出图 2-30 所示的效果。天气图标绘制完成，按 Ctrl+Enter 组合键即可查看效果。

图 2-28　　　　　　　　　图 2-29　　　　　　　　　图 2-30

2.1.2　线条工具

选择"线条"工具 ╱，在舞台上按住鼠标左键不放并拖曳到需要的位置，绘制出 1 条直线，松开鼠标，直线效果如图 2-31 所示。可以在线条工具"属性"面板中设置笔触颜色、笔触大小、笔触样式和笔触宽度，如图 2-32 所示。

设置不同的线条属性后，绘制出的线条如图 2-33 所示。

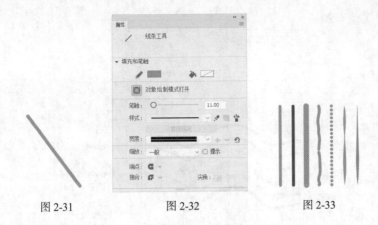

图 2-31   图 2-32   图 2-33

提示   选择"线条"工具 ╱ 时，如果按住 Shift 键的同时拖曳鼠标绘制线条，则只能沿着 45°或 45°的倍数的方向绘制线条。无法为"线条"工具设置填充属性。

2.1.3　铅笔工具

选择"铅笔"工具 ✎ ，在舞台上按住鼠标左键不放并根据需要移动鼠标，即可在舞台上绘制出线条，松开鼠标，绘制出的线条效果如图 2-34 所示。如果想要绘制出不同的线条类型，可以在工具箱下方的选项区域中为"铅笔"工具选择一种绘画模式，如图 2-35 所示。

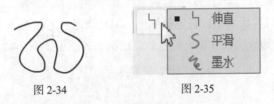

图 2-34   图 2-35

"伸直"选项：可以绘制直线，并将接近三角形、椭圆、圆形、矩形和正方形的形状转换为这些常见的几何形状。

"平滑"选项：可以绘制平滑曲线。

"墨水"选项：可以绘制不用修改的手绘线条。

可以在铅笔工具"属性"面板中设置笔触颜色、笔触大小、笔触样式和笔触宽度，如图 2-36 所示。设置不同的线条属性后，绘制出的线条如图 2-37 所示。

单击"属性"面板中样式选项右侧的"编辑笔触样式"按钮 ✎ ，弹出"笔触样式"对话框，如图 2-38 所示，在对话框中可以自定义笔触样式。

"4 倍缩放"选项：可以将图形放大 4 倍来预览设置不同属性后所产生的效果。

"粗细"选项：可以设置线条的粗细。

"锐化转角"选项：勾选此选项可以使线条的转折效果变得明显。

"类型"选项：可以在下拉列表中选择线条的类型。

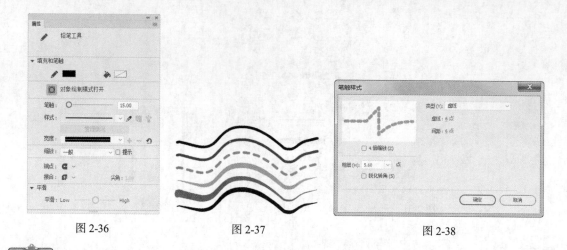

图 2-36　　　　　　　　　图 2-37　　　　　　　　　图 2-38

提示　选择"铅笔"工具 ✐ 时，如果按住 Shift 键的同时拖曳鼠标绘制线条，则可将线条的方向限制为垂直或水平方向。

2.1.4　椭圆工具

选择"椭圆"工具 ◉，在舞台上按住鼠标左键不放，并向需要的位置拖曳鼠标，即可绘制出椭圆形，松开鼠标，图形效果如图 2-39 所示。按住 Shift 键的同时绘制图形，可以绘制出圆形，效果如图 2-40 所示。

可以在椭圆工具"属性"面板中设置笔触颜色、填充颜色、笔触大小、笔触样式和笔触宽度，如图 2-41 所示。设置不同的边框属性和填充颜色后，绘制出的图形如图 2-42 所示。

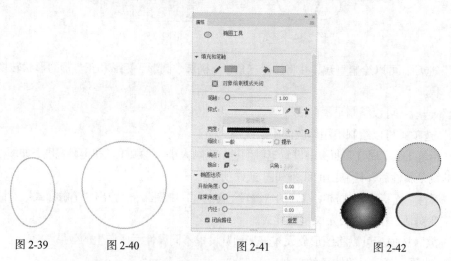

图 2-39　　　　　图 2-40　　　　　　　图 2-41　　　　　　　图 2-42

2.1.5　基本椭圆工具

"基本椭圆"工具 ◉ 的使用方法和功能与"椭圆"工具 ◉ 相似，唯一的区别在于：使用"椭圆"工具 ◉ 时，必须先设置椭圆的属性，然后再绘制，绘制好之后不可再次更改椭圆的属性；而使用"基本椭圆"工具 时，在绘制前设置属性和在绘制后设置属性都是可以的。

2.1.6　画笔工具

1. 使用填充颜色绘制

选择"画笔"工具 ，在舞台上按住鼠标左键不放，并根据需要绘制出图形，松开鼠标，图形效果如图 2-43 所示。可以在画笔工具"属性"面板中设置填充颜色，如图 2-44 所示。

在画笔工具"属性"面板中的"画笔选项"选项组中有"画笔形状"选项 和"画笔大小"选项，可以设置画笔的形状与大小。设置不同的画笔形状后所绘制的笔触效果如图 2-45 所示。

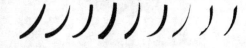

　　图 2-43　　　　　　　　　　　图 2-44　　　　　　　　　　　图 2-45

系统在工具箱的下方提供了 5 种刷子的模式，如图 2-46 所示。

"标准绘画"模式：在同一图层上以覆盖的方式涂色。

"颜料填充"模式：在填充区域和空白区域涂色，其他部分（如边框线）不受影响。

"后面绘画"模式：在舞台上同一图层的空白区域涂色，但不影响原有的线条和填充区域。

"颜料选择"模式：在选定的区域内涂色，未被选中的区域不受影响。

"内部绘画"模式：在内部填充区域上绘图，但不影响线条；如果在空白区域中开始涂色，则不会影响任何现有填充区域。

应用不同模式绘制出的效果如图 2-47 所示。

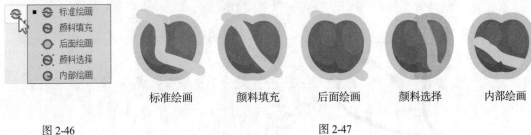

　　　　　　　　　标准绘画　　　　颜料填充　　　　后面绘画　　　　颜料选择　　　　内部绘画

　　图 2-46　　　　　　　　　　　　　　　　图 2-47

"锁定填充"按钮 ■：先为画笔选择径向渐变色彩，当没有选择此按钮时，用画笔绘制线条后，每个线条都有完整的渐变过程，线条与线条之间不会互相影响，如图 2-48 所示；当选择此按钮时，会形成一个固定的颜色渐变的区域，在这个区域内，刷子绘制到的地方就会显示出相应的色彩，如图 2-49 所示。

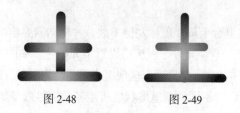

图 2-48　　　　　　　图 2-49

在使用"画笔"工具涂色时，可以使用导入的位图作为填充。

选择"文件 > 导入 > 导入到库"命令，在弹出的"导入到库"对话框中，选择本书学习资源中的"基础素材 > Ch02 > 02"文件，单击"打开"按钮，将文件导入"库"面板，如图 2-50 所示。选择"窗口 > 颜色"命令，弹出"颜色"面板，单击"填充颜色"按钮 ◆ □，在"颜色类型"选项的下拉列表中选择"位图填充"选项，即可将刚才导入的位图作为填充图案，如图 2-51 所示。选择"画笔"工具 ✐，在舞台上随意绘制一些笔触，效果如图 2-52 所示。

图 2-50　　　　　　　图 2-51　　　　　　　图 2-52

2．使用笔触颜色绘制

选择"画笔"工具 ✐，在舞台上按住鼠标左键不放，并根据需要绘制出图形，松开鼠标，图形效果如图 2-53 所示。可以在画笔工具"属性"面板中设置笔触颜色和笔触平滑度，如图 2-54 所示。

设置不同的画笔形状后所绘制的笔触效果如图 2-55 所示。

图 2-53　　　　　　　图 2-54　　　　　　　图 2-55

2.2　图形的绘制与选择

应用绘图工具可以绘制多变的图形与路径。若要在舞台上修改对象，则需要先选择对象，再对其进行修改。

2.2.1　课堂案例——绘制引导页中的插画

【案例学习目标】使用不同的绘图工具绘制插画。

【案例知识要点】使用"基本矩形"工具、"矩形"工具、"椭圆"工具、"钢笔"工具、"多角星形"工具和"线条"工具来完成引导页中的插画的绘制，如图 2-56 所示。

【效果所在位置】Ch02 > 效果 > 绘制引导页中的插画.fla。

（1）在欢迎页的"详细信息"选项组中，将"宽"选项设为 300，"高"选项设为 300；在"平台类型"选项的下拉列表中选择"ActionScript 3.0"选项，单击"创建"按钮，即可完成文档的创建，如图 2-57 所示。

图 2-56

（2）将"图层_1"重新命名为"圆角矩形"。选择"基本矩形"工具 ，在基本矩形工具"属性"面板中，将"笔触颜色"设为无，"填充颜色"设为绿色（#20C492），"矩形边角半径"选项设为 50，其他选项的设置如图 2-58 所示；在舞台窗口中绘制 1 个圆角矩形，效果如图 2-59 所示。

图 2-57

图 2-58

图 2-59

（3）保持圆角矩形的被选中状态，在矩形图元"属性"面板中，将"宽"选项和"高"选项均设为 234，"X"选项和"Y"选项均设为 33，如图 2-60 所示，效果如图 2-61 所示。

图 2-60

图 2-61

（4）单击"时间轴"面板上方的"新建图层"按钮，创建新图层并将其命名为"外形"，如图 2-62 所示。选择"基本矩形"工具，在基本矩形工具"属性"面板中，将"笔触颜色"设为黑色，"填充颜色"设为白色，"笔触"选项设为 3，"矩形边角半径"选项分别设为 10、10、10、30，其他选项的设置如图 2-63 所示；在舞台窗口中绘制 1 个圆角矩形，效果如图 2-64 所示。

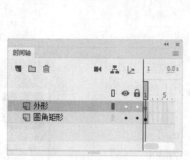

图 2-62　　　　　　　　　图 2-63　　　　　　　　　图 2-64

（5）保持图形的被选中状态，在矩形图元"属性"面板中，将"宽"选项设为 128，"高"选项设为 186，"X"选项设为 72，"Y"选项设为 93，如图 2-65 所示，效果如图 2-66 所示。

图 2-65　　　　　　　　　图 2-66

（6）单击"时间轴"面板上方的"新建图层"按钮，创建新图层并将其命名为"屏幕"。选择"基本矩形"工具，在基本矩形工具"属性"面板中，将"笔触颜色"设为黑色，"填充颜色"设为深灰色（#333333），"笔触"选项设为 3，"矩形边角半径"选项分别设为 10、10、10、30，其他选项的设置如图 2-67 所示；在舞台窗口中绘制 1 个圆角矩形，效果如图 2-68 所示。

图 2-67　　　　　　　　　图 2-68

（7）保持图形的被选中状态，在矩形图元"属性"面板中，将"宽"选项设为 102，"高"选项设为 85，"X"选项设为 85，"Y"选项设为 106，效果如图 2-69 所示。

（8）单击"时间轴"面板上方的"新建图层"按钮🔳，创建新图层并将其命名为"画面"。选择"矩形"工具 🔲，单击工具箱下方的"对象绘制"按钮 ⬜；在矩形工具"属性"面板中，将"笔触颜色"设为黑色，"填充颜色"设为橘黄色（#FF6600），"笔触"选项设为 3，其他选项的设置如图 2-70 所示；在舞台窗口中绘制 1 个矩形，效果如图 2-71 所示。

图 2-69　　　　　　　　　图 2-70　　　　　　　　　图 2-71

（9）选择"选择"工具 ▶，在舞台窗口中选中图 2-72 所示的矩形，在绘制对象"属性"面板中，将"宽"选项和"高"选项均设为 65，"X"选项设为 104，"Y"选项设为 116，如图 2-73 所示，效果如图 2-74 所示。

图 2-72　　　　　　　　　图 2-73　　　　　　　　　图 2-74

（10）选择"钢笔"工具 ✒，在钢笔工具"属性"面板中，将"笔触颜色"设为白色，"笔触"选项设为 3，然后在舞台窗口中的适当位置绘制 1 条开放路径，效果如图 2-75 所示。在钢笔工具"属性"面板中，将"笔触"选项设为 5，然后在舞台窗口中的适当位置绘制 1 条开放路径，效果如图 2-76 所示。

（11）选择"椭圆"工具 ⬭，在椭圆工具"属性"面板中，将"笔触颜色"设为无，"填充颜色"设为白色；按住 Shift 键的同时，在舞台窗口中的适当位置绘制 1 个圆形，效果如图 2-77 所示。

图 2-75   图 2-76   图 2-77

（12）单击"时间轴"面板上方的"新建图层"按钮🔳，创建新图层并将其命名为"按钮"。选择"多角星形"工具 ◉，在多角星形工具"属性"面板中，将"笔触颜色"设为黑色，"填充颜色"设为蓝色（#0066CC），"笔触"选项设为 3；按住 Shift 键的同时，在舞台窗口中绘制 1 个五边形，效果如图 2-78 所示。

（13）选择"选择"工具 ▶，在舞台窗口中选中图 2-79 所示的五边形，在绘制对象"属性"面板中，将"宽"选项设为 20，"高"选项设为 19，"X"选项设为 88，"Y"选项设为 208，效果如图 2-80 所示。

图 2-78   图 2-79   图 2-80

（14）选择"椭圆"工具 ◉，在椭圆工具"属性"面板中，将"笔触颜色"设为黑色，"填充颜色"设为蓝色（#0066CC），"笔触"选项设为 3；按住 Shift 键的同时，在舞台窗口中绘制 1 个圆形，效果如图 2-81 所示。

（15）选择"选择"工具 ▶，在舞台窗口中选中图 2-82 所示的圆形，在绘制对象"属性"面板中，将"宽"选项和"高"选项均设为 17，"X"选项设为 105，"Y"选项设为 229，效果如图 2-83 所示。

图 2-81   图 2-82   图 2-83

（16）选择"矩形"工具 ▢，在矩形工具"属性"面板中，将"笔触颜色"设为黑色，"填充颜色"设为黄色（#FFCC00），"笔触"选项设为 3，其他选项的设置如图 2-84 所示；在舞台窗口中绘制 1 个矩形，效果如图 2-85 所示。

（17）选择"选择"工具 ▶，在舞台窗口中选中图 2-86 所示的矩形，在绘制对象"属性"面板中，将"宽"选项设为 9.5，"高"选项设为 29.5，"X"选项设为 159，"Y"选项设为 222，效果如图 2-87 所示。

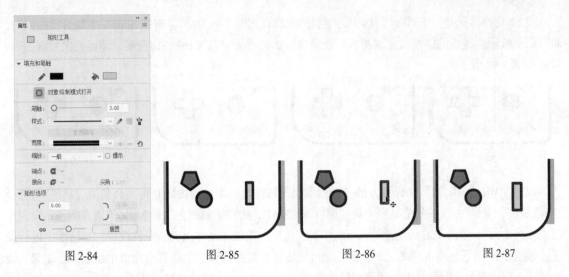

图 2-84　　　　　　图 2-85　　　　　　图 2-86　　　　　　图 2-87

（18）保持图形的被选中状态，选择"窗口 > 变形"命令，弹出"变形"面板，将"旋转"选项设为 90°，如图 2-88 所示；单击面板下方的"重制选区和变形"按钮 ，即可再次旋转并复制图形，效果如图 2-89 所示。

（19）选择"选择"工具 ，按住 Shift 键的同时，选中需要的矩形，如图 2-90 所示。按 Ctrl+B 组合键，可将选中的图形打散，效果如图 2-91 所示。

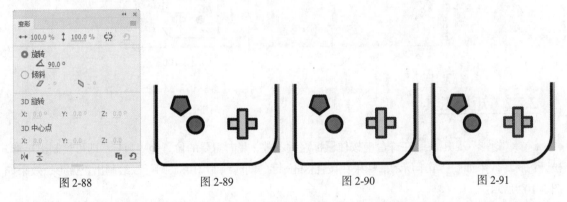

图 2-88　　　　　　图 2-89　　　　　　图 2-90　　　　　　图 2-91

（20）按 Esc 键，取消图形的被选中状态，单击需要的边线，将其选中，如图 2-92 所示。按住 Shift 键的同时，选中需要的边线，如图 2-93 所示。按 Delete 键，即可将选中的边线删除，效果如图 2-94 所示。

图 2-92　　　　　　图 2-93　　　　　　图 2-94

（21）单击"时间轴"面板上方的"新建图层"按钮 ，创建新图层并将其命名为"装饰"。选择"线条"工具 ，在线条工具"属性"面板中，将"笔触颜色"设为黑色，"笔触"选项设为 3；在舞台窗口中的适当位置绘制 1 条线段，如图 2-95 所示。

（22）选择"选择"工具 ▶，选中已绘制的线段，如图 2-96 所示。按住 Shift+Alt 组合键的同时，向右拖曳线段到适当的位置以复制图形，效果如图 2-97 所示。按 Ctrl+Y 组合键，即可再次复制图形，效果如图 2-98 所示。

图 2-95   图 2-96   图 2-97   图 2-98

（23）单击"时间轴"面板上方的"新建图层"按钮 ，创建新图层并将其命名为"星星"。选择"多角星形"工具 ，在多角星形工具"属性"面板中，将"笔触颜色"设为无，"填充颜色"设为黄色（#FFCC00）；单击"工具设置"选项组中的"选项"按钮，在弹出的"工具设置"对话框中进行设置，如图 2-99 所示，单击"确定"按钮，即可完成工具属性的设置。在舞台窗口中绘制多个星星，效果如图 2-100 所示。引导页中的插画即绘制完成，按 Ctrl+Enter 组合键即可查看效果。

图 2-99   图 2-100

2.2.2　矩形工具

选择"矩形"工具 ，在舞台上按住鼠标左键不放，并向需要的位置拖曳鼠标，即可绘制出矩形，松开鼠标，效果如图 2-101 所示。如果在按住 Shift 键的同时绘制图形，则可以绘制出正方形，效果如图 2-102 所示。

可以在矩形工具"属性"面板中设置笔触颜色、填充颜色、笔触大小、笔触样式和笔触宽度，如图 2-103 所示。设置不同的属性后，可绘制出的图形如图 2-104 所示。

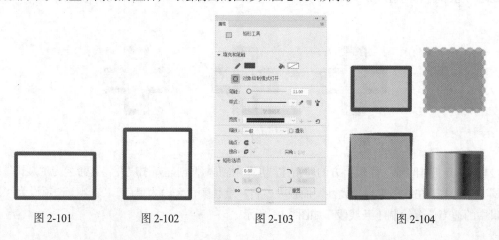

图 2-101   图 2-102   图 2-103   图 2-104

可以应用矩形工具绘制圆角矩形。在矩形工具"属性"面板中的"矩形边角半径"选项的数值框中输入需要的数值，如图 2-105 所示。输入的数值不同，绘制出的圆角矩形也不同，效果如图 2-106 所示。

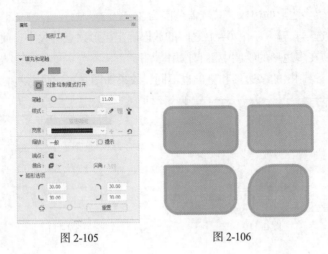

图 2-105　　　　　　　　　　　　图 2-106

2.2.3　基本矩形工具

"基本矩形"工具 的使用方法和功能与"矩形"工具 相似，唯一的区别在于：使用"矩形"工具 时，必须先设置好矩形属性，然后再绘制，绘制好之后不可以再次更改矩形属性；而使用"基本矩形"工具 时，在绘制前设置属性和在绘制后设置属性都是可以的。

2.2.4　多角星形工具

应用"多角星形"工具可以绘制出不同样式的多边形和星形。选择"多角星形"工具 ，在舞台上按住鼠标左键不放，并向需要的位置拖曳鼠标，即可绘制出多边形，松开鼠标，效果如图 2-107 所示。

可以在多角星形工具"属性"面板中设置笔触颜色、填充颜色、笔触大小、笔触样式和笔触宽度，如图 2-108 所示。设置不同的属性后，可绘制出的图形如图 2-109 所示。

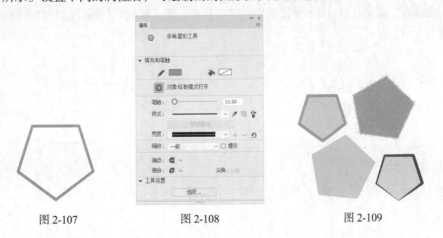

图 2-107　　　　　　　图 2-108　　　　　　　图 2-109

在多角星形工具"属性"面板中，单击"工具设置"选项组中的"选项"按钮，弹出"工具设置"对话框，如图 2-110 所示，在对话框中可以自定义多边形的属性。

"样式"选项：在此选项的下拉列表中选择绘制多边形或星形。

"边数"选项：设置多边形的边数，其数值范围为 3～32。

"星形顶点大小"选项：输入一个 0～1 之间的数以确定星形顶点的大小。此数值越接近 0，创建的顶点就越大。此选项在多边形的绘制中不起作用。

设置的数值不同，绘制出的多边形和星形也不同，效果如图 2-111 所示。

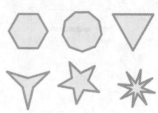

图 2-110   图 2-111

2.2.5 钢笔工具

选择"钢笔"工具 ，将鼠标指针放置在舞台上想要绘制的起始位置，然后单击鼠标左键，松开鼠标后会出现第一个锚点，如图 2-112 所示。将鼠标指针放置在想要绘制的第 2 个锚点的位置，单击鼠标左键，松开鼠标后绘制出一条线段，如图 2-113 所示；如果按住鼠标左键不放并向其他方向拖曳，则可绘制出曲线，如图 2-114 所示，松开鼠标后，一条曲线即绘制完成，如图 2-115 所示。

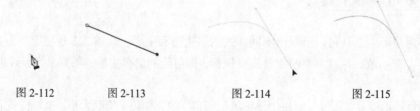

图 2-112   图 2-113   图 2-114   图 2-115

用相同的方法可以绘制出由多条曲线组合而成的不同样式的图形，如图 2-116 所示。

在绘制线段时，如果在按住 Shift 键的同时进行绘制，那么绘制出的线段的角度将被限制为 45°的倍数，如图 2-117 所示。

图 2-116   图 2-117

在绘制线段时，"钢笔"工具 的指针的样式有 3 种，其表示的含义也不同。

增加节点：当指针带加号时 ✏₊，如图 2-118 所示，在线段上单击鼠标左键，就会增加一个节点，这样有助于更精确地调整线段，增加节点后的效果如图 2-119 所示。

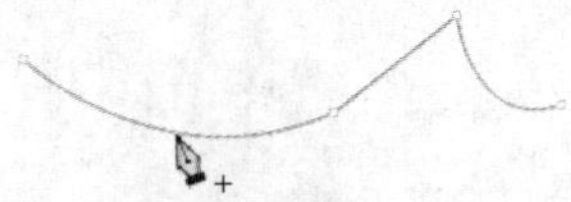

图 2-118    图 2-119

删除节点：当指针带减号时 ✏₋，如图 2-120 所示，在线段上单击节点，就能将这个节点删除，删除节点后的效果如图 2-121 所示。

图 2-120    图 2-121

转换节点：当指针带折线时 ✏↖，如图 2-122 所示，在线段上单击节点，就会将这个节点由曲线节点转换为直线节点，转换节点后的效果如图 2-123 所示。

图 2-122   图 2-123

提示 当选择"钢笔"工具 ✏ 绘制时，若在用铅笔、刷子、线条、椭圆或矩形工具所创建的对象上单击，就可以调整对象的节点，以改变这些线条的形状。

2.2.6 选择工具

选择"选择"工具 ▶，工具箱下方会出现如图 2-124 所示的按钮，利用这些按钮可以完成以下工作。

"贴紧至对象"按钮 ⌒：自动将舞台上的两个对象锁定到一起，一般在制作引导层动画时可利用此按钮将关键帧的对象锁定到引导路径上；此按钮还可以将对象锁定到网格上。

⌒ 𝖲 ᄂ

图 2-124

"平滑"按钮 𝖲：可以柔化选择的曲线，当选中对象时，此按钮变为可用。

"伸直"按钮 ᄂ：可以锐化选择的曲线，当选中对象时，此按钮变为可用。

1．选择对象

打开本书学习资源中的"基础素材 > Ch02 > 03"文件。选择"选择"工具 ▶，在舞台中的对象上单击鼠标左键来进行点选，如图 2-125 所示；按住 Shift 键再点选对象，则可以同时选中多个对象，如图 2-126 所示；也可以在舞台中拖曳出一个矩形来框选对象，如图 2-127 所示。

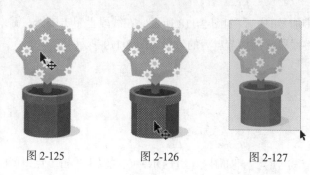

图 2-125　　　　　　图 2-126　　　　　　图 2-127

2．移动和复制对象

选择"选择"工具 ，选中对象，如图 2-128 所示。按住鼠标左键不放，直接将对象拖曳到任意位置，如图 2-129 所示，松开鼠标，被选中的对象即被移动，效果如图 2-130 所示。

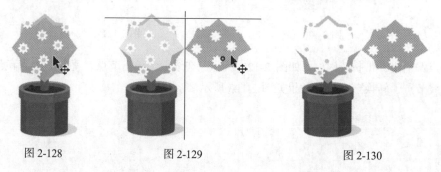

图 2-128　　　　　　图 2-129　　　　　　　　　　图 2-130

选择"选择"工具 ，选中对象，如图 2-131 所示。按住 Alt 键，将对象拖曳到任意位置，如图 2-132 所示，松开鼠标，被选中的对象即被复制，如图 2-133 所示。

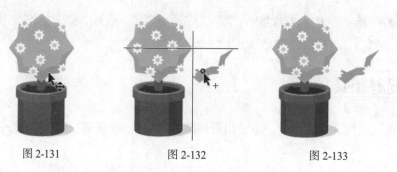

图 2-131　　　　　　图 2-132　　　　　　图 2-133

3．调整向量线条和色块

选择"选择"工具 ，将鼠标指针移至对象的边线上，鼠标指针下方将出现圆弧 ，如图 2-134 所示。按住鼠标左键将边线拖动到适当的位置，即可对线条和色块进行调整，如图 2-135 所示。

图 2-134　　　　　　图 2-135

2.2.7　部分选取工具

打开本书学习资源中的"基础素材 > Ch02 > 04"文件。选择"部分选取"工具 ，在对象的外边线上单击，边线上将出现多个节点，如图 2-136 所示。可以通过拖动节点来调整线的长度和斜率，从而改变对象的曲线形状，如图 2-137 所示。

图 2-136　　　　　　　　　　图 2-137

提示　若想增加图形上的节点，可选择"钢笔"工具 并在图形上单击来增加节点。

在改变对象的形状时，"部分选取"工具 的鼠标指针会出现不同的样式，其表示的含义也不同。

带黑色方块的指针 ：当鼠标指针放置在节点以外的线段上时，鼠标指针变为 ，如图 2-138 所示，这时，可以移动对象到其他位置，如图 2-139 和图 2-140 所示。

图 2-138　　　　　　　　图 2-139　　　　　　　　图 2-140

带白色方块的指针 ：当鼠标指针放置在节点上时，鼠标指针变为 ，如图 2-141 所示，这时，可以移动单个节点到其他位置，如图 2-142 和图 2-143 所示。

图 2-141　　　　　　　　图 2-142　　　　　　　　图 2-143

变为小箭头的指针 ：当鼠标指针放置在节点调节手柄的尽头时，鼠标指针变为 ，如图 2-144

33

所示，这时，可以调节与该节点相连的线段的弯曲度，如图 2-145 和图 2-146 所示。

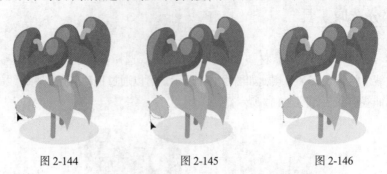

图 2-144   图 2-145   图 2-146

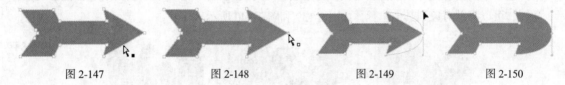

提示　在调节手柄时，如果调节一个手柄，那么另一个相对的手柄也会随之发生变化。如果只想调节其中一个手柄，只需按住 Alt 键，再进行调节即可。

可以将直线节点转换为曲线节点，并进行弯曲度调节。打开本书学习资源中的"基础素材 ＞ Ch02 ＞ 05"文件，选择"部分选取"工具 ，在对象的外边线上单击，对象上将显示出节点，如图 2-147 所示。用鼠标单击要转换的节点，节点从空心变为实心，表示可编辑，如图 2-148 所示。按住 Alt 键，用鼠标将节点向外拖曳，节点左右出现两个可调节的手柄，如图 2-149 所示。调节手柄即可调节线段的弯曲度，如图 2-150 所示。

图 2-147   图 2-148   图 2-149   图 2-150

2.2.8　套索工具

打开本书学习资源中的"基础素材 ＞ Ch02 ＞ 06"文件，按 Ctrl+B 组合键，即可将位图分离。选择"套索"工具 ，用鼠标在位图上任意选择想要的区域，并形成一个封闭的选区，如图 2-151 所示。松开鼠标，选区中的图像被选中，如图 2-152 所示。

图 2-151   图 2-152

2.2.9　多边形工具

打开本书学习资源中的"基础素材 > Ch02 > 07"文件，按 Ctrl+B 组合键，即可将位图分离。选择"多边形"工具，在图像上单击鼠标左键，确定第一个定位点；松开鼠标并将鼠标指针移至下一个定位点，再单击鼠标左键；用相同的方法继续勾画直到得到想要的图像，并使之形成封闭的选区，如图 2-153 所示。双击鼠标，选区中的图像被选中，如图 2-154 所示。

图 2-153　　　　　　　　　　　　　图 2-154

2.2.10　魔术棒工具

打开本书学习资源中的"基础素材 > Ch02 > 08"文件，按 Ctrl+B 组合键，即可将位图分离。选择"魔术棒"工具，将鼠标指针放在位图上，鼠标指针变为，如图 2-155 所示。在要选择的位图上单击鼠标左键，与鼠标指针所在位置的颜色相近的图像区域将会被选中，如图 2-156 所示。

图 2-155　　　　　　　　　　　　　图 2-156

可以在魔术棒工具"属性"面板中设置阈值和平滑度，如图 2-157 所示。设置不同数值后，所产生的不同效果如图 2-158 所示。

（a）阈值为 10 时所选取的图像的区域　　（b）阈值为 50 时所选取的图像的区域

图 2-157　　　　　　　　　　　　　图 2-158

2.3 图形的编辑

应用图形的编辑工具可以改变图形的色彩、线条、形态等属性，可以创建充满变化的图形效果。

2.3.1 课堂案例——绘制迷你太空

【案例学习目标】使用不同的绘图工具绘制火箭。

【案例知识要点】使用"钢笔"工具、"颜料桶"工具、"椭圆"工具、"任意变形"工具、"多角星形"工具来完成迷你太空的绘制，如图 2-159 所示。

【效果所在位置】Ch02 > 效果 > 绘制迷你太空.fla。

图 2-159

1. 新建文档并绘制小火箭

（1）在欢迎页的"详细信息"选项组中，将"宽"选项设为 567，"高"选项设为 567；在"平台类型"选项的下拉列表中选择"ActionScript 3.0"选项，单击"创建"按钮，即可完成文档的创建。按 Ctrl+J 组合键，弹出"文档设置"对话框，将"舞台颜色"选项设为深绿色（#01605D），如图 2-160 所示；单击"确定"按钮，即可完成对舞台颜色的修改。

（2）按 Ctrl+F8 组合键，弹出"创建新元件"对话框，在"名称"选项的文本框中输入"小火箭"，在"类型"选项的下拉列表中选择"图形"选项，如图 2-161 所示，单击"确定"按钮，即可新建图形元件"小火箭"，舞台窗口也随之转换为图形元件的舞台窗口。将"图层_1"重命名为"火箭主体"，如图 2-162 所示。

图 2-160

图 2-161

图 2-162

（3）选择"钢笔"工具，在工具箱中将"笔触颜色"设为白色，单击工具箱下方的"对象绘制"按钮，在舞台窗口中绘制 1 条闭合边线，效果如图 2-163 所示。

（4）选择"颜料桶"工具，在工具箱中将"填充颜色"设为红色（#DE312A），在闭合边线内部单击鼠标左键来填充颜色，效果如图 2-164 所示。选择"选择"工具，在舞台窗口中选中图形，如图 2-165 所示，在工具箱中将"笔触颜色"设为无，效果如图 2-166 所示。

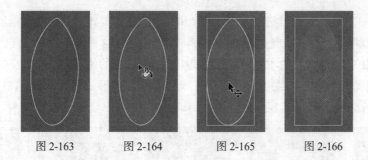

图 2-163 　　　图 2-164 　　　图 2-165 　　　图 2-166

（5）按 Ctrl+C 组合键，对其进行复制。单击"时间轴"面板上方的"新建图层"按钮 🗐，创建新图层并将其命名为"装饰图像"。按 Ctrl+Shift+V 组合键，将复制的图形按原位粘贴到"装饰图形"图层中，并在工具箱中将"填充颜色"设为咖啡色（#674A4B），效果如图 2-167 所示。按 Ctrl+B 组合键，将图形打散，效果如图 2-168 所示。

（6）选择"钢笔"工具 ✐，在工具箱中将"笔触颜色"设为白色，在舞台窗口中绘制 1 条闭合边线，效果如图 2-169 所示。选择"选择"工具 ▶，在舞台窗口中选中图形，如图 2-170 所示，按 Delete 键，将选中的图形删除，效果如图 2-171 所示。双击白色边线将其选中，按 Delete 键，将选中的边线删除，效果如图 2-172 所示。

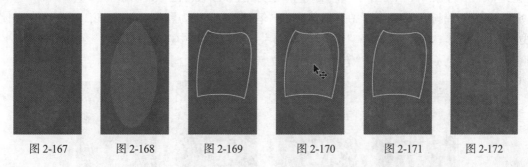

图 2-167 　　　图 2-168 　　　图 2-169 　　　图 2-170 　　　图 2-171 　　　图 2-172

（7）选择"椭圆"工具 ⬭，在椭圆工具"属性"面板中，将"笔触颜色"设为白色，"填充颜色"设为咖啡色（#674A4B），"笔触"选项设为 6。按住 Shift 键的同时，在舞台中的适当位置绘制 1 个圆形，效果如图 2-173 所示。

（8）在工具箱中将"填充颜色"设为深灰色（#223228），按住 Shift 键的同时，在舞台中的适当位置绘制 1 个圆形，效果如图 2-174 所示。

（9）单击"时间轴"面板上方的"新建图层"按钮 🗐，创建新图层并将其命名为"尾部装饰"。选择"钢笔"工具 ✐，在工具箱中将"笔触颜色"设为白色，在舞台窗口中绘制 1 条闭合边线，效果如图 2-175 所示。选择"选择"工具 ▶，在舞台窗口中选中闭合边线，在工具箱中将"填充颜色"设为黄色（#F5D32B），效果如图 2-176 所示。将"笔触颜色"设为无，效果如图 2-177 所示。

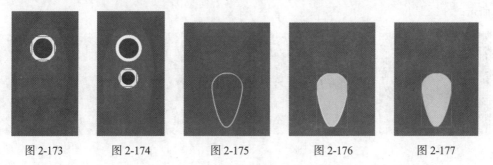

图 2-173 　　　图 2-174 　　　图 2-175 　　　图 2-176 　　　图 2-177

（10）按 Ctrl+C 组合键，对其进行复制。按 Ctrl+Shift+V 组合键，将复制的图形粘贴到原位。在工具箱中将"填充颜色"设为橘红色（#E16045），效果如图 2-178 所示。选择"任意变形"工具，所选图形周围出现控制框，如图 2-179 所示；拖曳中心点到适当的位置，如图 2-180 所示；按住 Shift 键的同时，向上拖曳下方的控制点到适当的位置，等比例缩小图形，效果如图 2-181 所示。

（11）用上述方法制作出如图 2-182 所示的效果。

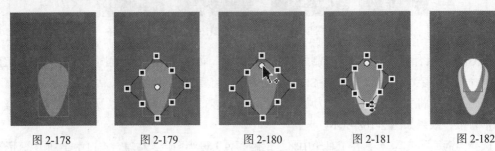

图 2-178 图 2-179 图 2-180 图 2-181 图 2-182

（12）选择"钢笔"工具，在工具箱中将"笔触颜色"设为黑色，在舞台窗口中绘制 1 条闭合边线，效果如图 2-183 所示。选择"选择"工具，在舞台窗口中选中闭合边线，在工具箱中将"填充颜色"设为咖啡色（#674A4B），"笔触颜色"设为无，效果如图 2-184 所示。

（13）选择"钢笔"工具，在工具箱中将"笔触颜色"设为黑色，在舞台窗口中绘制 1 条闭合边线，效果如图 2-185 所示。选择"选择"工具，在舞台窗口中选中闭合边线，在工具箱中将"填充颜色"设为红色（#DE312A），"笔触颜色"设为无，效果如图 2-186 所示。

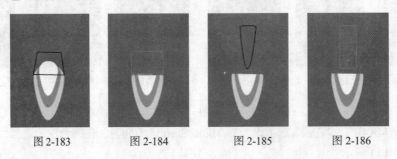

图 2-183 图 2-184 图 2-185 图 2-186

（14）单击"时间轴"面板上方的"新建图层"按钮，创建新图层并将其命名为"翅膀"。选择"钢笔"工具，在工具箱中将"笔触颜色"设为白色，在舞台窗口中绘制 1 条闭合边线，效果如图 2-187 所示。选择"选择"工具，在舞台窗口中选中闭合边线，在工具箱中将"填充颜色"设为深咖色（#5B4142），"笔触颜色"设为无，效果如图 2-188 所示。

（15）按住 Shift+Alt 组合键的同时，将该图形向右拖曳到适当的位置，以复制图形，效果如图 2-189 所示。选择"修改 > 变形 > 水平翻转"命令，即可将复制得到的图形水平翻转，效果如图 2-190 所示。

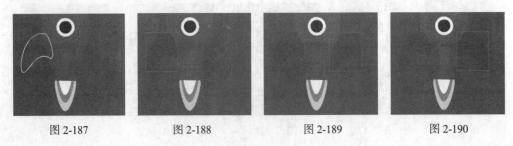

图 2-187 图 2-188 图 2-189 图 2-190

（16）在"时间轴"面板中，将"翅膀"图层拖曳到"火箭主体"图层的下方，如图 2-191 所示，效果如图 2-192 所示。

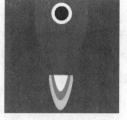

图 2-191　　　　　　　　　　　　图 2-192

2．绘制背景

（1）单击舞台窗口左上方的"场景 1"图标，进入"场景 1"的舞台窗口。将"图层_1"图层重命名为"圆形"。选择"椭圆"工具，在工具箱中将"笔触颜色"设为无，"填充颜色"设为黄色（#F5D32B）；按住 Shift 键的同时，在舞台窗口中绘制 1 个圆形，效果如图 2-193 所示。用相同的方法绘制多个圆形，并分别填充相应的颜色，效果如图 2-194 所示。

（2）单击"时间轴"面板上方的"新建图层"按钮，创建新图层并将其命名为"星星"。选择"多角星形"工具，在多角星形工具"属性"面板中将"笔触颜色"设为无，"填充颜色"设为黄色（#F5D32B）；单击"工具设置"选项组中的"选项"按钮，在弹出的"工具设置"对话框中进行设置，如图 2-195 所示，单击"确定"按钮，即可完成设置。在舞台窗口中绘制多个五角星形，效果如图 2-196 所示。

图 2-193　　　　　　图 2-194　　　　　　图 2-195　　　　　　图 2-196

（3）单击"时间轴"面板上方的"新建图层"按钮，创建新图层并将其命名为"小火箭"。将"库"面板中的图形元件"小火箭"拖曳到舞台窗口中，如图 2-197 所示。选择"任意变形"工具，旋转"小火箭"的角度，并将其拖曳到适当的位置，效果如图 2-198 所示。迷你太空绘制完成，按 Ctrl+Enter 组合键即可查看效果。

图 2-197　　　　　　　　图 2-198

2.3.2　墨水瓶工具

使用"墨水瓶"工具可以修改向量图形的边线。

打开本书学习资源中的"基础素材 > Ch02 > 09"文件，如图 2-199 所示。选择"墨水瓶"工具，在"属性"面板中设置笔触颜色、笔触大小、笔触样式及笔触宽度，如图 2-200 所示。

图 2-199　　　　　　　　　　　　　　　图 2-200

这时，鼠标指针变为 ，在图形上单击鼠标左键，即可为图形添加设置好的边线，如图 2-201 所示。在"属性"面板中设置不同的属性，绘制出的边线效果也不同，部分效果如图 2-202 所示。

图 2-201　　　　　　　　　　　　　　　图 2-202

2.3.3　颜料桶工具

打开本书学习资源中的"基础素材 > Ch02 > 10"文件，如图 2-203 所示。选择"颜料桶"工具 ，在颜料桶工具"属性"面板中设置填充颜色，如图 2-204 所示。在边线的内部单击鼠标左键，边线内部即可被填充颜色，如图 2-205 所示。

系统在工具箱的下方提供了 4 种填充模式，如图 2-206 所示。

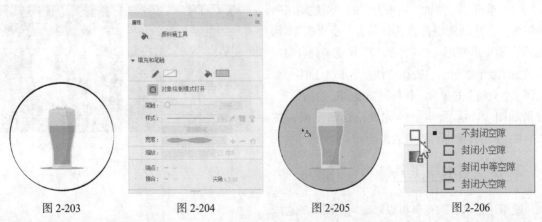

图 2-203　　　　　　图 2-204　　　　　　图 2-205　　　　　　图 2-206

"不封闭空隙"模式：选择此模式时，只有完全封闭的区域才能被填充颜色。

"封闭小空隙"模式：选择此模式时，当边线上存在小空隙时，允许填充颜色。

"封闭中等空隙"模式：选择此模式时，当边线上存在中等空隙时，允许填充颜色。

"封闭大空隙"模式：选择此模式时，当边线上存在大空隙时，允许填充颜色；当选择"封闭大空隙"模式时，无论空隙是小空隙还是中等空隙，都可以填充颜色。

根据边线上空隙的大小，应选择不同的模式进行填充，效果如图 2-207 所示。

（a）"不封闭空隙"模式　　（b）"封闭小空隙"模式　　（c）"封闭中等空隙"模式　　（d）"封闭大空隙"模式

图 2-207

"锁定填充"按钮 ：可以对填充颜色进行锁定，锁定后填充颜色不能被更改。

没有选中此按钮时，可以根据需要变更填充颜色，如图 2-208 所示。

选中此按钮时，鼠标指针放置在填充颜色上，鼠标指针变为 ，表示填充颜色被锁定，不能随意变更，如图 2-209 所示。

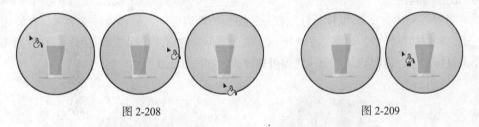

图 2-208　　　　　　　　　　　　　　　图 2-209

2.3.4　宽度工具

使用"宽度"工具可以修改笔触粗细，还可以将调整后的笔触保存为样式，以便应用于其他图形。

选择"线条"工具 ，在舞台窗口中绘制 1 条线段，如图 2-210 所示。选择"宽度"工具 ，将鼠标指针放置在中线上，鼠标指针变为 ，如图 2-211 所示；按住鼠标左键并将鼠标指针拖曳到适当的位置，以更改笔触的宽度，如图 2-212 所示；松开鼠标，效果如图 2-213 所示。用相同的方法在其他位置拖曳鼠标来更改笔触宽度，效果如图 2-214 所示。

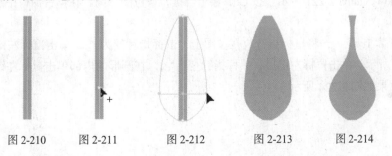

图 2-210　　　图 2-211　　　图 2-212　　　图 2-213　　　图 2-214

2.3.5　滴管工具

使用"滴管"工具可以吸取向量图形的线型和色彩，然后利用"颜料桶"工具，可以快速修改其他向量图形内部的填充颜色；利用"墨水瓶"工具，可以快速修改其他向量图形的边框颜色及线型。

1．吸取填充色

打开本书学习资源中的"基础素材 > Ch02 > 11"文件，如图 2-215 所示。选择"滴管"工具 <img>，将鼠标指针放置在图 2-216 所示的位置，鼠标指针变为 <img>，单击鼠标左键，吸取填充色样本；单击鼠标左键后，鼠标指针变为 <img>，表示填充色被锁定，如图 2-217 所示。

在工具箱的下方，取消对"锁定填充"按钮 <img> 的选中，鼠标指针变为 <img>，然后在图 2-218 所示的位置单击鼠标左键，填充色即可被修改，如图 2-218 所示。

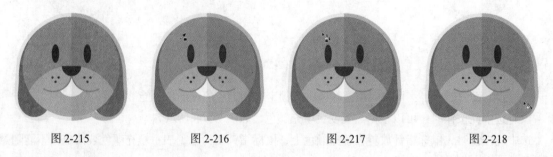

图 2-215　　　　　　图 2-216　　　　　　图 2-217　　　　　　图 2-218

2．吸取边框属性

选择"滴管"工具 <img>，将鼠标指针放在左边图形的外边框上，鼠标指针变为 <img>，在外边框上单击鼠标左键，吸取边框样本，如图 2-219 所示。单击鼠标左键后，鼠标指针变为 <img>，在右边图形的外边框上单击鼠标左键，边框的颜色和样式即可被修改，如图 2-220 所示。

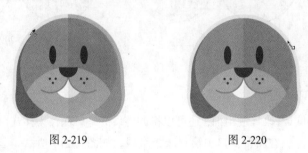

图 2-219　　　　　　　　　　图 2-220

3．吸取位图图案

使用"滴管"工具可以吸取从外部导入的位图图案。将本书学习资源中的"基础素材 > Ch02 > 12"文件导入舞台窗口，如图 2-221 所示。按 Ctrl+B 组合键，将位图分离。在舞台窗口中绘制 1 个圆形，如图 2-222 所示。

选择"滴管"工具 <img>，将鼠标指针放在位图上，鼠标指针变为 <img>，单击鼠标左键，吸取图案样本，如图 2-223 所示。单击鼠标左键后，鼠标指针变为 <img>，在圆形的内部单击鼠标左键，其内部即可被图案填充，效果如图 2-224 所示。

图 2-221　　　　　　　图 2-222　　　　　　　图 2-223　　　　　　　图 2-224

选择"渐变变形"工具，单击被图案样本填充的圆形，出现控制点，如图 2-225 所示；将鼠标指针放在左下方的控制点上，鼠标指针变为，按住鼠标左键并向圆心拖曳，填充图案将变小，如图 2-226 所示；松开鼠标，效果如图 2-227 所示。

图 2-225　　　　　　　　　图 2-226　　　　　　　　　图 2-227

4．吸取文字属性

使用"滴管"工具可以吸取文字的属性。选择要修改的目标文字，如图 2-228 所示；选择"滴管"工具，将鼠标指针放在源文字上，鼠标指针变为，如图 2-229 所示；在源文字上单击鼠标左键，源文字的文字属性将被应用于目标文字，如图 2-230 所示。

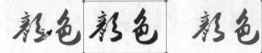

图 2-228　　　　　　　　　图 2-229　　　　　　　　　图 2-230

2.3.6　橡皮擦工具

打开本书学习资源中的"基础素材 > Ch02 > 13"文件，如图 2-231 所示。选择"橡皮擦"工具，在图形上想要删除的地方按住鼠标左键并拖动鼠标，图形即可被擦除，如图 2-232 所示。在橡皮擦工具"属性"面板中的"橡皮擦形状"按钮 ● 的下拉菜单中，可以选择橡皮擦的形状；拖动"大小"选项的滑块可以调整橡皮擦的大小。

如果想得到特殊的擦除效果，系统在工具箱的下方提供了 5 种擦除模式，如图 2-233 所示。

"标准擦除"模式：擦除同一图层的线条和填充区域，选择此模式来擦除图形的前后效果如图 2-234 所示。

"擦除填色"模式：仅擦除填充区域，其他区域（如边框线）不受影响，选择此模式来擦除图形的前后效果如图 2-235 所示。

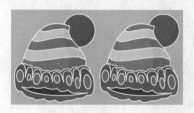
图 2-231

图 2-232

图 2-233

图 2-234

图 2-235

"擦除线条"模式：仅擦除图形的线条，但不影响其填充，选择此模式来擦除图形的前后效果如图 2-236 所示。

"擦除所选填充"模式：仅擦除已经被选择的填充区域，但不影响其他未被选择的区域，（如果图形中没有任何填充区域被选择，那么擦除命令无效）选择此模式来擦除图形的前后效果如图 2-237 所示。

"内部擦除"模式：仅擦除起点所在的填充区域，但不影响该填充区域以外的部分，选择此模式来擦除图形的前后效果如图 2-238 所示。

图 2-236

图 2-237

图 2-238

要想快速删除舞台上的所有对象，双击"橡皮擦"工具 ◆ 即可。

要想删除向量图形上的线段或填充区域，可以选择"橡皮擦"工具 ◆，再选中工具箱中的"水龙头"按钮 ⚸，然后单击舞台上想要删除的线段或填充区域即可，如图 2-239 和图 2-240 所示。

图 2-239

图 2-240

提示　因为导入的位图和文字不是向量图形，不能擦除它们的部分或全部区域，所以必须先选择"修改 > 分离"命令，将它们分离成向量图形，才能使用"橡皮擦"工具擦除它们的部分或全部区域。

2.3.7　任意变形工具和渐变变形工具

在制作图形的过程中，可以应用"任意变形"工具来改变图形的大小及倾斜度，也可以应用渐变变形工具来改变图形中填充颜色的渐变效果。

1．任意变形工具

打开本书学习资源中的"基础素材 ＞Ch02 ＞ 14"文件。选择"任意变形"工具 ，在图形的周围将出现控制框，如图 2-241 所示；拖动控制点以改变图形的大小，如图 2-242 和图 2-243 所示。（按住 Shift 键，再拖动控制点，可以以图形中间的空心控制点为中心等比例地改变图形的大小；按住 Alt 键，可以在不移动中心点的情况下拖动图形）

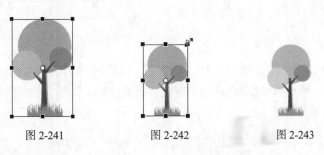

图 2-241　　　　　　　　图 2-242　　　　　　　　图 2-243

当鼠标指针放在 4 个角的控制点上时，鼠标指针变为 ，如图 2-244 所示。此时可以拖动鼠标旋转图形，如图 2-245 和图 2-246 所示。

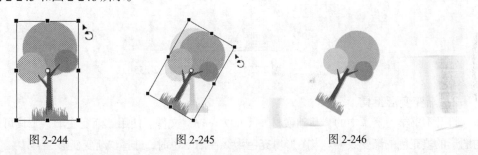

图 2-244　　　　　　　　图 2-245　　　　　　　　图 2-246

系统在工具箱的下方提供了 4 种变形按钮，如图 2-247 所示。

"旋转与倾斜"按钮 ：选中图形，单击"旋转与倾斜"按钮 ，将鼠标指针放在图形上方中间的控制点上，鼠标指针变为 ；按住鼠标左键不放，水平向右拖曳控制点，如图 2-248 所示；松开鼠标，图形倾斜，如图 2-249 所示。

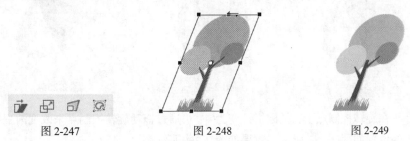

图 2-247　　　　　　　　图 2-248　　　　　　　　图 2-249

"缩放"按钮 ：选中图形，单击"缩放"按钮 ，将鼠标指针放在图形右上方的控制点上，鼠

标指针变为 ，按住鼠标左键不放，并向右上方拖曳控制点，如图 2-250 所示；松开鼠标，图形变大，如图 2-251 所示。

"扭曲"按钮 ：选中图形，单击"扭曲"按钮 ，将鼠标指针放在图形右上方的控制点上，鼠标指针变为 ，按住鼠标左键不放，并向右下方拖曳控制点，如图 2-252 所示；松开鼠标，图形扭曲，如图 2-253 所示。

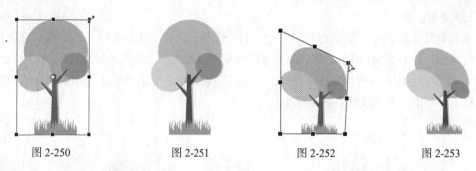

| 图 2-250 | 图 2-251 | 图 2-252 | 图 2-253 |

"封套"按钮 ：选中图形，单击"封套"按钮 ，图形周围将出现一些节点，可通过调节这些节点来改变图形的形状；鼠标指针变为 ，拖动节点，如图 2-254 所示；松开鼠标，图形扭曲，如图 2-255 所示。

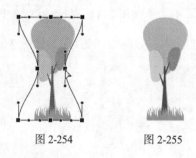

| 图 2-254 | 图 2-255 |

2. 渐变变形工具

打开本书学习资源中的"基础素材 > Ch02 > 15"文件。使用"渐变变形"工具可以改变所选中的图形的填充色的渐变效果。当图形填充色为线性渐变色时，选择"渐变变形"工具 ，在图形上单击鼠标左键，将出现 3 个控制点和 2 条平行线，如图 2-256 所示。向中间拖动缩放控制点，即可缩小渐变区域，控制点和平行线的位置如图 2-257 所示，效果如图 2-258 所示。

| 图 2-256 | 图 2-257 | 图 2-258 |

将鼠标指针放在旋转控制点上，鼠标指针变为 ，可通过拖动旋转控制点来改变渐变区域的角度，控制点和平行线的位置如图 2-259 所示，效果如图 2-260 所示。

图 2-259　　　　　　　　　　　　　图 2-260

当图形填充色为径向渐变色时，选择"渐变变形"工具 ，在图形上单击鼠标左键，将出现 4 个控制点和 1 个圆形边框，如图 2-261 所示。将鼠标指针放在圆形边框的水平缩放控制点上，鼠标指针变为↔，向右拖动控制点，即可水平拉伸渐变区域，控制点的位置如图 2-262 所示，效果如图 2-263 所示。

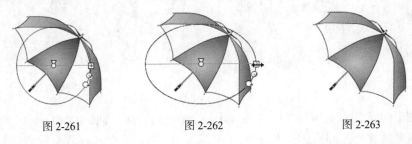

图 2-261　　　　　　　　　图 2-262　　　　　　　　　图 2-263

将鼠标指针放置在圆形边框的等比例缩放控制点上，鼠标指针变为▶◎，向图形内部拖动控制点，即可缩小渐变区域，控制点的位置如图 2-264 所示，效果如图 2-265 所示。将鼠标指针放置在圆形边框的旋转控制点上，鼠标指针变为▶↻，向上拖动旋转控制点，即可改变渐变区域的角度，控制点的位置如图 2-266 所示，效果如图 2-267 所示。

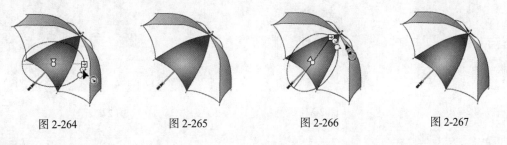

图 2-264　　　　　　图 2-265　　　　　　图 2-266　　　　　　图 2-267

提示　移动中心控制点可以改变渐变区域的位置。

2.3.8　手形工具和缩放工具

"手形"工具和"缩放"工具都是辅助工具，它们本身并不直接参与创建和修改图形，而是在创建和修改图形的过程中辅助用户进行操作。

1．手形工具

如果图形很大或被放大得很大，那么需要利用"手形"工具 ✋ 来调整观察区域。选择"手形"工具 ✋，鼠标指针变为✋，按住鼠标左键不放，并拖动图像到需要的位置，如图 2-268 所示。

技巧 当使用其他工具时，按"空格"键即可切换到"手形"工具🖐。双击"手形"工具🖐，系统将自动调整图像大小以适应屏幕的显示范围。

2. 缩放工具

利用"缩放"工具可放大图形以便观察细节，也可缩小图形以便观看整体效果。选择"缩放"工具🔍，在舞台上单击鼠标左键可放大图形，如图 2-269 所示。

图 2-268

图 2-269

要想放大图形的局部区域，可在图形上拖曳出一个矩形选取框，如图 2-270 所示；松开鼠标后，所选取的局部区域被放大，如图 2-271 所示。

选择工具箱下方的"缩小"按钮🔍，在舞台上单击鼠标左键可缩小图形，如图 2-272 所示。

图 2-270   图 2-271   图 2-272

提示 当选中"放大"按钮🔍时，按住 Alt 键并单击鼠标左键也可缩小图形。用鼠标双击"缩放"工具🔍，可以使场景恢复到 100% 的显示比例。

2.4 图形的色彩

根据设计的要求，可以应用纯色编辑面板、颜色面板、样本面板来设置所需要的纯色、渐变色、颜色样本等。

2.4.1　课堂案例——绘制美食 App 图标

【案例学习目标】使用绘图工具来绘制图形，使用浮动面板来设置图形的颜色。

【案例知识要点】使用"基本矩形"工具、"颜色"面板和"渐变变形"工具来完成美食 App 图标的绘制，如图 2-273 所示。

【效果所在位置】Ch02 > 效果 > 绘制美食 App 图标.fla。

图 2-273

（1）选择"文件 > 打开"命令，在弹出的"打开"对话框中，选择本书学习资源中的"Ch02 > 素材 > 绘制美食 App 图标 > 01"文件，如图 2-274 所示；单击"打开"按钮，将其打开，效果如图 2-275 所示。

图 2-274　　　　　　　　　　　　　图 2-275

（2）选择"选择"工具 ，在舞台窗口中选中灰色矩形，如图 2-276 所示。选择"窗口 > 颜色"命令，弹出"颜色"面板，单击"笔触颜色"按钮 ，将其设为无；单击"填充颜色"按钮 ，在"颜色类型"选项的下拉列表中选择"径向渐变"选项，在色带上将左边的颜色控制点设为浅黄色（#FFF100），将右边的颜色控制点设为黄色（#FCC900），生成渐变色，如图 2-277 所示，效果如图 2-278 所示。

图 2-276　　　　　　　图 2-277　　　　　　　图 2-278

（3）选择"文件 > 导入 > 导入到库"命令，在弹出的"导入到库"对话框中，选择本书学习资源中的"Ch02 > 素材 > 绘制美食 App 图标 > 02"文件，单击"打开"按钮，即可将选中的文件导入"库"面板，如图 2-279 所示。单击"时间轴"面板上方的"新建图层"按钮 ，创建新图层并将其命名为"图案"，如图 2-280 所示。

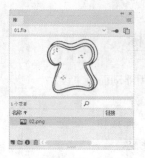
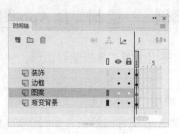

图 2-279   图 2-280

（4）在"颜色"面板中，单击"填充颜色"按钮 ，在"颜色类型"选项的下拉列表中选择"位图填充"选项，如图 2-281 所示。选择"基本矩形"工具 ，在舞台窗口中绘制 1 个与舞台窗口大小相同的矩形，效果如图 2-282 所示。

（5）选择"渐变变形"工具 ，在填充的位图上单击鼠标左键，其中一个图案周围将出现控制框，如图 2-283 所示。向图案中心拖曳左下方的控制点来改变图案的大小，效果如图 2-284 所示。

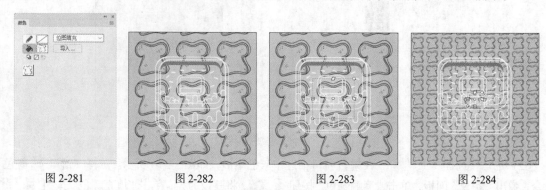

图 2-281   图 2-282   图 2-283   图 2-284

（6）在"时间轴"面板中单击"图案"图层，即可将该图层中的对象全部选中。按 F8 键，在弹出的"转换为元件"对话框中进行设置，具体设置如图 2-285 所示，单击"确定"按钮，即可将对象转换为图形元件。选择"选择"工具 ，在舞台窗口中选中"图案"，在图形"属性"面板的"色彩效果"选项组中的"样式"选项的下拉列表中选择"Alpha"选项，将"Alpha"设为 30，如图 2-286 所示，舞台窗口中的效果如图 2-287 所示。

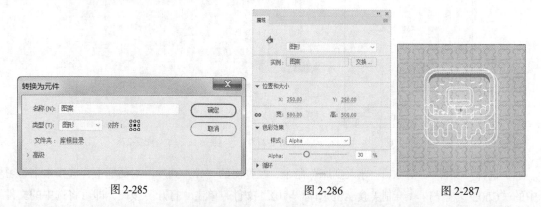

图 2-285   图 2-286   图 2-287

（7）按住 Shift 键的同时，选中图 2-288 所示的圆角矩形。在"颜色"面板中，单击"填充颜色"按钮 ，将"填充颜色"设为黑色；单击"笔触颜色"按钮 ，将其设为无，效果如图 2-289 所示。

图 2-288　　　　　　　　　　图 2-289

（8）选中图 2-290 所示的圆角矩形，在"颜色"面板中，单击"填充颜色"按钮 ▶ □，将"填充颜色"设为深红色（#5E1818）；单击"笔触颜色"按钮 ✐ ■，将其设为无，效果如图 2-291 所示。

（9）按住 Shift 键的同时，选中图 2-292 所示的图形，在"颜色"面板中，单击"填充颜色"按钮 ▶ □，将"填充颜色"设为粉色（#F08D7E）；单击"笔触颜色"按钮 ✐ ■，将其设为无，效果如图 2-293 所示。

 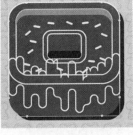  

图 2-290　　　　　　图 2-291　　　　　　图 2-292　　　　　　图 2-293

（10）按住 Shift 键的同时，选中图 2-294 所示的圆角矩形，在"颜色"面板中，单击"填充颜色"按钮 ▶ □，将"填充颜色"设为粉色（#F3A599）；单击"笔触颜色"按钮 ✐ ■，将其设为无，效果如图 2-295 所示。

（11）选中图 2-296 所示的圆角矩形，在"颜色"面板中，单击"填充颜色"按钮 ▶ □，将"填充颜色"设为橘红色（#E5624B）；单击"笔触颜色"按钮 ✐ ■，将其设为无，效果如图 2-297 所示。美食 App 图标绘制完成，按 Ctrl+Enter 组合键即可查看效果。

 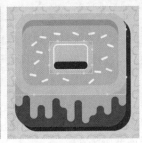  

图 2-294　　　　　　图 2-295　　　　　　图 2-296　　　　　　图 2-297

2.4.2　纯色编辑面板

在工具箱的下方单击"填充颜色"按钮 ■ □，弹出纯色面板，如图 2-298 所示。在面板中可以选择系统已设定好的颜色，如想自行设定颜色，单击面板右上方的颜色选择按钮 ●，弹出"颜色选择器"对话框，在对话框左侧的颜色选择区中，可以选择颜色的明度和饱和度。垂直方向表示的是明度的变化，水平方向表示的是饱和度的变化。选择所需要的颜色，如图 2-299 所示。可通过拖动颜色选择区右侧的滑块来设定颜色的亮度，如图 2-300 所示。

设定好颜色后，可在对话框右上方的颜色框中预览设定的结果，如图 2-301 所示。颜色框下方是所选颜色的色调、饱和度、亮度、红绿蓝值和十六进制颜色代码。选择好颜色后，单击"确定"按钮，所选择的颜色将成为工具箱中的填充颜色。

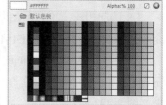

图 2-298

图 2-299

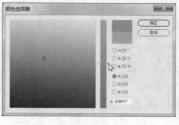
图 2-300

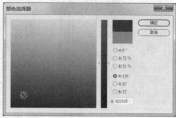
图 2-301

2.4.3　颜色面板

选择"窗口 > 颜色"命令或按 Ctrl+Shift+F9 组合键，弹出"颜色"面板。

1．自定义纯色

在"颜色"面板中的"颜色类型"选项的下拉列表中选择"纯色"选项，如图 2-302 所示。

"笔触颜色"按钮 ✏ ■：可以设定矢量线条的颜色。

"填充颜色"按钮 🪣 □：可以设定填充颜色。

"黑白"按钮 ▣：单击此按钮，线条与填充颜色恢复为系统默认的状态。

"无色"按钮 ☑：用于取消矢量线条或填充色块；当选择"椭圆"工具 ◯ 或"矩形"工具 ▢ 时，此按钮为可用状态。

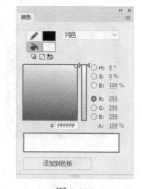

"交换颜色"按钮 ▶：单击此按钮，可以交换线条颜色和填充色。

"H""S""B"和"R""G""B"选项：可以用精确的数值来设定颜色。

"A"选项：用于设定颜色的不透明度，数值选取范围为 0 ~ 100。

"添加到色板"按钮：单击此按钮，可以将所选择的颜色保存到色板中。

在面板左侧中间的颜色选择区域内，可以根据需要选择相应的颜色。

图 2-302

2．自定义线性渐变色

在"颜色"面板中的"颜色类型"选项的下拉列表中选择"线性渐变"选项，面板如图 2-303 所示。将鼠标指针放在滑动色带上，鼠标指针变为 ▸₊，如图 2-304 所示；在色带上单击鼠标左键可增加颜色控制点，并且可在面板中为新增加的控制点设定颜色及色调，如图 2-305 所示。当要删除控制点时，只需将控制点向色带下方拖曳。

 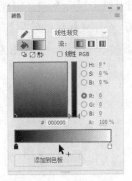 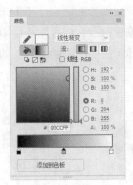

图 2-303 图 2-304 图 2-305

3. 自定义径向渐变色

在"颜色"面板中的"颜色类型"选项的下拉列表中选择"径向渐变"选项，面板如图 2-306 所示。用与自定义线性渐变色相同的方法在色带上自定义径向渐变色，自定义完成后，在面板的下方将显示出已自定义的渐变色，如图 2-307 所示。

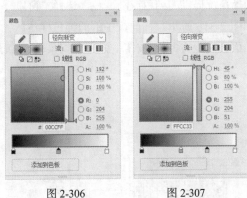

图 2-306 图 2-307

4. 自定义位图填充

在"颜色"面板中的"颜色类型"选项的下拉列表中选择"位图填充"选项，如图 2-308 所示；弹出"导入到库"对话框，在对话框中选择要导入的图片，如图 2-309 所示；单击"打开"按钮，图片即可被导入"颜色"面板，如图 2-310 所示。

 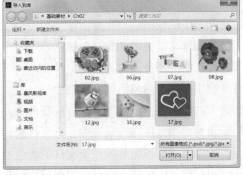 

图 2-308 图 2-309 图 2-310

选择"多角星形"工具，在舞台窗口中绘制出 1 个五边形，五边形将会被刚才导入的位图所填充，如图 2-311 所示。

选择"渐变变形"工具，在位图上单击鼠标左键，出现控制点，如图 2-312 所示；向右上方拖曳左下方的缩放控制点，即可缩小位图，松开鼠标后的效果如图 2-313 所示。向左上方拖曳右上方的旋转控制点，即可改变位图的角度，如图 2-314 所示；松开鼠标后的效果如图 2-315 所示。

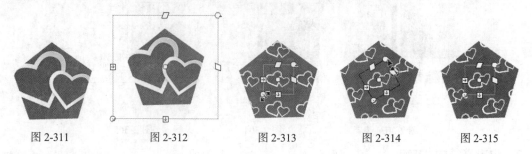

图 2-311　　　　图 2-312　　　　图 2-313　　　　图 2-314　　　　图 2-315

2.4.4　样本面板

在"样本"面板中可以选择系统提供的纯色或渐变色。选择"窗口 > 样本"命令或按 Ctrl+F9 组合键，弹出"样本"面板，如图 2-316 所示。在面板中部的纯色样本区，系统提供了 216 种纯色；面板下方是渐变色样本区。单击面板右上方的 ≡ 按钮，弹出下拉菜单，如图 2-317 所示。

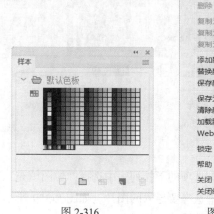

图 2-316　　　　　　　　图 2-317

"删除"命令：可以将选中的颜色删除。

"复制为色板"命令：可以复制选中的颜色。

"复制为调色板"命令：可以在新建文件夹中创建调色板。

"复制为文件夹"命令：可以将选中的颜色创建为新的文件夹。

"添加颜色"命令：可以将系统中保存的颜色添加到面板中。

"替换颜色"命令：可以将选中的颜色替换成系统中保存的颜色。

"保存颜色"命令：可以将编辑好的颜色保存到系统中，方便再次调用。

"保存为默认值"命令：可以用编辑好的颜色替换系统默认的颜色，在创建新文档时将自动替换。

"清除颜色"命令：可以清除当前面板中的所有颜色，只保留黑色与白色。

"加载默认颜色"命令：可以将面板中的颜色恢复为系统默认的颜色状态。

"Web 216 色"命令：可以调出系统自带的符合 Internet 标准的颜色。

"锁定"命令：可以对"样本"面板进行锁定。

"帮助"命令：选择此命令后，将弹出帮助文件。

课堂练习——绘制车轮图标

【练习知识要点】使用"钢笔"工具、"椭圆"工具、"颜料桶"工具、"渐变变形"工具、"任意变形"工具、"墨水瓶"工具，完成车轮图标的绘制，效果如图 2-318 所示。

【效果所在位置】Ch02 > 效果 > 绘制车轮图标.fla。

图 2-318

课后习题——绘制小篷车

【习题知识要点】使用"线条"工具，绘制小篷车车厢；使用"椭圆"工具，绘制车轮图形，效果如图 2-319 所示。

【效果所在位置】Ch02 > 效果 > 绘制小篷车.fla。

图 2-319

第3章 对象的编辑与修饰

本章介绍

仅使用工具栏中的工具创建的向量图形相对来说比较单调，如果能结合修改菜单命令来修改图形，就可以改变原图形的形状、线条等，并且可以将多个图形组合起来获得所需要的图形效果。本章将详细介绍 Animate CC 2019 的编辑、修饰对象的功能。通过对本章的学习，读者可以掌握编辑和修饰对象的方法和技巧，并能根据具体操作特点，灵活地应用编辑和修饰功能。

学习目标

● 掌握编辑对象的方法和技巧。

● 掌握修饰对象的方法。

● 熟练运用对齐面板与变形面板来编辑对象。

技能目标

● 掌握"帆船风景插画"的绘制方法。

● 掌握"风景插画"的绘制方法。

● 掌握"美食海报"的制作方法。

3.1 对象的变形与操作

应用变形命令可以对所选择的对象进行变形、修改，如扭曲、缩放、倾斜、旋转和封套等，还可以根据需要对对象进行组合、分离、叠放、对齐等一系列操作，从而达到制作的要求。

3.1.1 课堂案例——绘制帆船风景插画

【案例学习目标】使用不同的变形命令来编辑图形。

【案例知识要点】使用"椭圆"工具、"矩形"工具和"组合"命令，绘制白云；使用"缩放"命令，缩放图形；使用"水平翻转"命令，水平翻转图形，帆船风景插画如图 3-1 所示。

【效果所在位置】Ch03 > 效果 > 绘制帆船风景插画. fla。

（1）选择"文件 > 打开"命令，在弹出的"打开"对话框中，选择本书学习资源中的"Ch03 > 素材 > 绘制帆船风景插画 > 01"文件，如图 3-2 所示；单击"打开"按钮，即可打开文件，如图 3-3 所示。

图 3-1

图 3-2

图 3-3

（2）单击"时间轴"面板上方的"新建图层"按钮，创建新图层并将其命名为"白云"。选择"椭圆"工具，在工具箱中将"笔触颜色"设为无，"填充颜色"设为白色；选中工具箱下方的"对象绘制"按钮，然后在舞台窗口中绘制多个椭圆形，效果如图 3-4 所示。选择"矩形"工具，在舞台窗口中绘制 1 个矩形，效果如图 3-5 所示。

（3）在"时间轴"面板中单击"白云"图层，即可将该图层中的图形全部选中，如图 3-6 所示。选择"修改 > 组合"命令，将选中的图形进行组合，效果如图 3-7 所示。

图 3-4

图 3-5

图 3-6

图 3-7

（4）选择"选择"工具 ▶，选中组合图形，按住 Alt 键的同时，将图形向右上方拖曳到适当的位置，即可复制图形，效果如图 3-8 所示。选择"修改 > 变形 > 缩放"命令，在图形的周围将出现控制框，如图 3-9 所示，按住 Shift 键的同时，将右上方的控制点向左下方拖曳，即可等比例缩小图形，效果如图 3-10 所示。使用相同的方法再复制出 3 个图形并调整其大小，效果如图 3-11 所示。

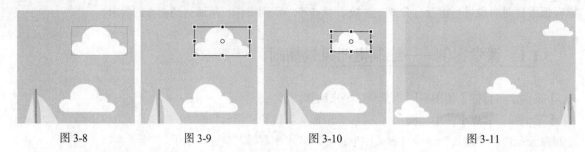

图 3-8　　　　　　　　图 3-9　　　　　　　　图 3-10　　　　　　　　图 3-11

（5）选择"选择"工具 ▶，在舞台窗口中选中所需要的组合图形，如图 3-12 所示。选择"修改 > 变形 > 水平翻转"命令，即可将所选图形水平翻转，效果如图 3-13 所示。用相同的方法将其他组合图形水平翻转，效果如图 3-14 所示。

图 3-12　　　　　　　　　　　图 3-13　　　　　　　　　　　图 3-14

（6）按 Ctrl+F8 组合键，弹出"创建新元件"对话框，在"名称"选项的文本框中输入"太阳"，在"类型"选项的下拉列表中选择"图形"选项，如图 3-15 所示，单击"确定"按钮，即可新建图形元件"太阳"。舞台窗口也随之转换为图形元件的舞台窗口。

（7）按 Ctrl+Shift+F9 组合键，弹出"颜色"面板，单击"填充颜色"按钮 ，在"颜色类型"选项的下拉列表中选择"径向渐变"选项；选中色带上左侧的色块，将其设为黄色（#FFCC00）；选中色带上右侧的色块，将其设为橘黄色（#FF9900），即可生成渐变色，如图 3-16 所示。选择"椭圆"工具 ，按住 Shift 键的同时，在舞台窗口中绘制 1 个圆形，效果如图 3-17 所示。

图 3-15　　　　　　　　　　　图 3-16　　　　　　　　　　　图 3-17

（8）选择"选择"工具 ▶，选中图形，按 Ctrl+C 组合键，复制图形，再按 Ctrl+Shift+V 组合键，即可将图形粘贴到当前位置。选择"窗口 > 变形"命令，弹出"变形"面板，将"缩放宽度"选项设为 120%，"缩放高度"选项也随之变为 120%，如图 3-18 所示。按 Enter 键确认，效果如图 3-19 所示。

（9）在"颜色"面板中，单击"填充颜色"按钮 ▲ □，选中色带上左侧的色块，将其设为白色（#FFFFFF），将"A"选项设为 0；选中色带上右侧的色块，将其设为浅黄色（#FFD500），将"A"选项设为 50，生成渐变色，如图 3-20 所示，舞台窗口中的效果如图 3-21 所示。

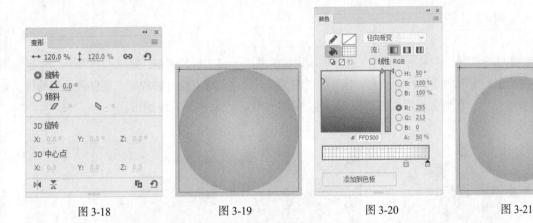

图 3-18　　　　　图 3-19　　　　　图 3-20　　　　　图 3-21

（10）单击舞台窗口左上方的"场景 1"图标 场景 1，进入"场景 1"的舞台窗口。单击"时间轴"面板上方的"新建图层"按钮 ，创建新图层并将其命名为"太阳"。将"库"面板中的图形元件"太阳"拖曳到舞台窗口中的适当位置，如图 3-22 所示。

（11）帆船风景插画绘制完成，按 Ctrl+Enter 组合键即可查看效果，效果如图 3-23 所示。

图 3-22　　　　　　　图 3-23

3.1.2　扭曲对象

打开本书学习资源中的"基础素材 > Ch03 > 01"文件。按 Ctrl+A 组合键，即可将舞台窗口中的图形全部选中。选择"修改 > 变形 > 扭曲"命令，在当前所选择的图形上将出现控制框，如图 3-24 所示。将鼠标指针放在右上方的控制点上，鼠标指针变为 ▷，按住鼠标左键并向左下方拖曳控制点，松开鼠标后的效果如图 3-25 所示。拖动 4 个角上的控制点可以改变图形的形状，效果如图 3-26 所示。

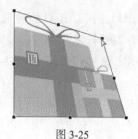

图 3-24   图 3-25   图 3-26

3.1.3 封套对象

选择"修改 > 变形 > 封套"命令，在当前所选择的图形上将出现控制框，如图 3-27 所示。将鼠标指针放在位于上边框中间的控制点上，鼠标指针变为▷，按住鼠标左键并将控制点拖曳到适当的位置，如图 3-28 所示；松开鼠标后，图形出现相应的弯曲变化，效果如图 3-29 所示。

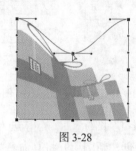

图 3-27   图 3-28   图 3-29

3.1.4 缩放对象

选择"修改 > 变形 > 缩放"命令，在当前所选择的图形上将出现控制框，如图 3-30 所示。将鼠标指针放在右上方的控制点上，鼠标指针变为↙，按住 Alt 键的同时，按住鼠标左键并向左下方拖曳控制点，即可不改变图形的中心位置而缩放图形，如图 3-31 所示；松开鼠标，效果如图 3-32 所示。

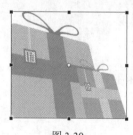

图 3-30   图 3-31   图 3-32

3.1.5 旋转与倾斜对象

选择"修改 > 变形 > 旋转与倾斜"命令，在当前所选择的图形上将出现控制框，如图 3-33 所示。将鼠标指针放在右上方的控制点上，鼠标指针变为↻，按住鼠标左键并向左上方拖曳控制点，即可旋转图形，如图 3-34 所示；松开鼠标，效果如图 3-35 所示。

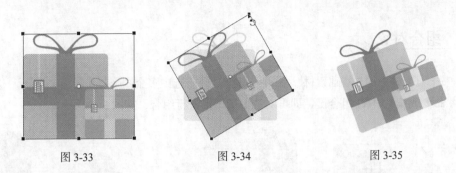

图 3-33　　　　　　　　　　图 3-34　　　　　　　　　　图 3-35

将鼠标指针放置在上方的边线上，鼠标指针变为 ⇌，如图 3-36 所示；按住鼠标左键并向右拖曳，如图 3-37 所示；松开鼠标，图形倾斜，效果如图 3-38 所示。

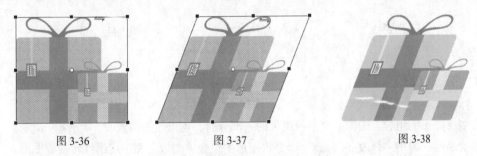

图 3-36　　　　　　　　　　图 3-37　　　　　　　　　　图 3-38

选择"修改 > 变形"中的"顺时针旋转 90 度"或"逆时针旋转 90 度"命令，可以将图形按照规定的度数进行旋转，效果分别如图 3-39 和图 3-40 所示。

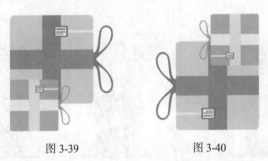

图 3-39　　　　　　　　　　图 3-40

3.1.6　翻转对象

选择"修改 > 变形"中的"垂直翻转"或"水平翻转"命令，可以将图形进行翻转，效果分别如图 3-41 和图 3-42 所示。

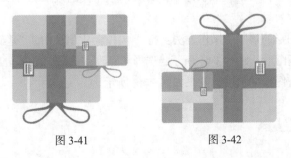

图 3-41　　　　　　　　　　图 3-42

3.1.7　组合对象

打开本书学习资源中的"基础素材 > Ch03 > 02"文件，选中多个图形，如图 3-43 所示；选择"修改 > 组合"命令或按 Ctrl+G 组合键，即可对选中的图形进行组合，如图 3-44 所示。

图 3-43　　　　　　　　　　　　　　　　图 3-44

3.1.8　分离对象

要修改多个图形的组合、图像、文字或组件的一部分时，可以使用"修改 > 分离"命令。另外，在制作变形动画时，需用"修改 > 分离"命令将图形的组合、图像、文字或组件转换成图形。

打开本书学习资源中的"基础素材 > Ch03 > 03"文件，选中图形组合，如图 3-45 所示；选择"修改 > 分离"命令或按 Ctrl+B 组合键，可将组合的图形打散；多次使用"修改 > 分离"命令后所产生的效果如图 3-46 所示。

　　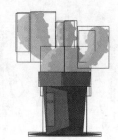

图 3-45　　　　　　　　　　　　　图 3-46

3.1.9　叠放对象

制作复杂图形时，多个图形的叠放次序不同，会产生不同的效果，可以通过"修改 > 排列"中的命令来实现不同的叠放效果。

将图形移动到所有图形的顶层的操作方法：打开本书学习资源中的"基础素材 > Ch03 > 04"文件，选中要移动的油漆桶图形，如图 3-47 所示，选择"修改 > 排列 > 移至顶层"命令，即可将选中的油漆桶图形移动到所有图形的顶层，效果如图 3-48 所示。

图 3-47　　　　　　　　　　　　　图 3-48

 提示　叠放对象只能是图形的组合或组件。

3.1.10　对齐对象

当选择多个图形、图像或图形的组合、组件时，可以通过"修改 > 对齐"中的命令来调整它们的相对位置。

将多个图形的底部对齐的操作方法：选中多个图形，如图 3-49 所示。选择"修改 > 对齐 > 底对齐"命令，即可将所有图形的底部对齐，效果如图 3-50 所示。

图 3-49　　　　　　　　　　　　　图 3-50

3.2　对象的修饰

在制作动画的过程中，可以应用 Animate CC 2019 自带的一些命令来对曲线进行优化，将线条转换为填充对象，对填充色进行修改或对填充边缘进行柔化处理。

3.2.1　课堂案例——绘制风景插画

【案例学习目标】使用不同的绘图工具绘制，使用形状命令编辑图形。

【案例知识要点】使用"椭圆"工具，绘制太阳；使用"将线条转换为填充"命令，将笔触转换为填充对象；使用"柔化填充边缘"命令、"复制"命令和"粘贴到当前位置"命令，制作出太阳发光的效果，效果如图 3-51 所示。

【效果所在位置】Ch03 > 效果 > 绘制风景插画. fla。

（1）选择"文件 > 打开"命令，在弹出的"打开"对话框中，

图 3-51

选择本书学习资源中的"Ch03 > 素材 > 绘制风景插画 > 01"文件，如图 3-52 所示；单击"打开"按钮，即可打开文件，如图 3-53 所示。

图 3-52

图 3-53

（2）在"时间轴"面板中创建新图层并将其命名为"太阳"，如图 3-54 所示。选择"椭圆"工具 ⬭，在椭圆工具"属性"面板中，将"笔触颜色"设为白色，"填充颜色"设为洋红色（#FF465D），"笔触"选项设为 5；按住 Shift 键的同时，在舞台窗口中绘制 1 个圆形，效果如图 3-55 所示。

（3）选择"选择"工具 ▶，选中绘制的圆形，如图 3-56 所示。按 Ctrl+C 组合键，将其复制到剪贴板中。选择"修改 > 形状 > 将线条转换为填充"命令，即可将笔触转换为填充对象，效果如图 3-57 所示。

图 3-54　　　　　　　　　图 3-55　　　　　　　　　图 3-56　　　　　　　　　图 3-57

（4）选择"修改 > 形状 > 柔化填充边缘"命令，弹出"柔化填充边缘"对话框，在对话框中进行设置，如图 3-58 所示；单击"确定"按钮，效果如图 3-59 所示。

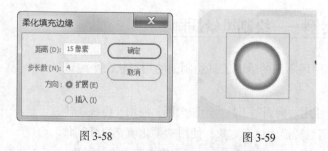

图 3-58　　　　　　　　　图 3-59

（5）按 Ctrl+Shift+V 组合键，将复制的圆形按原位粘贴到"太阳"图层中，效果如图 3-60 所示。在工具箱中将"笔触颜色"设为无，效果如图 3-61 所示。风景插画绘制完成，按 Ctrl+Enter 组合键即可查看效果，效果如图 3-62 所示。

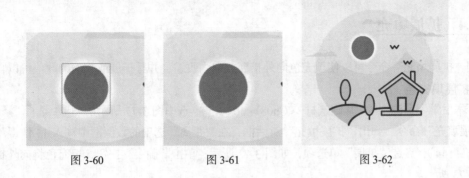

图 3-60　　　　　　　　图 3-61　　　　　　　　　图 3-62

3.2.2　优化曲线

应用"优化曲线"命令可以将线条变得较为平滑。选中要优化的线条，如图 3-63 所示；选择"修改 > 形状 > 优化"命令，弹出"优化曲线"对话框，相关设置如图 3-64 所示；单击"确定"按钮，弹出提示对话框，如图 3-65 所示，继续单击"确定"按钮，线条将被优化，效果如图 3-66 所示。

图 3-63　　　　　　　　　　图 3-64　　　　　　　　　　　　图 3-65　　　　　　　　图 3-66

3.2.3　将线条转换为填充

应用"将线条转换为填充"命令可以将矢量线条转换为填充色块。打开本书学习资源中的"基础素材 > Ch03 > 05"文件，如图 3-67 所示。选择"墨水瓶"工具 ，为图形绘制外边线，效果如图 3-68 所示。

选择"选择"工具 ，双击图形的外边线将其选中，如图 3-69 所示，选择"修改 > 形状 > 将线条转换为填充"命令，即可将外边线转换为填充色块。这时，可以选择"颜料桶"工具 ，为填充色块设置其他颜色，效果如图 3-70 所示。

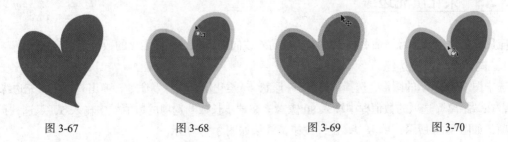

图 3-67　　　　　　　　图 3-68　　　　　　　　图 3-69　　　　　　　　图 3-70

3.2.4　扩展填充

应用"扩展填充"命令可以使填充色向外扩展或向内收缩，并且扩展或收缩的数值可以自定义。

1. 扩展填充色

打开本书学习资源中的"基础素材 > Ch03 > 06"文件。选中图 3-71 所示的图形，选择"修改 > 形状 > 扩展填充"命令，弹出"扩展填充"对话框，在"距离"选项的数值框中输入 15 像素（取值范围为 0.05 ~ 144），点选"扩展"单选项，如图 3-72 所示；单击"确定"按钮，填充色将向外扩展，效果如图 3-73 所示。

图 3-71　　　　　　　　　　　　图 3-72　　　　　　　　　　　　图 3-73

2. 收缩填充色

选中图 3-74 所示的图形，选择"修改 > 形状 > 扩展填充"命令，弹出"扩展填充"对话框，在"距离"选项的数值框中输入 15 像素（取值范围为 0.05 ~ 144），点选"插入"单选项，如图 3-75 所示；单击"确定"按钮，填充色将向内收缩，效果如图 3-76 所示。

 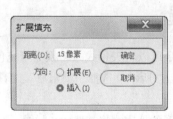 

图 3-74　　　　　　　　　　　　图 3-75　　　　　　　　　　　　图 3-76

3.2.5　柔化填充边缘

应用"柔化填充边缘"命令可以使填充色向外或向内柔化，并且柔化的数值可以自定义。

1. 向外柔化填充边缘

选中图 3-77 所示的图形，选择"修改 > 形状 > 柔化填充边缘"命令，弹出"柔化填充边缘"对话框，在"距离"选项的数值框中输入 80 像素，在"步长数"选项的数值框中输入 5，点选"扩展"单选项，如图 3-78 所示；单击"确定"按钮，效果如图 3-79 所示。

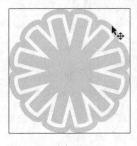

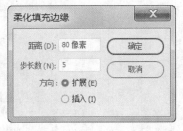

图 3-77　　　　　　　　　　图 3-78　　　　　　　　　　图 3-79

在"柔化填充边缘"对话框中设置的数值不同，所产生的效果也各不相同。

选中图 3-77 所示的图形，选择"修改 > 形状 > 柔化填充边缘"命令，弹出"柔化填充边缘"对话框，在"距离"选项的数值框中输入 50 像素，在"步长数"选项的数值框中输入 20，点选"扩展"单选项，如图 3-80 所示；单击"确定"按钮，效果如图 3-81 所示。

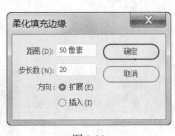

图 3-80　　　　　　　　　　　图 3-81

2．向内柔化填充边缘

选中图 3-82 所示的图形，选择"修改 > 形状 > 柔化填充边缘"命令，弹出"柔化填充边缘"对话框，在"距离"选项的数值框中输入 50 像素，在"步长数"选项的数值框中输入 5，点选"插入"单选项，如图 3-83 所示；单击"确定"按钮，效果如图 3-84 所示。

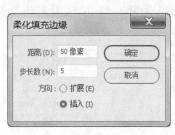

图 3-82　　　　　　　　　　图 3-83　　　　　　　　　　图 3-84

选中图 3-82 所示的图形，选择"修改 > 形状 > 柔化填充边缘"命令，弹出"柔化填充边缘"对话框，在"距离"选项的数值框中输入 30 像素，在"步长数"选项的数值框中输入 20，点选"插入"单选项，如图 3-85 所示；单击"确定"按钮，效果如图 3-86 所示。

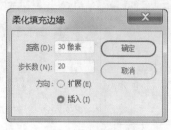

图 3-85 图 3-86

3.3 对齐面板与变形面板的使用

可以应用"对齐"面板来设置多个对象之间的对齐方式，还可以应用"变形"面板来改变对象的大小以及倾斜度。

3.3.1 课堂案例——制作美食海报

【案例学习目标】使用不同的浮动面板来编辑图形。

【案例知识要点】使用"导入"命令，导入素材文件；使用"变形"面板，调整图像的大小；使用"对齐"面板，调整图像的对齐方式，效果如图 3-87 所示。

【效果所在位置】Ch03 > 效果 > 制作美食海报.fla。

（1）在欢迎页的"详细信息"选项组中，将"宽"选项设为 600，"高"选项设为 841；在"平台类型"选项的下拉列表中选择"ActionScript 3.0"选项；单击"创建"按钮，即可完成文档的创建。

（2）选择"文件 > 导入 > 导入到库"命令，在弹出的"导入到库"对话框当中，选择本书学习资源中的"Ch03 > 素材 > 制作美食海报 > 01～05"文件，单击"打开"按钮，文件即可被导入"库"面板，如图 3-88 所示。

图 3-87

（3）将"图层_1"重命名为"底图"，如图 3-89 所示。将"库"面板中的位图"01"拖曳到舞台窗口中，并放置在中心位置，如图 3-90 所示。

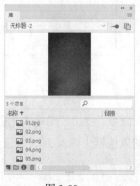

图 3-88 图 3-89 图 3-90

（4）在"时间轴"面板中创建新图层并将其命名为"图片"。将"库"面板中的位图"02"拖曳到舞台窗口中，并放置在适当的位置，如图 3-91 所示。

（5）保持图像的被选中状态，按 Ctrl+T 组合键，弹出"变形"面板，将"缩放宽度"选项和"缩放高度"选项均设为 60%，如图 3-92 所示；按 Enter 键确认，效果如图 3-93 所示。

（6）在"时间轴"面板中创建新图层并将其命名为"标题"。将"库"面板中的位图"03"拖曳到舞台窗口中，并放置在适当的位置，如图 3-94 所示。

图 3-91　　　　　　　　图 3-92　　　　　　　　图 3-93　　　　　　　　图 3-94

（7）在"时间轴"面板中创建新图层并将其命名为"图片 2"。将"库"面板中的位图"04"拖曳到舞台窗口中，并放置在适当的位置，如图 3-95 所示。

（8）在"时间轴"面板中创建新图层并将其命名为"文字"。将"库"面板中的位图"05"拖曳到舞台窗口中，并放置在适当的位置，如图 3-96 所示。在"时间轴"面板中，选中图 3-97 所示的图层。

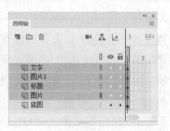

图 3-95　　　　　　　　图 3-96　　　　　　　　图 3-97

（9）按 Ctrl+K 组合键，弹出"对齐"面板，勾选"与舞台对齐"选项，如图 3-98 所示；单击"水平中齐"按钮 ，即可使选中的图像水平居中对齐，效果如图 3-99 所示。美食海报制作完成，按 Ctrl+Enter 组合键即可查看效果。

图 3-98

图 3-99

3.3.2 对齐面板

选择"窗口 > 对齐"命令或按 Ctrl+K 组合键，弹出"对齐"面板，如图 3-100 所示。

1．"对齐"选项组

"左对齐"按钮 ：设置所选对象左端对齐。

"水平中齐"按钮 ：设置所选对象沿垂直线居中对齐。

"右对齐"按钮 ：设置所选对象右端对齐。

"顶对齐"按钮 ：设置所选对象上端对齐。

"垂直中齐"按钮 ：设置所选对象沿水平线居中对齐。

"底对齐"按钮 ：设置所选对象下端对齐。

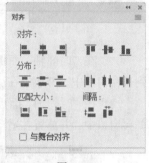

图 3-100

2．"分布"选项组

"顶部分布"按钮 ：设置所选对象在横向上上端间距相等。

"垂直居中分布"按钮 ：设置所选对象在横向上中心间距相等。

"底部分布"按钮 ：设置所选对象在横向上下端间距相等。

"左侧分布"按钮 ：设置所选对象在纵向上左端间距相等。

"水平居中分布"按钮 ：设置所选对象在纵向上中心间距相等。

"右侧分布"按钮 ：设置所选对象在纵向上右端间距相等。

3．"匹配大小"选项组

"匹配宽度"按钮 ：设置所选对象在水平方向上等尺寸变形（以所选对象中宽度最大的为基准）。

"匹配高度"按钮 ：设置所选对象在垂直方向上等尺寸变形（以所选对象中高度最大的为基准）。

"匹配宽和高"按钮 ：设置所选对象在水平方向和垂直方向上同时进行等尺寸变形（同时以所选对象中宽度和高度最大的为基准）。

4．"间隔"选项组

"垂直平均间隔"按钮 ：设置所选对象在纵向上间距相等。

"水平平均间隔"按钮 ：设置所选对象在横向上间距相等。

5．"与舞台对齐"选项

"与舞台对齐"选项：勾选此选项后，上述设置都是以整个舞台的宽度或高度为基准的。

打开本书学习资源中的"基础素材 > Ch03 > 07"文件，选中要对齐的图形，如图 3-101 所示。单击"顶对齐"按钮 ▛，图形将保持上端对齐，效果如图 3-102 所示。

图 3-101　　　　　　　　　　　　　　　　　　　图 3-102

选中要分布的图形，如图 3-103 所示。单击"水平居中分布"按钮 ▮▮，图形将在纵向上保持中心间距相等，效果如图 3-104 所示。

图 3-103　　　　　　　　　　　　　　　　　　　图 3-104

选中要匹配大小的图形，如图 3-105 所示。单击"匹配高度"按钮 ▯，图形将在垂直方向上进行等尺寸变形，效果如图 3-106 所示。

图 3-105　　　　　　　　　　　　　　　　　　　图 3-106

勾选"与舞台对齐"选项前后，应用同一个命令所产生的效果不同。选中图形，如图 3-107 所示。单击"左侧分布"按钮 ▮▮，效果如图 3-108 所示。勾选"与舞台对齐"选项后再单击"左侧分布"按钮 ▮▮，效果如图 3-109 所示。

图 3-107　　　　　　　　　图 3-108　　　　　　　　　图 3-109

3.3.3 变形面板

选择"窗口 > 变形"命令或按 Ctrl+T 组合键,弹出"变形"面板,如图 3-110 所示。

"缩放宽度" ↔ 100.0 % 选项和"缩放高度" ↕ 100.0 % 选项:用于设置图形的宽度和高度。

"约束"按钮 ⚭ :用于约束"缩放宽度"和"缩放高度"选项,使图形能够成比例地变形。

"重置缩放"按钮 ↺ :单击此按钮,可以将缩放设置恢复到初始状态。

图 3-110

"旋转"选项:用于设置图形的角度。

"倾斜"选项:用于设置图形的水平倾斜度或垂直倾斜度。

"水平翻转所选内容"按钮 ◁▷ :用于水平翻转所选图形。

"垂直翻转所选内容"按钮 ⚏ :用于垂直翻转所选图形。

"重制选区和变形"按钮 ⿻ :用于复制图形并将变形设置应用于图形。

"取消变形"按钮 ↺ :用于将图形属性恢复到初始状态。

在"变形"面板中的设置不同,所产生的效果也各不相同。

打开本书学习资源中的"基础素材 > Ch03 > 08"文件。选中图 3-111 所示的图形,在"变形"面板中,将"缩放宽度"选项设为 50%,"缩放高度"选项也随之变为 50%,如图 3-112 所示;按 Enter 键确认,图形的宽度和高度将成比例地缩小,效果如图 3-113 所示。

图 3-111   图 3-112   图 3-113

选中图 3-111 所示的图形,在"变形"面板中单击"约束"按钮 ⚭ ,并将"缩放宽度"选项设为 50%,如图 3-114 所示;按 Enter 键确认,图形的宽度将被改变,图形的高度保持不变,效果如图 3-115 所示。

图 3-114   图 3-115

选中图 3-111 所示的图形，在"变形"面板中，将"旋转"选项设为 30°，如图 3-116 所示；按 Enter 键确认，图形将被旋转，效果如图 3-117 所示。

选中图 3-111 所示的图形，在"变形"面板中，点选"倾斜"单选项，将"水平倾斜"选项设为 40°，如图 3-118 所示；按 Enter 键确认，图形将进行水平倾斜变形，效果如图 3-119 所示。

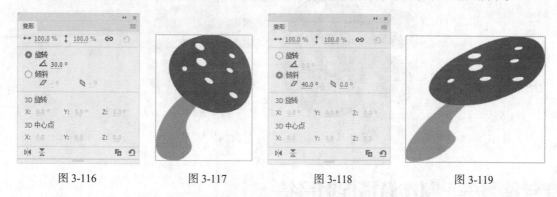

图 3-116　　　　　　图 3-117　　　　　　图 3-118　　　　　　图 3-119

选中图 3-111 所示的图形，在"变形"面板中，点选"倾斜"单选项，将"垂直倾斜"选项设为 －20°，如图 3-120 所示；按 Enter 键确认，图形将进行垂直倾斜变形，效果如图 3-121 所示。

图 3-120　　　　　　　　图 3-121

选中图 3-111 所示的图形，在"变形"面板中，单击"水平翻转所选内容"按钮 ，如图 3-122 所示，图形将进行水平翻转，效果如图 3-123 所示；单击"垂直翻转所选内容"按钮 ，如图 3-124 所示，图形将进行垂直翻转，效果如图 3-125 所示。

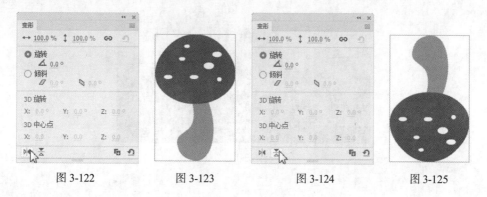

图 3-122　　　　　　图 3-123　　　　　　图 3-124　　　　　　图 3-125

选中图 3-111 所示的图形，在"变形"面板中，将"旋转"选项设为 60°，并单击"重制选区和变形"按钮 ，如图 3-126 所示，图形将被复制并沿其中心点旋转 60°，效果如图 3-127 所示。

再次单击"重置选区和变形"按钮 ，图形将再次被复制并旋转 60°，如图 3-128 所示；此时，面板中显示旋转角度为 – 180°，表示最后复制出的图形旋转了 180°，如图 3-129 所示。

图 3-126

图 3-127

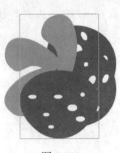
图 3-128

图 3-129

课堂练习——制作商场促销吊签

【练习知识要点】使用"文本"工具，添加文字效果；使用"分离"命令，将文字转换为形状；使用"组合"命令，将图形组合起来；使用"变形"面板，改变图形的角度，效果如图 3-130 所示。

【素材所在位置】Ch03 > 素材 > 制作商场促销吊签 > 01。

【效果所在位置】Ch03 > 效果 > 制作商场促销吊签.fla。

图 3-130

课后习题——绘制黄昏风景

【习题知识要点】使用"椭圆"工具，绘制太阳；使用"柔化填充边缘"命令，制作太阳光晕效果；使用"钢笔"工具，绘制山川，效果如图 3-131 所示。

【效果所在位置】Ch03 > 效果 > 绘制黄昏风景.fla。

图 3-131

第**4**章　文本的编辑

本章介绍

Animate CC 2019 具有强大的文本输入、编辑和处理功能。本章将详细讲解文本的编辑方法和应用技巧。通过对本章的学习，读者可以了解并掌握 Animate CC 2019 文本的功能及特点，并能在设计制作任务中充分利用文本的效果。

学习目标

- 熟练掌握文本的创建和编辑方法。
- 了解文本的类型及属性设置。
- 熟练运用文本的转换来编辑文本。

技能目标

- 掌握"耳机网页首页"的制作方法。
- 掌握"促销贴"的制作方法。

4.1 文本的类型及使用

制作动画时，常常需要利用文字来更清楚地表达创作者的意图，而创建和编辑文字必须利用 Animate CC 2019 所提供的文本工具来实现。

4.1.1 课堂案例——制作耳机网页首页

【案例学习目标】使用"属性"面板来设置文字的属性。

【案例知识要点】使用"文本"工具，输入需要的文字；使用"属性"面板，设置文字的字体、大小、颜色、行距和字符属性等，效果如图 4-1 所示。

【效果所在位置】Ch04 > 效果 > 制作耳机网页首页.fla。

（1）在欢迎页的"详细信息"选项组中，将"宽"选项设为 1920，"高"选项设为 1000；在"平台类型"选项的下拉列表中选择"ActionScript 3.0"选项，单击"创建"按钮，即可完成文档的创建。

（2）在"时间轴"面板中将"图层_1"重命名为"底图"。选择"文件 > 导入 > 导入到舞台"命令，在弹出的"导入"对话框中，选择本书学习资源中的"Ch04 > 素材 > 制作耳机网页首页 > 01"文件，单击"打开"按钮，文件即可被导入舞台窗口，如图 4-2 所示。

图 4-1

图 4-2

（3）在"时间轴"面板中创建新图层并将其命名为"标题"。选择"文本"工具 T ，在文本工具"属性"面板中，将"系列"设为"方正正粗黑简体"，"大小"选项设为 68，"颜色"选项设为黑色，其他选项的设置如图 4-3 所示；在舞台窗口中输入需要的文字，如图 4-4 所示。

图 4-3

图 4-4

（4）选中图 4-5 所示的英文字母与数字，在工具箱中将"填充颜色"设为深蓝色（#11286F），效果如图 4-6 所示。

图 4-5    图 4-6

（5）在"时间轴"面板中创建新图层并将其命名为"介绍文"。选择"文本"工具 T，在文本工具"属性"面板中将"系列"设为"方正兰亭黑简体"，"大小"选项设为 18，"字母间距"选项设为 2，"颜色"选项设为黑色；单击"格式"选项右侧的"两端对齐"按钮 ，并将"行距"选项设为 13，其他选项的设置如图 4-7 所示；在舞台窗口中通过按住鼠标左键并拖曳鼠标来绘制 1 个文本框，如图 4-8 所示；输入文字，效果如图 4-9 所示。

图 4-7   图 4-8 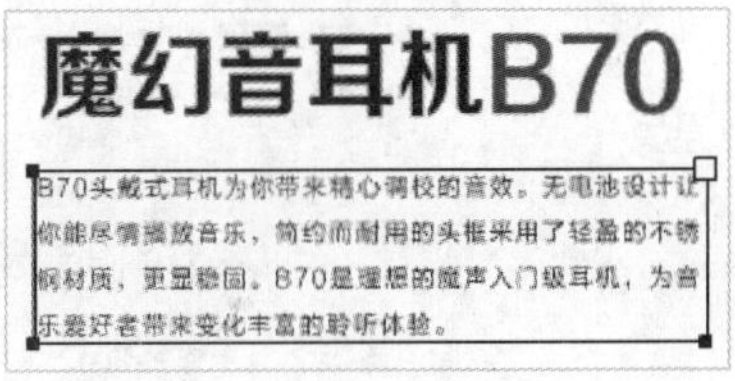   图 4-9

（6）将鼠标指针放在文本框右上方的控制点上，鼠标指针变为 ↔，如图 4-10 所示；按住鼠标左键并将控制点向右拖曳到适当的位置，即可调整文本框的宽度，效果如图 4-11 所示。

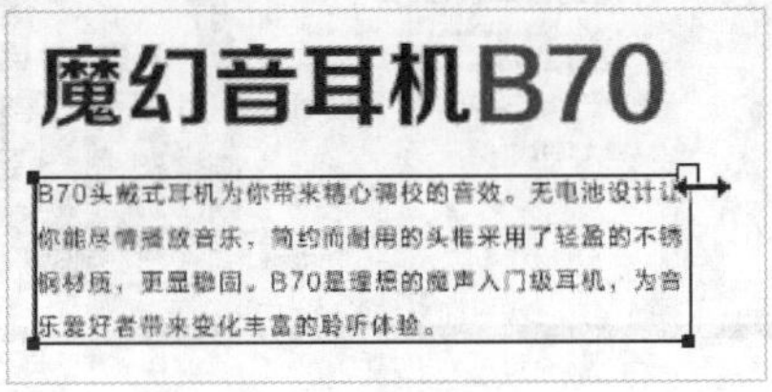

图 4-10 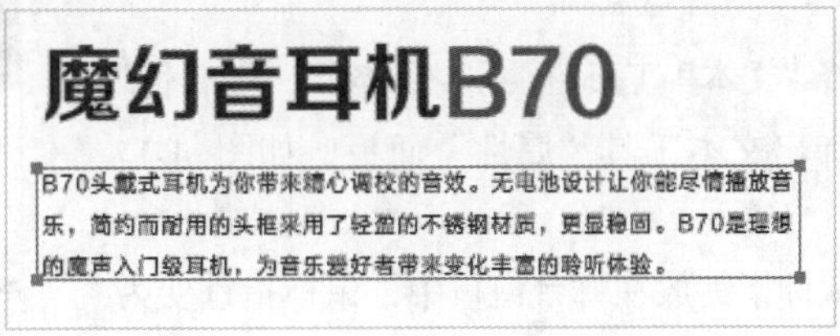   图 4-11

（7）在"时间轴"面板中创建新图层并将其命名为"价位"。在文本工具"属性"面板中，将"系列"设为"微软雅黑"，"大小"选项设为 36，"颜色"选项设为深蓝色（#11286F），其他选项的设置如图 4-12 所示；在舞台窗口中的适当位置输入文字，如图 4-13 所示。

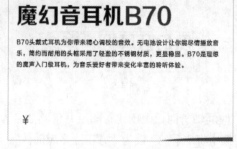

图 4-12   图 4-13

（8）在文本工具"属性"面板中，将"系列"设为"方正正粗黑简体"，"大小"选项设为 48，"颜色"选项设为深蓝色（#11286F），其他选项的设置如图 4-14 所示；在舞台窗口中的适当位置输入数字，如图 4-15 所示。

图 4-14   图 4-15

（9）耳机网页首页制作完成，按 Ctrl+Enter 组合键即可查看效果，如图 4-16 所示。

4.1.2   创建文本

选择"文本"工具 T，选择"窗口 > 属性"命令，弹出文本工具"属性"面板，如图 4-17 所示。

图 4-16

将鼠标指针放在舞台窗口中，鼠标指针变为 ┼。在舞台窗口中单击鼠标左键，出现文本输入光标，如图 4-18 所示。直接输入文字即可，效果如图 4-19 所示。

在舞台窗口中按住鼠标左键，并向右下方拖曳出一个文本框，如图 4-20 所示。松开鼠标，出现文本输入光标，如图 4-21 所示。在文本框中输入文字，文字被限定在文本框中，如果输入的文字较多，则会自动转到下一行显示，如图 4-22 所示。

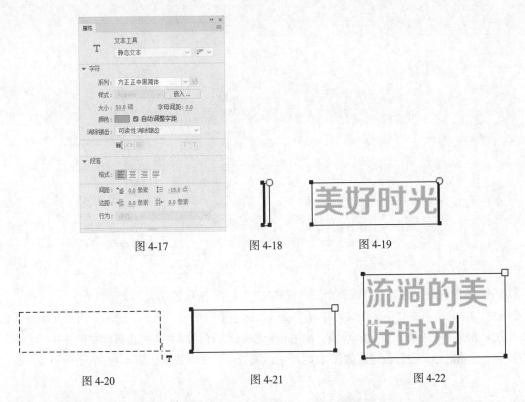

图 4-17　　　　　图 4-18　　　　　图 4-19

图 4-20　　　　　图 4-21　　　　　图 4-22

　　按住鼠标左键并向左拖曳文本框右上方的方形控制点，可以缩小文本框的宽度，如图 4-23 所示；向右拖曳控制点可以扩大文本框的宽度，如图 4-24 所示。

　　双击文本框右上方的方形控制点，文字将转换成单行显示状态，方形控制点也将转换为圆形控制点，如图 4-25 所示。

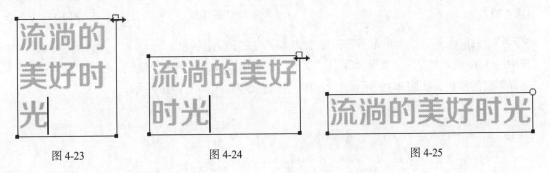

图 4-23　　　　　　图 4-24　　　　　　　　　图 4-25

4.1.3　文本属性

文本工具"属性"面板如图 4-26 所示。下面对各选项逐一进行介绍。

1. 设置文本的字体、大小、样式和颜色

"系列"选项：设定选定字符或整个文本框的文字字体。

　　选中图 4-27 所示的文字，在文本工具"属性"面板中，单击"系列"选项右侧的下拉按钮 ⌄ ，在弹出的下拉列表中选择需要转换的字体，如图 4-28 所示；单击鼠标左键，文字的字体将被转换，效果如图 4-29 所示。

图 4-26　　　　　图 4-27　　　　　　　图 4-28　　　　　　图 4-29

"大小"选项：设定选定字符或整个文本框的文字大小，选项值越大，文字越大。

选中图 4-30 所示的文字，在文本工具"属性"面板中，单击"大小"选项，出现文本框，如图 4-31 所示，在文本框中输入设定的数值，按 Enter 键确认。还可以直接按住鼠标左键并在"大小"选项的数字上拖动鼠标来进行设定，如图 4-32 所示。设置后的文字效果如图 4-33 所示。

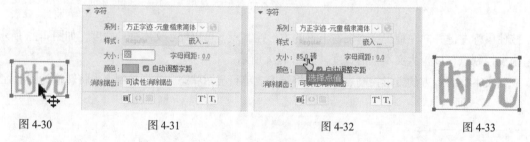

图 4-30　　　　　图 4-31　　　　　　　图 4-32　　　　　　图 4-33

"颜色"按钮 颜色：□：为选定字符或整个文本框的文字设定颜色。

选中图 4-34 所示的文字，在文本工具"属性"面板中，单击"颜色"按钮，在弹出的"颜色"面板中选择需要的颜色，如图 4-35 所示。设定颜色后的文字效果如图 4-36 所示。

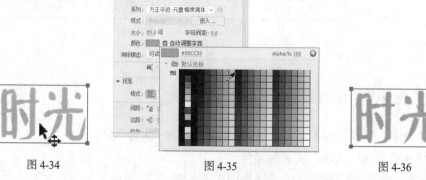

图 4-34　　　　　　　　图 4-35　　　　　　　　图 4-36

提示　　文字只能使用纯色，不能使用渐变色。要想为文本设定渐变色，必须将该文本转换为可组成它的线条和填充。

"改变文本方向"按钮 ：在其下拉列表中选择需要的选项可以改变文字的排列方向。

选中图 4-37 所示的文字，在文本工具"属性"面板中，单击"改变文本方向"按钮 ，在弹出的下拉列表中选择"垂直，从左向右"命令，如图 4-38 所示，文字将从左向右排列，效果如图 4-39 所示。如果在弹出的下拉列表中选择"垂直"命令，如图 4-40 所示，文字将从右向左排列，效果如图 4-41 所示。

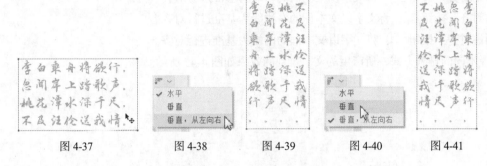

| 图 4-37 | 图 4-38 | 图 4-39 | 图 4-40 | 图 4-41 |

"字母间距"选项 字母间距：0.0 ：在选定字符或整个文本框的文字之间插入统一的间隔。

设置不同的文字间距，所产生的文字效果如图 4-42 所示。

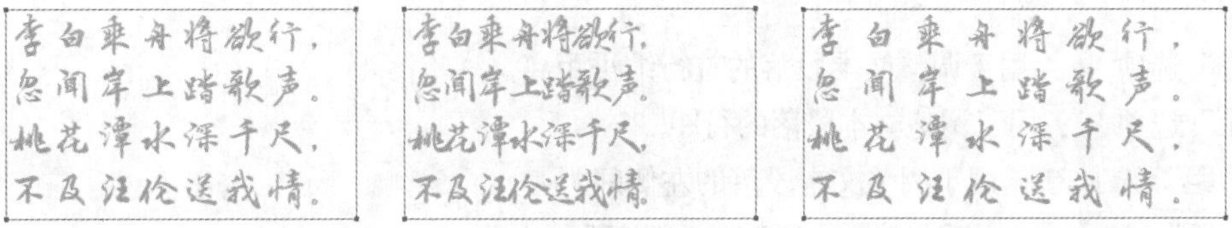

（a）间距为 0 时的效果　　（b）缩小间距后的效果　　（c）扩大间距后的效果

图 4-42

"切换上标"按钮 T¹：可将水平文本放在基线之上或将垂直文本放在基线的右边。

"切换下标"按钮 T₁：可将水平文本放在基线之下或将垂直文本放在基线的左边。

选中要设置字符位置的文字，选择"切换上标"按钮，文字将位于基线之上，如图 4-43 所示。

图 4-43

设置不同的字符位置，所产生的文字效果如图 4-44 所示。

（a）正常位置　　　（b）上标位置　　　（c）下标位置

图 4-44

2．设置段落

在文本工具"属性"面板中，单击"段落"选项组左侧的三角按钮▶，即可展开相应的选项。可通过选择不同的选项来设置文本段落的格式。

选中不同的文本排列方式按钮可以将文字以不同的形式进行排列。

"左对齐"按钮▤：将文字以文本框的左边线为基准进行对齐。

"居中对齐"按钮▤：将文字以文本框的中线为基准进行对齐。

"右对齐"按钮▤：将文字以文本框的右边线为基准进行对齐。

"两端对齐"按钮▤：将文字以文本框的两端为基准进行对齐。

选择不同的排列方式，所产生的文字排列的效果如图 4-45 所示。

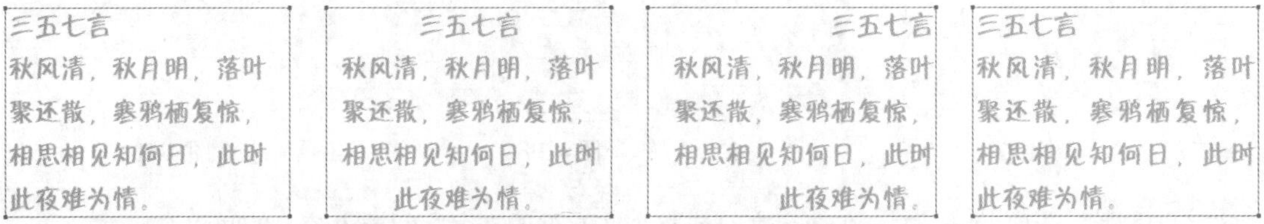

（a）左对齐	（b）居中对齐	（c）右对齐	（d）两端对齐

图 4-45

"缩进"选项 ⁺▤：用于调整文本段落的首行缩进距离。

"行距"选项 ▤：用于调整文本段落的行距。

"左边距"选项 ▤：用于调整文本段落的左侧间距。

"右边距"选项 ▤：用于调整文本段落的右侧间距。

选中图 4-46 所示的文本段落，在"段落"选项组中进行设置，如图 4-47 所示。设置完成后文本段落的格式将发生改变，效果如图 4-48 所示。

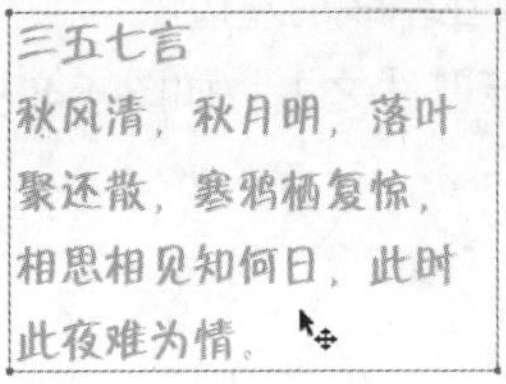

图 4-46　　　　　　　　　图 4-47 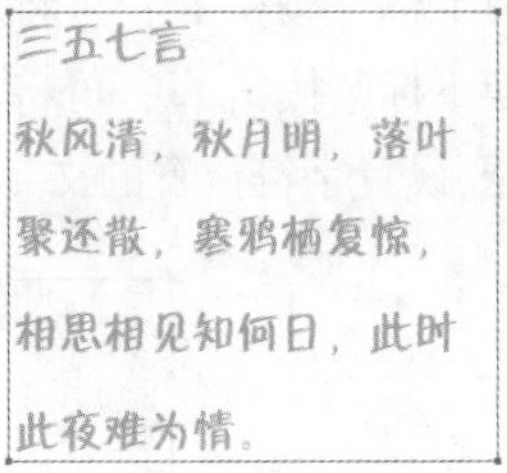　　　　　　　　　图 4-48

3．字体呈现方法

Animate CC 2019 中有 5 种不同的字体呈现选项，如图 4-49 所示。通过设置可以得到不同的字体呈现样式。

"使用设备字体"选项：选择此选项将生成一个较小的 SWF 文件，并采用用户计算机上当前安装的字体来呈现文本。

"位图文本[无消除锯齿]"选项：选择此选项将生成明显的文本边缘，且没有消除锯齿。因为此选项生成的 SWF 文件中包含字体轮廓，所以生成的 SWF 文件较大。

"动画消除锯齿"选项：选择此选项将生成可顺畅进行动画

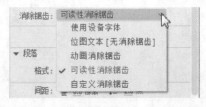

图 4-49

播放的消除锯齿文本。因为在文本动画播放时没有应用对齐和消除锯齿功能，所以在某些情况下，文本动画还可以更快地播放。在使用带有许多字母的大字体或缩放字体时，可能看不到性能上的提高。另外，因为此选项生成的 SWF 文件中包含字体轮廓，所以生成的 SWF 文件较大。

"可读性消除锯齿"选项：选择此选项将使用高级消除锯齿引擎，提供品质最高、最易读的文本。因为此选项生成的文件中包含字体轮廓及特定的消除锯齿信息，所以生成的 SWF 文件最大。

"自定义消除锯齿"选项：选择此选项与选择"可读性消除锯齿"选项所产生的效果相同，但是此选项可以直观地操作消除锯齿参数，以生成特定的外观。此选项在为新字体或不常见的字体生成最佳的外观方面非常有用。

4．设置文本超链接

"链接"选项：可以在该选项的文本框中直接输入网址，使当前文字成为超链接文字。

"目标"选项：可以设置超链接的打开方式，共有 4 种方式可以选择。

"_blank"：在新打开的浏览器窗口中打开超链接。

"_parent"：在父框架中打开超链接。

"_self"：在当前框架中打开超链接。

"_top"：在默认的顶部框架中打开超链接。

选中图 4-50 所示的文字，在文本工具"属性"面板中的"选项"选项组中的"链接"文本框中输入链接的网址，在"目标"选项的下拉列表中选择打开方式，如图 4-51 所示。设置完成后，文字的下方将出现下划线，表示已经插入超链接，如图 4-52 所示。

图 4-50　　　　　　　　　　图 4-51　　　　　　　　　　图 4-52

 提示　　只有在文本为水平方向排列时，超链接功能才可用。当文本为垂直方向排列时，超链接则不可用。

4.1.4　静态文本

选择"静态文本"选项，"属性"面板如图 4-53 所示。

"可选"按钮▥：选中此按钮，当文件输出为 SWF 格式时，可以对影片中的文字进行选取、复制操作。

4.1.5　动态文本

选择"动态文本"选项，"属性"面板如图 4-54 所示。动态文本可以作为对象来应用。

"实例名称"选项：可以设置动态文本的名称。

"将文本呈现为 HTML"选项<>：支持 HTML 标签特有的字体格式、超级链接等超文本格式。

"在文本周围显示边框"选项▤：可以为文本设置白色的背景和黑色的边框。

"段落"选项组中的"行为"选项包括单行、多行和多行不换行。

"单行"：文本以单行方式显示。

"多行"：如果输入的文本的字数大于设置的字数限制，输入的文本将自动换行。

"多行不换行"：输入的文本为多行时，不会自动换行。

4.1.6 输入文本

选择"输入文本"选项，"属性"面板如图 4-55 所示。

"段落"选项组中的"行为"选项新增了"密码"选项，选择此选项，当文件输出为 SWF 格式时，影片中的文字将显示为星号（****）。

在"选项"选项组中的"最大字符数"选项中，可以设置输入文字的最大数值。默认值为 0，即为不限制。如设置数值，此数值即为输出 SWF 影片时，可显示的文字的最大数量。

图 4-53

图 4-54

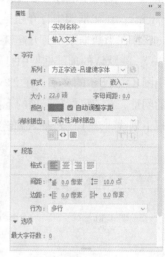
图 4-55

4.2 文本的转换

在 Animate CC 2019 中输入文本后，可以根据设计制作的需要对文本进行编辑，比如对文本进行变形处理或为文本填充渐变色。

4.2.1 课堂案例——制作促销贴

【案例学习目标】使用任意变形工具使文字变形。

【案例知识要点】使用"钢笔"工具，绘制图形；使用"扩展填充"命令，缩放图形；使用"文本"工具，输入标题文字；使用"分离"命令，将文字打散；使用"任意变形"工具和"封套"按钮，对文字进行编辑，效果如图 4-56 所示。

【效果所在位置】Ch04 > 效果 > 制作促销贴.fla。

图 4-56

（1）在欢迎页的"详细信息"选项组中，将"宽"选项设为 550，"高"选项设为 400；在"平台类型"选项的下拉列表中选择"ActionScript 3.0"选项，单击"创建"按钮，即可完成文档的创建。

（2）在"时间轴"面板中将"图层_1"命名为"图形"。选择"钢笔"工具 ✐，单击工具箱下方的"对象绘制"按钮 ⭕；在钢笔工具"属性"面板中，将"笔触颜色"设为红色（#FF0000），"填充颜色"设为无，"笔触"选项设为 1；在舞台窗口中绘制 1 条闭合边线，如图 4-57 所示。

（3）选择"选择"工具 ▶，在舞台窗口中选中边线，在工具箱中将"填充颜色"设为深蓝色（#141D3C），"笔触颜色"设为无，效果如图 4-58 所示。

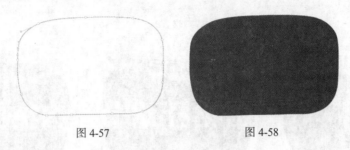

图 4-57　　　　　　　　　　　　图 4-58

（4）在"时间轴"面板中，在"图形"图层上单击鼠标右键，在弹出的快捷菜单中选择"复制图层"命令，直接复制图层并将其命名为"虚线"，如图 4-59 所示。在"时间轴"面板中的"虚线"图层上单击鼠标左键，即可将该图层中的图形选中，然后在工具箱中将"填充颜色"设为白色。

（5）保持图形的被选中状态，选择"修改 > 形状 > 扩展填充"命令，在弹出的"扩展填充"对话框中进行设置，如图 4-60 所示，单击"确定"按钮，效果如图 4-61 所示。

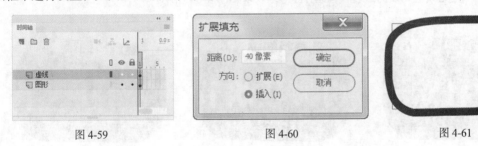

图 4-59　　　　　　　　　　图 4-60　　　　　　　　　　图 4-61

（6）保持图形的被选中状态，在绘制对象"属性"面板中，将"笔触颜色"设为青绿色（#25919B），"填充颜色"设为无，"笔触"选项设为 2；单击"样式"选项右侧的下拉按钮 ∨，在弹出的下拉列表中选择"虚线"，其他选项的设置如图 4-62 所示，效果如图 4-63 所示。

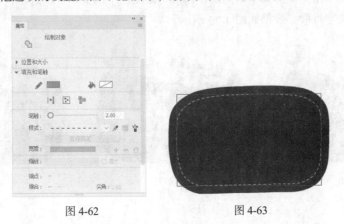

图 4-62　　　　　　　　　　图 4-63

（7）在"时间轴"面板中创建新图层并将其命名为"标题"。选择"文件 > 导入 > 导入到舞台"命令，在弹出的"导入"对话框中，选择本书学习资源中的"Ch04 > 素材 > 制作促销贴 > 01"文件，单击"打开"按钮，文件将被导入舞台窗口，然后将其拖曳到适当的位置，效果如图 4-64 所示。

（8）在"时间轴"面板中创建新图层并将其命名为"变形文字"。选择"文本"工具 T，在文本工具"属性"面板中进行设置，在舞台窗口中适当的位置输入字号为 84、字体为"方正特粗光辉简体"的黄色（#F0EA22）文字，文字效果如图 4-65 所示。

（9）选择"选择"工具 ▶，在舞台窗口中选中文字，按 Ctrl+B 组合键，将文字打散，效果如图 4-66 所示。

图 4-64

图 4-65

图 4-66

（10）选中文字"物"，在工具箱中将"填充颜色"设为橘黄色（#DC8D00），效果如图 4-67 所示。选中文字"狂"，在工具箱中将"填充颜色"设为灰色（#B5B1AF），效果如图 4-68 所示。选中文字"欢"，在工具箱中将"填充颜色"设为红色（#D81A17），效果如图 4-69 所示。

图 4-67

图 4-68

图 4-69

（11）选中文字"节"，在工具箱中将"填充颜色"设为红色（#CF1F46），效果如图 4-70 所示。在"时间轴"面板中单击"变形文字"图层，即可将该图层中的文字全部选中，如图 4-71 所示。按 Ctrl+B 组合键，将文字打散，效果如图 4-72 所示。

图 4-70

图 4-71

图 4-72

（12）选择"任意变形"工具 ，单击工具箱下方的"封套"按钮 ，在文字周围将出现控制手柄，如图 4-73 所示，调整控制手柄使文字变形，效果如图 4-74 所示。

图 4-73　　　　　　　　　　　　　图 4-74

（13）在"时间轴"面板中新建图层并将其命名为"日期"。选择"文本"工具 ，在文本工具"属性"面板中进行设置，在舞台窗口中的适当位置输入字号为 25、字体为"方正特粗光辉简体"的淡黄色（#FBF7B7）文字，文字效果如图 4-75 所示。

（14）选择"选择"工具 ，在舞台窗口中选中文字，如图 4-76 所示。按两次 Ctrl+B 组合键，将文字打散，效果如图 4-77 所示。

图 4-75　　　　　　　　　　图 4-76　　　　　　　　　　图 4-77

（15）选择"任意变形"工具 ，单击工具箱下方的"封套"按钮 ，在文字周围将出现控制手柄，如图 4-78 所示，调整控制手柄使文字变形，效果如图 4-79 所示。促销贴制作完成，按 Ctrl+ Enter 组合键即可查看效果，效果如图 4-80 所示。

图 4-78　　　　　　　　　　图 4-79　　　　　　　　　　图 4-80

4.2.2　变形文本

选中图 4-81 所示的文字，按两次 Ctrl+B 组合键，将文字打散，如图 4-82 所示。

图 4-81   图 4-82

选择"修改 > 变形 > 封套"命令，在文字的周围将出现控制点，如图 4-83 所示。拖动控制点，即可改变文字的形状，如图 4-84 所示，变形完成后的文字效果如图 4-85 所示。

图 4-83   图 4-84   图 4-85

4.2.3　填充文本

选中图 4-86 所示的文字，按两次 Ctrl+B 组合键，将文字打散，如图 4-87 所示。

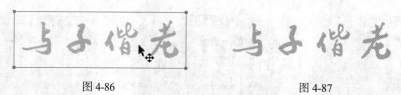

图 4-86   图 4-87

选择"窗口 > 颜色"命令，弹出"颜色"面板，在"颜色类型"选项的下拉列表中选择"线性渐变"选项，在色带上设置渐变色，如图 4-88 所示，文字效果如图 4-89 所示。

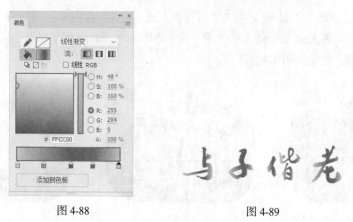

图 4-88   图 4-89

选择"墨水瓶"工具，在墨水瓶工具"属性"面板中设置笔触的颜色、样式和大小，相关设置如图 4-90 所示。在文字的外边线上单击鼠标左键，即可为文字添加外边框，效果如图 4-91 所示。

图 4-90

图 4-91

课堂练习——制作可乐瓶盖

【练习知识要点】使用"文本"工具，输入文字；使用"封套"命令，对文字进行变形；使用"墨水瓶"工具，为文字添加描边效果，如图 4-92 所示。

【素材所在位置】Ch04 > 素材 > 制作可乐瓶盖 > 01。

【效果所在位置】Ch04 > 效果 > 制作可乐瓶盖.fla。

图 4-92

课后习题——制作马戏团标志

【习题知识要点】使用"文本"工具，输入文字；使用"分离"命令，将文字打散；使用"墨水瓶"工具，为文字添加轮廓效果；使用"颜色"面板和"颜料桶"工具，为文字添加渐变色效果，如图 4-93 所示。

【素材所在位置】Ch04 > 素材 > 制作马戏团标志 > 01。

【效果所在位置】Ch04 > 效果 > 制作马戏团标志.fla。

图 4-93

第5章 外部素材的应用

本章介绍

Animate CC 2019 允许导入外部的图像和视频素材来增强画面效果。本章将介绍导入外部素材以及设置外部素材属性的方法。通过对本章的学习，读者可以了解并掌握如何应用 Animate CC 2019 的强大功能来处理和编辑外部素材，并使其与内部素材充分结合，从而制作出更加生动的动画作品。

学习目标

- 了解图像和视频素材的格式。
- 掌握图像素材的导入和编辑方法。
- 掌握视频素材的导入和编辑方法。

技能目标

- 掌握"运动鞋广告"的制作方法。
- 掌握"液晶电视广告"的制作方法。

5.1　图像素材的应用

Animate CC 2019 允许导入各种文件格式的矢量图和位图。

5.1.1　课堂案例——制作运动鞋广告

【案例学习目标】使用"转换位图为矢量图"命令来制作图像。

【案例知识要点】使用"导入到库"命令，导入素材文件；使用"转换位图为矢量图"命令，将位图转换为矢量图，效果如图 5-1 所示。

【效果所在位置】Ch05 > 效果 > 制作运动鞋广告. fla。

（1）在欢迎页的"详细信息"选项组中，将"宽"选项设为 1920，"高"选项设为 1000；在"平台类型"选项的下拉列表中选择"ActionScript 3.0"选项，单击"创建"按钮，即可完成文档的创建。

（2）选择"文件 > 导入 > 导入到库"命令，在弹出的"导入到库"对话框中，选择本书学习资源中的"Ch05 > 素材 > 制作运动鞋广告 > 01 ~ 04"文件，单击"打开"按钮，文件将被导入"库"面板，如图 5-2 所示。

图 5-1

图 5-2

（3）将"图层_1"重命名为"底图"。将"库"面板中的位图"01"拖曳到舞台窗口中，并放置在与舞台中心重叠的位置，如图 5-3 所示。

（4）在"时间轴"面板中创建新图层并将其命名为"鞋子"。将"库"面板中的位图"02"拖曳到舞台窗口中，并放置在适当的位置，如图 5-4 所示。

图 5-3

图 5-4

（5）选择"修改 > 位图 > 转换位图为矢量图"命令，弹出"转换位图为矢量图"对话框，在对话框中进行设置，如图 5-5 所示，单击"确定"按钮，效果如图 5-6 所示。

图 5-5 图 5-6

（6）在"时间轴"面板中创建新图层并将其命名为"装饰"。将"库"面板中的位图"03"拖曳到舞台窗口中，并放置在适当的位置，如图 5-7 所示。

（7）在"时间轴"面板中创建新图层并将其命名为"文字"。将"库"面板中的位图"04"拖曳到舞台窗口中，并放置在适当的位置，如图 5-8 所示。运动鞋广告制作完成，按 Ctrl+Enter 组合键即可查看效果。

图 5-7 图 5-8

5.1.2 图像素材的格式

Animate CC 2019 允许导入各种文件格式的矢量图和位图。矢量图格式包括 Adobe Illustrator 文件、EPS 文件或 PDF 文件。位图格式包括 JPG、GIF、PNG、BMP 等。

Illustrator 文件：此文件支持对曲线、线条样式和填充信息的非常精确的转换。

EPS 文件或 PDF 文件：可以导入任何版本的 EPS 文件以及 1.4 版本或更低版本的 PDF 文件。

JPG 格式：是一种压缩格式，可以应用不同的压缩比例来对文件进行压缩，压缩后，文件质量损失小，文件占用空间大大降低。

GIF 格式：即位图交换格式，是一种 256 色的位图格式，压缩率略低于 JPG 格式。

PNG 格式：能把位图文件压缩到极限以利于网络传输，能保留所有与位图品质有关的信息，PNG 格式支持透明位图。

BMP 格式：在 Windows 环境下使用最为广泛，而且使用时最不容易出问题，但由于该格式的文件较大，所以在网上传输时，一般不使用该格式。

5.1.3 导入图像素材

Animate CC 2019 可以识别多种不同的位图和矢量图的文件格式。可以通过导入或粘贴的方法将素材引入 Animate CC 2019。

1．导入到舞台

（1）导入位图到舞台：当导入位图到舞台上时，舞台上将显示该位图，位图同时被保存在"库"面板中。

选择"文件 ＞ 导入 ＞ 导入到舞台"命令，弹出"导入"对话框，在对话框中选择本书学习资源中的"基础素材 ＞ Ch05 ＞ 01"文件，如图 5-9 所示；单击"打开"按钮，弹出提示对话框，如图 5-10所示。

图 5-9　　　　　　　　　　　　　　　　　　图 5-10

当单击"否"按钮时，所选择的位图图片"01"将被导入舞台，这时，舞台、"库"面板和"时间轴"面板所显示的效果分别如图 5-11、图 5-12 和图 5-13 所示。

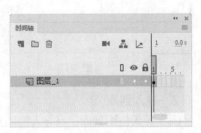

图 5-11　　　　　　　　　图 5-12　　　　　　　　　图 5-13

当单击"是"按钮时，位图图片"01"～"05"全部被导入舞台，这时，舞台、"库"面板和"时间轴"面板所显示的效果分别如图 5-14、图 5-15 和图 5-16 所示。

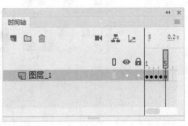

图 5-14　　　　　　　　　图 5-15　　　　　　　　　图 5-16

提示 可以用各种方式将多幅位图导入 Animate CC 2019，并且可以在 Animate CC 2019 中启动 Fireworks 或其他外部图像编辑器，从而在这些应用程序中修改导入的位图。可以对导入的位图应用压缩和消除锯齿功能，以控制位图在 Animate CC 2019 中的大小和外观，还可以将导入的位图作为填充应用于对象。

（2）导入矢量图到舞台：当导入矢量图到舞台上时，舞台上将显示该矢量图，但矢量图并不会被保存到"库"面板中。

选择"文件 > 导入 > 导入到舞台"命令，弹出"导入"对话框，在对话框中选择本书学习资源中的"基础素材 > Ch05 > 06"文件，如图 5-17 所示；单击"打开"按钮，弹出"将'06.ai'导入到舞台"对话框，如图 5-18 所示；单击"导入"按钮，矢量图将被导入舞台，如图 5-19 所示。此时，查看"库"面板，"库"面板中并没有保存矢量图。

图 5-17　　　　　　　　　　　　　图 5-18　　　　　　　　　　图 5-19

2. 导入到库

（1）导入位图到库：当导入位图到"库"面板时，舞台上不显示该位图，只在"库"面板中显示。

选择"文件 > 导入 > 导入到库"命令，弹出"导入到库"对话框，在对话框中选择本书学习资源中的"基础素材 > Ch05 > 03"文件，如图 5-20 所示；单击"打开"按钮，位图将被导入"库"面板，如图 5-21 所示。

图 5-20　　　　　　　　　　　　图 5-21

（2）导入矢量图到库：当导入矢量图到"库"面板时，舞台上不显示该矢量图，只在"库"面板中显示。

选择"文件 > 导入 > 导入到库"命令，弹出"导入到库"对话框，在对话框中选择本书学习资源中的"基础素材 > Ch05 > 07"文件，如图 5-22 所示；单击"打开"按钮，弹出"将'07.ai'导入到库"对话框，如图 5-23 所示；单击"导入"按钮，矢量图将被导入"库"面板，如图 5-24 所示。

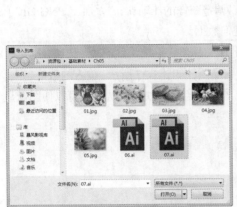  

图 5-22　　　　　　　　　　图 5-23　　　　　　　　　　图 5-24

3．外部粘贴

可以将其他程序或文档中的位图粘贴到 Animate CC 2019 文档的舞台中，其方法为：在其他程序或文档中复制图像，选中 Animate CC 2019 文档，按 Ctrl+V 组合键，即可粘贴被复制的图像，图像将出现在 Animate CC 2019 文档的舞台中。

5.1.4　设置导入位图的属性

对于导入的位图，用户可以根据需要消除锯齿，从而使图像的边缘变得平滑，或选择压缩选项以减小位图文件的占用空间，以及格式化文件以便在 Web 上显示图像。这些变化都需要在"位图属性"对话框中进行设定。

在"库"面板中双击位图图标，如图 5-25 所示，弹出"位图属性"对话框，如图 5-26 所示。

图 5-25　　　　　　　　　　图 5-26

位图浏览区域：对话框的左侧为位图浏览区域，将鼠标指针放在此区域中时，鼠标指针变为手形，按住鼠标左键并拖动鼠标可移动区域中的位图。

位图名称编辑区域：对话框的上方为名称编辑区域，可以在此更换位图的名称。

位图基本情况区域：名称编辑区域下方为基本情况区域，该区域显示了位图的创建时间、文件大小、像素位数以及位图在计算机中的具体位置。

"允许平滑"选项：选择此选项时，即可利用消除锯齿功能使位图边缘变得平滑。

"压缩"选项：设定通过何种方式压缩图像，它包含 2 种方式，即"照片（JPEG）"和"无损（PNG/GIF）"。"照片（JPEG）"以 JPEG 格式压缩图像，可以调整图像的压缩比；"无损 （PNG/GIF）"将使用无损压缩格式压缩图像，这样就不会丢失图像中的任何数据。

"使用发布设置"选项：点选此选项，则位图应用默认的压缩品质；点选"自定义"选项，则可以在右侧的文本框中输入介于 1~100 的一个值，以指定新的压缩品质，如图 5-27 所示，输入的数值越大，保留的图像就越完整，但是产生的文件的占用空间也越大。勾选"启用解块"复选框，可以使图像显示得更加平滑。

图 5-27

"更新"按钮：如果此位图在其他文件中被更改了，单击此按钮即可进行刷新。

"导入"按钮：可以导入新的位图来替换原有的位图。单击此按钮，弹出"导入位图"对话框，在对话框中选中要进行替换的位图，如图 5-28 所示；单击"打开"按钮，原有的位图将被替换，如图 5-29 所示。

图 5-28

图 5-29

"测试"按钮：单击此按钮可以预览位图被压缩后的效果。

在"自定义"选项的数值框中输入数值，如图 5-30 所示；单击"测试"按钮，在对话框左侧的位图浏览区域中，可以观察压缩后的位图的质量效果，如图 5-31 所示。

图 5-30   图 5-31

当"位图属性"对话框中的所有选项设置完成后，单击"确定"按钮即可。

5.1.5 将位图转换为图形

使用 Animate CC 2019 可以将位图分离为可编辑的图形，而位图仍然保留它原来的细节。分离位图后，可以使用绘画工具和涂色工具来选择和修改位图的区域。

在舞台中导入位图，如图 5-32 所示。选中位图，选择"修改 > 分离"命令，将位图打散，如图 5-33 所示。

图 5-32   图 5-33

对打散后的位图进行编辑的方法有如下几种。

（1）选择"画笔"工具 ✐，在位图上进行绘制，如图 5-34 所示。若未将图形分离，绘制线条后，线条将在位图的下方显示，如图 5-35 所示。

图 5-34   图 5-35

（2）选择"选择"工具 ▶，直接在打散后的位图上拖曳，即可改变图形形状或删减图形，如图 5-36 和图 5-37 所示。

图 5-36　　　　　　　　　　　　　　图 5-37

（3）选择"橡皮擦"工具 ◆ ，擦除图形，如图 5-38 所示。选择"墨水瓶"工具 ◆ᵢ ，为图形添加外边框，如图 5-39 所示。

图 5-38　　　　　　　　　　　　　　图 5-39

（4）选择"魔术棒"工具 ≁ ，在向日葵的花瓣上单击鼠标左键，将向日葵的橘黄色部分选中，如图 5-40 所示；按 Delete 键，即可删除选中的图形，如图 5-41 所示。

图 5-40　　　　　　　　　　　　　　图 5-41

提示　将位图转换为图形后，图形将不再链接到"库"面板中的位图组件。也就是说，修改打散后的图形不会对"库"面板中相应的位图组件产生影响。

5.1.6　将位图转换为矢量图

选中图 5-42 所示的位图，选择"修改 > 位图 > 转换位图为矢量图"命令，弹出"转换位图为矢量图"对话框，设置数值后，对话框如图 5-43 所示；单击"确定"按钮，位图即可转换为矢量图，如图 5-44 所示。

图 5-42　　　　　　　图 5-43　　　　　　　图 5-44

"颜色阈值"选项：用于设置将位图转换为矢量图时的色彩细节，输入数值的范围为 0～500，该值越大，图像越细腻。

"最小区域"选项：用于设置将位图转换为矢量图时色块的大小，输入数值的范围为 0～1000，该值越大，色块越大。

"角阈值"选项：用于定义角转换时的精细程度。

"曲线拟合"选项：用于设置在转换过程中对色块处理的精细程度，图像转换时边缘越光滑，则原图像细节的失真程度越高。

在"转换位图为矢量图"对话框中，设置的数值不同，所产生的效果也不相同，如图 5-45 所示。

图 5-45

将位图转换为矢量图后，可以用"颜料桶"工具 为其重新填色。

选择"颜料桶"工具 ，将"填充颜色"设为黄色（#FFFF00），在向日葵的花瓣区域单击鼠标左键，将花瓣区域填充为黄色，如图 5-46 所示。

将位图转换为矢量图后，还可以用"滴管"工具 对图形进行采样，然后将样本用来填充。

选择"滴管"工具 ，鼠标指针变为 ，在绿色的叶子上单击鼠标左键，吸取绿色的色彩值，如图 5-47 所示；吸取后，鼠标指针变为 ，在黄色花瓣上单击鼠标左键，即可用绿色进行填充，黄色区域将全部转换为绿色，如图 5-48 所示。

图 5-46

图 5-47

图 5-48

5.2 视频素材的应用

在 Animate CC 2019 中，可以导入外部的视频素材并将其应用到动画作品中，也可以根据需要导入不同格式的视频素材并设置视频素材的属性。

5.2.1　课堂案例——制作液晶电视广告

【案例学习目标】使用导入命令导入视频，使用"变形"面板调整视频的大小。

【案例知识要点】使用"导入视频"命令，导入视频；使用"变形"面板，调整视频的大小；使用"属性"面板，固定视频的位置；使用"矩形"工具，绘制装饰边框，效果如图 5-49 所示。

【效果所在位置】Ch05 > 效果 > 制作液晶电视广告.fla。

（1）在欢迎页的"详细信息"选项组中，将"宽"选项设为 800，"高"选项设为 500；在"平台类型"选项的下拉列表中选择"ActionScript 3.0"选项，单击"创建"按钮，即可完成文档的创建。

（2）将"图层_1"重命名为"底图"。按 Ctrl+R 组合键，在弹出的"导入"对话框中，选择本书学习资源中的"Ch05 > 素材 > 制作液晶电视广告 > 01"文件，单击"打开"按钮，文件即可被导入舞台窗口，效果如图 5-50 所示。

图 5-49　　　　　　　　　　　　　　　　图 5-50

（3）在"时间轴"面板中创建新图层并将其命名为"视频"。选择"文件 > 导入 > 导入视频"命令，在弹出的"导入视频"对话框中，单击"浏览..."按钮，在弹出的"打开"对话框中，选择本书学习资源中的"Ch05 > 素材 > 制作液晶电视广告 > 02"文件，如图 5-51 所示；单击"打开"按钮，返回"导入视频"对话框，点选"在 SWF 中嵌入 FLV 并在时间轴中播放"单选项，如图 5-52 所示。

图 5-51　　　　　　　　　　　　　　　　图 5-52

（4）单击"下一步"按钮，弹出"嵌入"对话框，对话框中的设置如图 5-53 所示；单击"下一步"按钮，弹出"完成视频导入"对话框，如图 5-54 所示；单击"完成"按钮即可完成视频的导入，"02"视频文件将被导入舞台窗口，如图 5-55 所示。选中"底图"图层的第 250 帧，按 F5 键，插入普通帧，如图 5-56 所示。

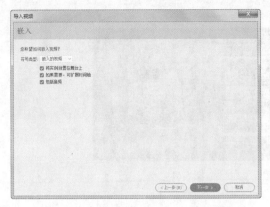

图 5-53　　　　　　　　　　　　　　　　　　　　图 5-54

图 5-55　　　　　　　　　　　　　　　　　　　图 5-56

（5）保持视频的被选中状态，按 Ctrl+T 组合键，弹出"变形"面板，单击"约束"按钮 ⊝，取消比例约束，将"缩放宽度"选项设为 74%，"缩放高度"选项设为 80%，效果如图 5-57 所示。

（6）在嵌入的视频"属性"面板中，将"X"选项设为 363.5，"Y"选项设为 154.8，其他设置如图 5-58 所示，效果如图 5-59 所示。

图 5-57　　　　　　　　　　　图 5-58　　　　　　　　　　　图 5-59

（7）在"时间轴"面板中创建新图层并将其命名为"边框"。选择"矩形"工具 □，在矩形工具"属性"面板中，将"笔触颜色"设为黑色，"填充颜色"设为无，"笔触"选项设为 5；单击工具箱下方的"对象绘制"按钮 ◎，在舞台窗口中绘制 1 个矩形。

（8）选择"选择"工具 ▶，选中绘制的矩形，在绘制对象"属性"面板中，将"宽"选项设为362，"高"选项设为 205，"X"选项设为 364，"Y"选项设为 156，其他设置如图 5-60 所示，效果如图 5-61 所示。液晶电视广告制作完成，按 Ctrl+Enter 组合键即可查看效果。

图 5-60

图 5-61

5.2.2　视频素材的格式

Animate CC 2019 对导入的视频格式重新进行了调整，允许导入 FLV、F4V、MP4 和 MOV 等格式的视频。其中 MP4 和 MOV 格式的视频需要通过选择"使用播放组件加载外部视频"选项来导入，而 FLV 格式的视频是当前网页视频的主流。

5.2.3　导入视频素材

FLV 文件可以导入或导出带编码音频的静态视频流，适用于通讯应用程序，如视频会议或包含从 Adobe 的 Macromedia Flash Media Server 中导出的屏幕共享编码数据的文件。

要导入 FLV 格式的文件，可以选择"文件 > 导入 > 导入视频"命令，即弹出"导入视频"对话框，单击"浏览..."按钮，在弹出的"打开"对话框中选择要导入的 FLV 文件，如图 5-62 所示；单击"打开"按钮，返回"导入视频"对话框，在对话框中点选"在 SWF 中嵌入 FLV 并在时间轴中播放"单选项，如图 5-63 所示，然后单击"下一步"按钮。

图 5-62

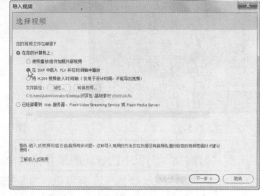

图 5-63

出现"嵌入"对话框，如图 5-64 所示。单击"下一步"按钮，弹出"完成视频导入"对话框，如图 5-65 所示；单击"完成"按钮即可完成视频的编辑，效果如图 5-66 所示。

此时，"时间轴"和"库"面板中的效果分别如图 5-67 和图 5-68 所示。

图 5-64

图 5-65

图 5-66

图 5-67

图 5-68

5.2.4 设定视频的属性

在嵌入的视频"属性"面板中可以设定导入视频的属性。选中视频，选择"窗口 > 属性"命令，弹出嵌入的视频"属性"面板，如图 5-69 所示。

图 5-69

"实例名称"选项：可以设定嵌入的视频的名称。

"宽""高"选项：可以设定视频的宽度和高度。

"X""Y"选项：可以设定视频在舞台中的位置。

"交换"按钮:单击此按钮,将弹出"交换视频"对话框,通过对话框中的设置可以将视频剪辑与另一个视频剪辑交换。

课堂练习——制作手机界面

【练习知识要点】使用"导入视频"命令,导入视频文件;使用"矩形"工具,绘制矩形装饰;使用"文本"工具,输入文字,效果如图 5-70 所示。

【素材所在位置】Ch05 > 素材 > 制作手机界面 > 01 和 02。

【效果所在位置】Ch05 > 效果 > 制作手机界面.fla。

图 5-70

课后习题——制作化妆品广告

【习题知识要点】使用"导入到库"命令,导入素材文件;使用"文本"工具,输入文字,效果如图 5-71 所示。

【素材所在位置】Ch05 > 素材 > 制作化妆品广告 > 01 和 02。

【效果所在位置】Ch05 > 效果 > 制作化妆品广告.fla。

图 5-71

第6章

元件和库

本章介绍

在 Animate CC 2019 中，元件起着举足轻重的作用。通过重复应用元件，可以提高工作效率、减少文件量。本章将介绍元件的创建、编辑、应用，以及"库"面板的使用方法。通过对本章的学习，读者将了解并掌握如何应用元件的相互嵌套及重复应用功能制作出变化无穷的动画效果。

学习目标

- 了解元件的类型。
- 熟练掌握元件的创建方法。
- 掌握引用元件的方法。
- 熟练运用"库"面板来编辑元件。
- 熟练掌握实例的创建和应用。

技能目标

- 掌握"情人节卡片"的制作方法。
- 掌握"火箭图标"的制作方法。

6.1 元件与库面板

元件就是可以被不断重复使用的特殊对象符号。当在不同的舞台上有相同的对象在进行"表演"时，用户可先建立该对象的元件，需要时只需在舞台上创建该元件的实例即可。在 Animate CC 2019 的"库"面板中可以存储创建的元件及导入的文件。只要建立起 Animate CC 2019 文档，就可以使用相应的库。

6.1.1 课堂案例——制作情人节卡片

【案例学习目标】使用"新建元件"命令来添加图形元件和影片剪辑元件。

【案例知识要点】使用"基本矩形"工具和"文本"工具，制作按钮元件；使用"影片剪辑"元件，制作心动效果；使用"变形"面板，调整元件的大小，效果如图 6-1 所示。

【效果所在位置】Ch06 > 效果 > 制作情人节卡片.fla。

图 6-1

1．制作图形元件

（1）在欢迎页的"详细信息"选项组中，将"宽"选项设为 594，"高"选项设为 594；在"平台类型"选项的下拉列表中选择"ActionScript 3.0"选项，单击"创建"按钮，即可完成文档的创建。按 Ctrl+J 组合键，弹出"文档设置"对话框，将"舞台颜色"设为浅黄色(#F0D8BC)，单击"确定"按钮，即可完成文档属性的修改。

（2）按 Ctrl+F8 组合键，弹出"创建新元件"对话框，在"名称"选项的文本框中输入"文字"，在"类型"选项的下拉列表中选择"图形"选项，如图 6-2 所示；单击"确定"按钮，即可新建图形元件"文字"，相应的"库"面板如图 6-3 所示。舞台窗口也随之转换为图形元件的舞台窗口。

图 6-2

图 6-3

（3）选择"文件 > 导入 > 导入到舞台"命令，在弹出的"导入"对话框中，选择本书学习资源中的"Ch06 > 素材 > 制作情人节卡片 > 01"文件，单击"打开"按钮，弹出"将'01.ai'导入到库"对话框，单击"导入"按钮，文件将被导入舞台窗口，效果如图 6-4 所示。

（4）按 Ctrl+F8 组合键，弹出"创建新元件"对话框，在"名称"选项的文本框中输入"小鸟"，在"类型"选项的下拉列表中选择"图形"选项，单击"确定"按钮，即可新建图形元件"小鸟"。舞台窗口也随之转换为图形元件的舞台窗口。

（5）选择"文件 > 导入 > 导入到舞台"命令，在弹出的"导入"对话框中选择本书学习资源中的"Ch06 > 素材 > 制作情人节卡片 > 02"文件，单击"打开"按钮，弹出"将'02.ai'导入到库"对话框，单击"导入"按钮，文件将被导入舞台窗口，效果如图 6-5 所示。

图 6-4

图 6-5

2．制作影片剪辑元件

（1）选择"文件 > 导入 > 导入到库"命令，在弹出的"导入到库"对话框中选择本书学习资源中的"Ch06 > 素材 > 制作情人节卡片 > 03"文件，单击"打开"按钮，弹出"将'03.ai'导入到库"对话框，单击"导入"按钮，文件将被导入"库"面板，如图 6-6 所示。

（2）按 Ctrl+F8 组合键，弹出"创建新元件"对话框，在"名称"选项的文本框中输入"心动"，在"类型"选项的下拉列表中选择"影片剪辑"选项，如图 6-7 所示；单击"确定"按钮，即可新建影片剪辑元件"心动"，相应的"库"面板如图 6-8 所示。舞台窗口也随之转换为影片剪辑元件的舞台窗口。

图 6-6

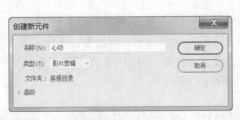

图 6-7

图 6-8

（3）将"库"面板中的图形元件"03"拖曳到舞台窗口中，并放置在适当的位置，如图 6-9 所示。分别选中"图层_1"的第 10 帧、第 20 帧，按 F6 键，插入关键帧，如图 6-10 所示。

（4）选中"图层_1"的第 10 帧，按 Ctrl+T 组合键，弹出"变形"面板，将"缩放宽度"选项和"缩放高度"选项均设为 120，效果如图 6-11 所示。分别在"图层_1"的第 1 帧和第 10 帧处单击鼠标右键，在弹出的快捷菜单中选择"创建传统补间"命令，即可生成传统补间动画。

图 6-9

图 6-10

图 6-11

3. 制作按钮元件

（1）按 Ctrl+F8 组合键，弹出"创建新元件"对话框，在"名称"选项的文本框中输入"点我"，在"类型"选项的下拉列表中选择"按钮"选项，如图 6-12 所示；单击"确定"按钮，即可新建按钮元件"点我"。舞台窗口也随之转换为按钮元件的舞台窗口。

（2）选择"基本矩形"工具 ，在基本矩形工具"属性"面板中，将"笔触颜色"设为褐色（#734B28），"填充颜色"设为橘红色（#E3605C），"笔触"选项设为 1.5，其他选项的设置如图 6-13 所示，在舞台窗口中绘制 1 个圆角矩形，效果如图 6-14 所示。

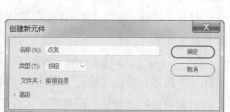

| 图 6-12 | 图 6-13 | 图 6-14 |

（3）选中"图层_1"的"指针经过"帧，按 F6 键，插入关键帧。在工具箱中将"填充颜色"设为粉色（#EFA5A9），效果如图 6-15 所示。选中"图层 1"的"按下"帧，按 F6 键，插入关键帧。在工具箱中将"填充颜色"设为绿色（#5EC2D0），效果如图 6-16 所示。

（4）单击"时间轴"面板上方的"新建图层"按钮 ，新建"图层_2"。选择"文本"工具 T ，在文本工具"属性"面板中进行设置，在舞台窗口中的适当位置输入字号为 19、字体为"方正卡通简体"的白色文字，文字效果如图 6-17 所示。

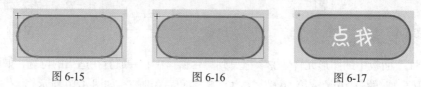

| 图 6-15 | 图 6-16 | 图 6-17 |

4. 制作场景画面

（1）单击舞台窗口左上方的"场景 1"图标 场景 1 ，进入"场景 1"的舞台窗口。将"图层_1"重命名为"文字阴影"。将"库"面板中的图形元件"文字"拖曳到舞台窗口的上方，如图 6-18 所示。

（2）选择"选择"工具 ，在舞台窗口中选择"文字"实例，在图形"属性"面板中，选择"色彩效果"选项组，在"样式"选项的下拉列表中选择"色调"选项，并将"着色"设为黑色，"着色量"设为 100，舞台窗口中的效果如图 6-19 所示。

（3）在"时间轴"面板中创建新图层并将其命名为"文字"。将"库"面板中的图形元件"文字"再次拖曳到舞台窗口中，并放置在适当的位置，如图 6-20 所示。

图 6-18 图 6-19 图 6-20

（4）在"时间轴"面板中创建新图层并将其命名为"心"，如图 6-21 所示。将"库"面板中的影片剪辑元件"心动"向舞台窗口中重复拖曳多次，并对其分别缩放大小和旋转相应的角度，效果如图 6-22 所示。在"时间轴"面板中，将"心"图层拖曳到"文字阴影"图层的下方，效果如图 6-23 所示。

图 6-21 图 6-22 图 6-23

（5）在"文字"图层的上方创建新图层并将其命名为"小鸟"，如图 6-24 所示。将"库"面板中的图形元件"小鸟"拖曳到舞台窗口中，并放置在舞台窗口的下方，如图 6-25 所示。

（6）在"时间轴"面板中创建新图层并将其命名为"按钮"。将"库"面板中的按钮元件"点我"拖曳到舞台窗口中，并放置在适当的位置，效果如图 6-26 所示。情人节卡片制作完成，按 Ctrl+Enter 组合键即可查看效果。

图 6-24 图 6-25 图 6-26

6.1.2 元件的类型

1. 图形元件

图形元件 ◢ 一般用于创建静态图像或创建可重复使用的、与主时间轴关联的动画，它有自己的编辑区和时间轴。如果在场景中创建元件的实例，那么实例将受到主场景中时间轴的约束。换句话说，图形元件中的时间轴与其实例在主场景中的时间轴同步。另外，在图形元件中可以使用矢量图、图像、声音和动画的元素，但不能为图形元件提供实例名称，也不能在动作脚本中引用图形元件，并且声音会在图形元件中失效。

2．按钮元件

按钮元件 用于创建能激发某种交互行为的按钮。创建按钮元件的关键是设置 4 种不同状态的帧，即"弹起"（鼠标抬起）、"指针经过"（鼠标移入）、"按下"（鼠标按下）、"点击"（单击响应区域，在这个区域创建的图形不会出现在画面中）。

3．影片剪辑元件

影片剪辑元件 也像图形元件一样有自己的编辑区和时间轴，但二者又不完全相同。影片剪辑元件的时间轴是独立的，它不受其实例在主场景中时间轴（主时间轴）的控制。比如，在场景中创建影片剪辑元件的实例时，即便场景中只有一帧，也可播放动画。另外，在影片剪辑元件中可以使用矢量图、图像、声音、影片剪辑元件、图形元件和按钮元件等，并且能在动作脚本中引用影片剪辑元件。

6.1.3　创建图形元件

选择"插入 > 新建元件"命令或按 Ctrl+F8 组合键，弹出"创建新元件"对话框，在"名称"选项的文本框中输入"音乐播放器"；在"类型"选项的下拉列表中选择"图形"选项，如图 6-27 所示。

单击"确定"按钮，即可创建一个新的图形元件"音乐播放器"。图形元件的名称将出现在舞台的左上方，舞台切换到图形元件"音乐播放器"的窗口，窗口中间出现十字" + "，代表图形元件的中心定位点，如图 6-28 所示。"库"面板中将显示图形元件，如图 6-29 所示。

图 6-27

选择"文件 > 导入 > 导入到舞台"命令，在弹出的"导入"对话框中，选择本书学习资源中的"基础素材 >Ch06 >01"文件，单击"打开"按钮，弹出"将'01.ai'导入到库"对话框，单击"导入"按钮，文件将被导入舞台窗口，如图 6-30 所示，此时即可完成图形元件的创建。单击舞台左上方的场景名称"场景 1"就可以返回场景的编辑舞台。

图 6-28　　　　　　　图 6-29　　　　　　　图 6-30

还可以应用"库"面板来创建图形元件。单击"库"面板右上方的 按钮，在弹出的菜单中选择"新建元件"命令，弹出"创建新元件"对话框，选择"图形"选项，单击"确定"按钮，即可创建图形元件。也可在"库"面板中创建按钮元件或影片剪辑元件。

6.1.4　创建按钮元件

虽然 Animate CC 2019 提供了一些按钮元件，但如果需要复杂的按钮，还是需要自己创建。

选择"插入 > 新建元件"命令或按 Ctrl+F8 组合键，弹出"创建新元件"对话框，在"名称"选项的文本框中输入"锁"，在"类型"选项的下拉列表中选择"按钮"选项，如图 6-31 所示。

单击"确定"按钮，即可创建一个新的按钮元件"锁"。按钮元件的名称将出现在舞台的左上方，舞台切换到按钮元件"锁"的窗口，窗口中间出现十字" + "，代表按钮元件的中心定位点。在"时间轴"窗口中显示出 4 个状态帧："弹起""指针经过""按下""点击"，如图 6-32 所示。

"弹起"帧：设置鼠标指针不在按钮上时按钮的外观。

"指针经过"帧：设置鼠标指针放在按钮上时按钮的外观。

"按下"帧：设置按钮被单击时的外观。

"点击"帧：设置响应鼠标单击的区域，此区域在影片里不可见。

"库"面板中的效果如图 6-33 所示。

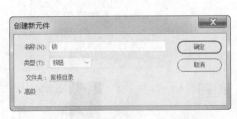

图 6-31

图 6-32

图 6-33

选择"文件 > 导入 > 导入到舞台"命令，在弹出的"导入"对话框中，选择本书学习资源中的"基础素材 >Ch06 > 02"文件，单击"打开"按钮，弹出"将'02.ai'导入到库"对话框，单击"导入"按钮，文件将被导入舞台窗口，如图 6-34 所示。在"时间轴"面板中选中"指针经过"帧，按F7 键，即可插入空白关键帧，如图 6-35 所示。

图 6-34

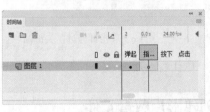

图 6-35

选择"文件 > 导入 > 导入到库"命令，在弹出"导入到库"对话框中，选择本书学习资源中的"基础素材 > Ch06 > 03 和 04"文件，单击"打开"按钮，弹出提示对话框，单击"导入"按钮，文件将被导入"库"面板，如图 6-36 所示。将"库"面板中的图形元件"03"拖曳到舞台窗口中，并放置在适当的位置，如图 6-37 所示。在"时间轴"面板中选中"按下"帧，按 F7 键，即可插入空白关键帧，如图 6-38 所示。

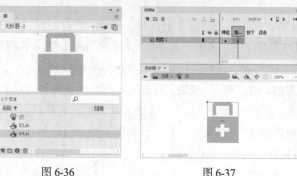

图 6-36   图 6-37   图 6-38

将"库"面板中的图形元件"04"拖曳到舞台窗口中，并放置在适当的位置，如图 6-39 所示。在"时间轴"面板中选中"点击"帧，按 F7 键，即可插入空白关键帧，如图 6-40 所示。选择"基本矩形"工具 □，在工具箱中将"笔触颜色"设为无，"填充颜色"设为黑色；在舞台窗口中绘制 1 个矩形，作为应用按钮动画时响应鼠标单击的区域，如图 6-41 所示。

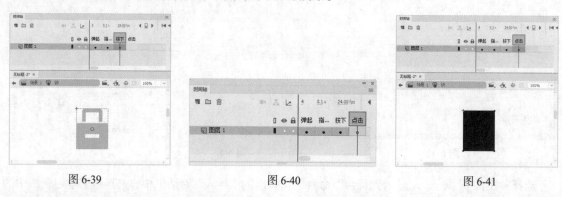

图 6-39   图 6-40   图 6-41

按钮元件制作完成，在不同的关键帧上，舞台中显示的图形如图 6-42 所示。单击舞台左上方的场景名称"场景 1"就可以返回场景的编辑舞台。

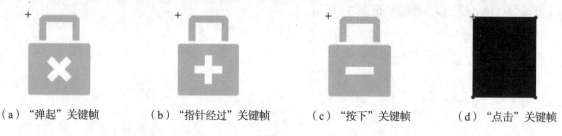

（a）"弹起"关键帧   （b）"指针经过"关键帧   （c）"按下"关键帧   （d）"点击"关键帧

图 6-42

6.1.5　创建影片剪辑元件

选择"插入 > 新建元件"命令或按 Ctrl+F8 组合键，弹出"创建新元件"对话框，在"名称"选项的文本框中输入"变形"，在"类型"选项的下拉列表中选择"影片剪辑"选项，如图 6-43 所示。

单击"确定"按钮，即可创建一个新的影片剪辑元件"变形"。影片剪辑元件的名称将出现在舞台的左上方，舞台切换到影片剪辑元件"变形"的窗口，窗口中间出现十字"＋"，代表影片剪辑元件的中心定位点，如图 6-44 所示。"库"面板中将显示影片剪辑元件，如图 6-45 所示。

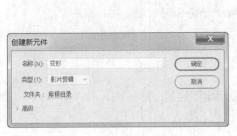
图 6-43

图 6-44

图 6-45

选择"文件 ＞ 导入 ＞ 导入到舞台"命令，在弹出的"导入"对话框中，选择本书学习资源中的"基础素材 ＞Ch06 ＞ 05"文件，单击"打开"按钮，弹出"将'05.ai'导入到库"对话框，单击"导入"按钮，文件将被导入舞台窗口，如图 6-46 所示。按 Ctrl+B 组合键即可将其打散，效果如图 6-47 所示。

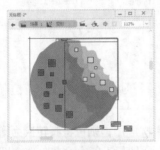
图 6-46

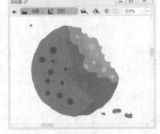
图 6-47

选择"文件 ＞ 导入 ＞ 导入到库"命令，在弹出的"导入到库"对话框中，选择本书学习资源中的"基础素材 ＞ Ch06 ＞ 06"文件，单击"打开"按钮，弹出"将'06.ai'导入到库"对话框，单击"导入"按钮，文件将被导入"库"面板，如图 6-48 所示。

在"时间轴"面板中，选中"图层_1"的第 20 帧，按 F7 键，即可插入空白关键帧。将"库"面板中的图形元件"06"拖曳到舞台窗口中，并放置在适当的位置，如图 6-49 所示；重复多次按 Ctrl+B 组合键，将其打散，效果如图 6-50 所示。

图 6-48

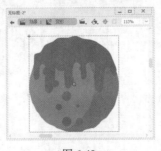
图 6-49

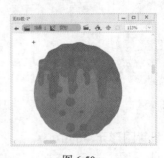
图 6-50

在"时间轴"面板中，选中"图层_1"的第 1 帧；单击鼠标右键，在弹出的菜单中选择"创建补间形状"命令，如图 6-51 所示；在"时间轴"面板中出现箭头标志线，如图 6-52 所示。

 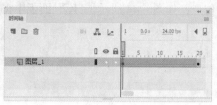

图 6-51　　　　　　　　　　　　　　　　图 6-52

影片剪辑元件制作完成，在不同的关键帧上，舞台会显示出不同的图形，如图 6-53 所示。单击舞台左上方的场景名称"场景 1"就可以返回场景的编辑舞台。

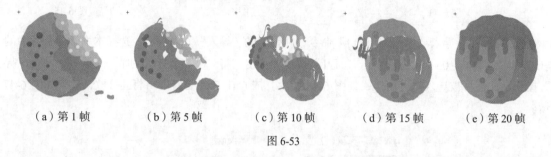

（a）第 1 帧　　　　（b）第 5 帧　　　　（c）第 10 帧　　　　（d）第 15 帧　　　　（e）第 20 帧

图 6-53

6.1.6　转换元件

1. 将图形转换为图形元件

如果在舞台上已经创建好矢量图并且以后还要再次应用，则可将其转换为图形元件。

将本书学习资源中的"基础素材 > Ch06 > 07"文件导入舞台窗口。选中图 6-54 所示的矢量图，选择"修改 > 转换为元件"命令或按 F8 键，弹出"转换为元件"对话框，在"名称"选项的文本框中输入要转换的元件的名称，在"类型"选项的下拉列表中选择"图形"选项，如图 6-55 所示；单击"确定"按钮，矢量图即可被转换为图形元件，舞台和"库"面板中的效果分别如图 6-56 和图 6-57 所示。

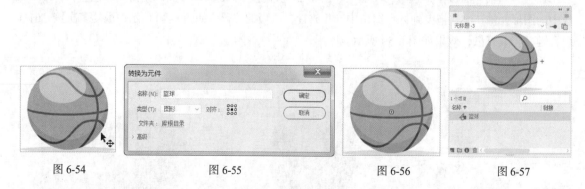

图 6-54　　　　　　　图 6-55　　　　　　　图 6-56　　　　　　　图 6-57

2. 设置图形元件的中心点

选中矢量图，选择"修改 > 转换为元件"命令，弹出"转换为元件"对话框，在对话框的"对齐"选项中有 9 个中心定位点，可以用来设置转换元件的中心点。选中右下方的定位点，如图 6-58

所示；单击"确定"按钮，矢量图即可被转换为图形元件，元件的中心点在其右下方，效果如图 6-59 所示。

图 6-58 图 6-59

在"对齐"选项中设置不同的中心点，则转换后的图形元件效果如图 6-60 所示。

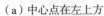

（a）中心点在左上方　　　（b）中心点在中间　　　（c）中心点在右侧

图 6-60

3．转换元件

在制作的过程中，可以根据需要将一种类型的元件转换为另一种类型的元件。

选中"库"面板中的图形元件，如图 6-61 所示；单击该面板下方的"属性"按钮 ⓘ，弹出"元件属性"对话框，在"类型"选项的下拉列表中选择"影片剪辑"选项，如图 6-62 所示；单击"确定"按钮，即可将图形元件转换为影片剪辑元件，如图 6-63 所示。

图 6-61 图 6-62 图 6-63

6.1.7　库面板的组成

打开本书学习资源中的"基础素材 ＞ Ch06 ＞ 元件演示"文件。选择"窗口 ＞ 库"命令或按 Ctrl+L 组合键，弹出"库"面板，如图 6-64 所示。

在"库"面板的上方会显示与"库"面板相对应的文档名称，在文档名称的下方会显示预览区域，可以在此观察选定的元件的效果。如果选定的元件为由多帧组成的动画，在预览区域的右上方将会显示出两个按钮 ▣ ▶，如图 6-65 所示。单击"播放"按钮 ▶，即可在预览区域里播放动画；单击"停止"按钮■，即可停止播放动画。在预览区域的下方会显示当前"库"面板中的元件数量。

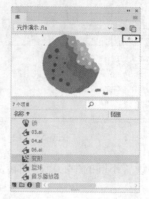

图 6-64   图 6-65

当"库"面板呈最大宽度显示时，将出现以下按钮。

"名称"按钮：单击此按钮，"库"面板中的元件将按名称排序，如图 6-66 所示。

"类型"按钮：单击此按钮，"库"面板中的元件将按类型排序，如图 6-67 所示。

"使用次数"按钮：单击此按钮，"库"面板中的元件将按被引用的次数排序。

"链接"按钮：与"库"面板下拉菜单中的"链接"命令的设置相关联。

"修改日期"按钮：单击此按钮，"库"面板中的元件将按被修改的日期排序，如图 6-68 所示。

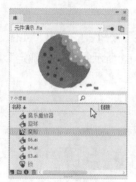
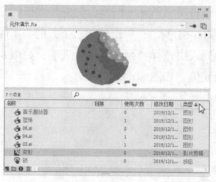
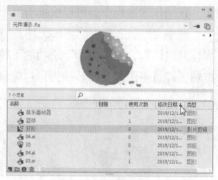

图 6-66   图 6-67   图 6-68

在"库"面板的下方有如下 4 个按钮。

"新建元件"按钮🔲：用于创建元件，单击此按钮，即可弹出"创建新元件"对话框，可以通过设置来创建新的元件，如图 6-69 所示。

"新建文件夹"按钮🗁：用于创建文件夹，可以分门别类的建立文件夹，将相关的元件调入其中，以方便管理，单击此按钮，即可在"库"面板中生成新的文件夹，可以设定文件夹的名称，如图 6-70 所示。

"属性"按钮🛈：用于转换元件的类型，单击此按钮，即可弹出"元件属性"对话框，可以转换元件类型，如图 6-71 所示。

"删除"按钮🗑：删除"库"面板中被选中的元件或文件夹，单击此按钮，所选的元件或文件夹将被删除。

图 6-69

图 6-70

图 6-71

6.1.8 库面板下拉菜单

单击"库"面板右上方的 ▤ 按钮，弹出下拉菜单，菜单中提供了实用命令，如图 6-72 所示。

"新建元件"命令：用于创建一个新的元件。

"新建文件夹"命令：用于创建一个新的文件夹。

"新建字型"命令：用于创建字体元件。

"新建视频"命令：用于创建视频资源。

"重命名"命令：用于重新设定元件的名称；也可双击需要重命名的元件，再更改名称。

"删除"命令：用于删除当前选中的元件。

"直接复制"命令：用于复制当前选中的元件，此命令不能用于复制文件夹。

"移至"命令：用于将选中的元件移动到新建的文件夹中。

"编辑"命令：选择此命令，主场景舞台将被切换到当前选中元件所在的舞台。

"编辑方式"命令：用于编辑所选的位图元件。

"编辑 Audition"命令：用于打开 Adobe Audition 软件，对音频进行润饰、音乐自定、添加声音效果等操作。

"编辑类"命令：用于编辑视频文件。

"播放"命令：用于播放按钮元件或影片剪辑元件中的动画。

"更新"命令：用于更新资源文件。

"属性"命令：用于查看元件的属性或更改元件的名称和类型。

"组件定义"命令：用于介绍组件的类型、数值和描述语句等属性。

"运行时共享库 URL"命令：用于设置公用库的链接。

"选择未用项目"：用于选出在"库"面板中未经使用的元件。

"展开文件夹"命令：用于打开所选文件夹。

"折叠文件夹"命令：用于关闭所选文件夹。

"展开所有文件夹"命令：用于打开"库"面板中的所有文件夹。

"折叠所有文件夹"命令：用于关闭"库"面板中的所有文件夹。

"帮助"命令：用于调出软件的帮助文件。

"关闭"：选择此命令可以将"库"面板关闭。

"关闭组"命令：选择此命令将关闭组合后的面板组。

图 6-72

6.1.9　外部库的文件

内置外部库

可以在当前场景中使用其他 Animate CC 2019 文档的库信息。

选择"文件 > 导入 > 打开外部库"命令，弹出"打开"对话框，在对话框中选中要使用的文件，如图 6-73 所示；单击"打开"按钮，被选中的文件的"库"面板将被调入当前的文档，如图 6-74 所示。

图 6-73　　　　　　　　　　　　　　　图 6-74

要在当前文档中使用被选定的文件库中的元件，可将元件拖到当前文档的"库"面板中或舞台上。

6.2　实例的创建与应用

实例是元件在舞台上的一次具体使用。当修改元件时，该元件的实例也随之被更改。重复使用实例不会增加动画文件的大小，这是使动画文件保持较小体积的一个很好的方法。每一个实例都有区别于其他实例的属性，这可以通过修改该实例"属性"面板中的相关属性来实现。

6.2.1　课堂案例——制作火箭图标

【案例学习目标】使用元件"属性"面板改变元件的属性。

【案例知识要点】使用"转换为元件"命令，将图形转换为图形元件；使用"属性"面板，调整元件的色调及不透明度，效果如图 6-75 所示。

【效果所在位置】Ch06 > 效果 > 制作火箭图标.fla。

（1）按 Ctrl+O 组合键，在弹出的"打开"对话框中，选择本书学习资源中的"Ch06 > 素材 > 制作火箭图标 > 01.fla"文件，单击"打开"按钮，即可打开文件，如图 6-76 所示。

图 6-75　　　　　　　　　　　　　图 6-76

（2）在"时间轴"面板中单击"火箭"图层，即可将该图层中的对象选中，如图 6-77 所示。选择"修改 > 转换为元件"命令，在弹出的"转换为元件"对话框中进行设置，如图 6-78 所示；单击"确定"按钮，即可将选中的图形转换为图形元件，效果如图 6-79 所示。

图 6-77   图 6-78   图 6-79

（3）选择"选择"工具 ▶，在舞台窗口中选中"火箭"实例，在图形"属性"面板中，选择"色彩效果"选项组，在"样式"选项的下拉列表中选择"色调"选项，并将"着色"设为黑色，"着色量"设为 38，相关设置如图 6-80 所示，舞台窗口中的效果如图 6-81 所示。

图 6-80   图 6-81

（4）将"库"面板中的图形元件"火箭"拖曳到舞台窗口中，并放置在适当的位置，如图 6-82 所示。在图形"属性"面板中，选择"色彩效果"选项组，在"样式"选项的下拉列表中选择"色调"选项，并将"着色"设为白色，"着色量"设为 100，相关设置如图 6-83 所示，舞台窗口中的效果如图 6-84 所示。

图 6-82   图 6-83   图 6-84

（5）在舞台窗口中选中文字，如图 6-85 所示；按 F8 键，在弹出的"转换为元件"对话框中进行设置，如图 6-86 所示；单击"确定"按钮，即可将选中的文字转换为图形元件，效果如图 6-87 所示。

图 6-85　　　　　　　　　　　　　　图 6-86　　　　　　　　　　　　　　图 6-87

（6）在图形"属性"面板中，选择"色彩效果"选项组，在"样式"选项的下拉列表中选择"Alpha"选项，将"Alpha 数量"设为 50，如图 6-88 所示，舞台窗口中的效果如图 6-89 所示。

图 6-88　　　　　　　　　　图 6-89

（7）将"库"面板中的图形元件"文字"拖曳到舞台窗口中，并放置在适当的位置，如图 6-90 所示。在图形"属性"面板中，选择"色彩效果"选项组，在"样式"选项的下拉列表中选择"色调"选项，并将"着色"设为红色（#FF0000），"着色量"设为 100，相关设置如图 6-91 所示，舞台窗口中的效果如图 6-92 所示。火箭图标制作完成，按 Ctrl+Enter 组合键即可查看效果。

图 6-90　　　　　　　　　　图 6-91　　　　　　　　　　图 6-92

6.2.2　建立实例

1．建立图形元件的实例

选择"窗口 > 库"命令，弹出"库"面板，在面板中选中图形元件"篮球"，如图 6-93 所示；将其拖曳到舞台窗口中，窗口中的图形就是图形元件"篮球"的实例，如图 6-94 所示。

选中该实例，图形"属性"面板中的效果如图 6-95 所示。

图 6-93　　　　　　　图 6-94　　　　　　　图 6-95

"交换"按钮：用于交换元件。

"X""Y"选项：用于设置实例在舞台中的位置。

"宽""高"选项：用于设置实例的宽度和高度。

"色彩效果"选项组中的选项如下。

"样式"选项：用于设置实例的亮度、色调和透明度。

"循环"选项组中的"选项"如下。

"循环"：会按照当前实例占用的帧数来循环播放包含在该实例内的所有动画序列。

"播放一次"：从指定的帧开始播放动画序列，直到动画结束，然后停止。

"单帧"：显示动画序列中的一帧。

"第一帧"选项：用于指定动画从哪一帧开始播放。

"使用帧选择器"按钮：单击该按钮，在弹出的面板中可以直观地预览并选择图形元件的第 1 帧。

"嘴形同步"按钮：使用该选项可以自动同步嘴形和所选音频层，可以在时间轴上更轻松、快速地放置合适的嘴形。

2．建立按钮元件的实例

选中"库"面板中的按钮元件"锁"，如图 6-96 所示；将其拖曳到场景中，场景中的图形就是按钮元件"锁"的实例，如图 6-97 所示。

选中该实例，按钮"属性"面板中的效果如图 6-98 所示。

"实例名称"选项：可以在该选项的文本框中为实例设置一个新的名称。

"字距调整"选项组中的"选项"如下。

图 6-96　　　　　　　图 6-97　　　　　　　图 6-98

121

"音轨作为按钮"：选择此选项，在动画运行的过程中，当按钮元件被按下时画面中的其他对象不再响应鼠标操作。

"音轨作为菜单项"：选择此选项，在动画运行的过程中，当按钮元件被按下时画面中的其他对象还会响应鼠标操作。

"滤镜"选项：可以为元件添加滤镜效果，还可以编辑所添加的滤镜效果。

按钮"属性"面板中的其他选项与图形"属性"面板中的选项的作用相同，不再一一讲述。

3. 建立影片剪辑元件的实例

选中"库"面板中的影片剪辑元件"变形"，如图 6-99 所示；将其拖曳到场景中，场景中的图形就是影片剪辑元件"字母变形"的实例，如图 6-100 所示。

选中该实例，影片剪辑"属性"面板中的效果如图 6-101 所示。

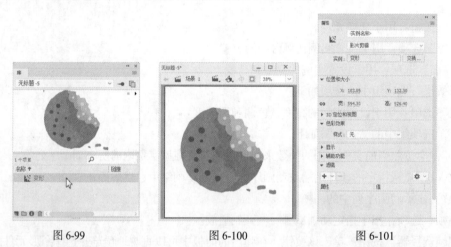

图 6-99   图 6-100   图 6-101

影片剪辑"属性"面板中的选项与图形"属性"面板、按钮"属性"面板中的选项的作用相同，不再一一讲述。

6.2.3 转换实例的类型

每个实例最初的类型，都是其对应元件的类型。可以对实例的类型进行转换。

在舞台上选中图形实例，如图 6-102 所示，图形"属性"面板如图 6-103 所示。

在"属性"面板中，单击"实例行为"选项右侧的下拉按钮 ，在弹出的下拉列表中选择"影片剪辑"选项，如图 6-104 所示；图形"属性"面板将转换为影片剪辑"属性"面板，实例类型将从图形转换为影片剪辑，如图 6-105 所示。

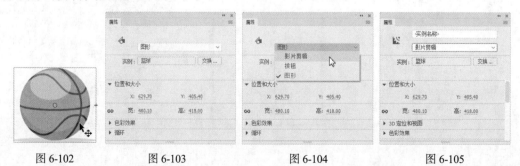

图 6-102   图 6-103   图 6-104   图 6-105

6.2.4 替换实例所引用的元件

如果需要替换实例所引用的元件，但保留所有的原始实例的属性（如色彩效果或按钮动作），可以通过 Animate CC 2019 的"交换元件"命令来实现。

将图形元件拖曳到舞台中，在图形"属性"面板的"样式"选项的下拉列表中选择"Alpha"，在下方的"Alpha 数量"选项的数值框中输入 50，将实例的不透明度设为 50%，相关设置如图 6-106 所示，实例效果如图 6-107 所示。

 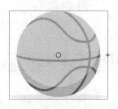

图 6-106 图 6-107

单击图形"属性"面板中的"交换…"按钮 交换… ，弹出"交换元件"对话框，在对话框中选中按钮元件"锁"，如图 6-108 所示；单击"确定"按钮，篮球将转换为按钮，但实例的不透明度没有改变，效果如图 6-109 所示。

图形"属性"面板如图 6-110 所示，元件替换完成。

图 6-108 图 6-109 图 6-110

还可以在"交换元件"对话框中单击"直接复制元件"按钮 ，如图 6-111 所示；弹出"直接复制元件"对话框，在"元件名称"选项中可以设置所复制的元件的名称，如图 6-112 所示。

 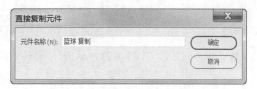

图 6-111 图 6-112

单击"确定"按钮，即可得到新的元件"篮球 复制"，如图 6-113 所示；单击"确定"按钮，原元件将被新复制的元件替换，图形"属性"面板如图 6-114 所示。

图 6-113 图 6-114

6.2.5 改变实例的颜色和透明效果

在舞台中选中实例，在"属性"面板中打开"样式"选项的下拉列表，如图 6-115 所示。

"无"选项：表示对当前实例不进行任何更改。如果对实例以前的变化效果不满意，可以选择此选项，取消实例的变化效果，再重新设置新的效果。

"亮度"选项：用于调整实例的明暗对比度。

可以在"亮度数量"选项的数值框中直接输入数值，也可以拖动滑块来设置数值，如图 6-116 所示；其默认的数值为 0，取值范围为 – 100 ~ 100。当取值大于 0 时，实例变亮；当取值小于 0 时，实例变暗。

图 6-115 图 6-116

输入不同数值后，实例的不同的亮度效果如图 6-117 所示。

（a）数值为 80 时　（b）数值为 45 时　（c）数值为 0 时　（d）数值为 – 45 时　（e）数值为 – 80 时

图 6-117

"色调"选项：用于为实例增加颜色，如图 6-118 所示。可以单击"样式"选项右侧的"着色"按钮，在弹出的色板中选择要应用的颜色，如图 6-119 所示；应用颜色后的实例效果如图 6-120 所示。

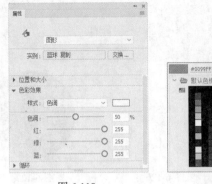
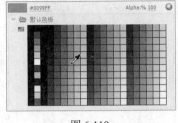

图 6-118　　　　　　　　　　图 6-119　　　　　　　　　　图 6-120

可以在"色调"选项右侧的"着色量"选项中的数值框中输入数值，也可以拖动滑块来设置数值，如图 6-121 所示，数值范围为 0 ~ 100。当数值为 0 时，实例颜色将不受影响；当数值为 100 时，实例的颜色将完全被所选颜色覆盖。也可以在"红""绿""蓝"选项的数值框中输入数值来设置颜色。

"Alpha"选项：用于设置实例的透明效果，如图 6-122 所示，数值范围为 0 ~ 100。数值为 0 时实例完全透明，数值为 100 时实例不透明。

图 6-121　　　　　　　　　　　　　图 6-122

输入不同数值后，实例的不同的透明效果如图 6-123 所示。

（a）数值为 30 时　　（b）数值为 60 时　　（c）数值为 80 时　　（d）数值为 100 时

图 6-123

"高级"选项：用于设置实例的颜色和透明效果，可以分别调节"红""绿""蓝"和"Alpha"的值。

125

在舞台中选中实例，如图 6-124 所示；在"样式"选项的下拉列表中选择"高级"选项，如图 6-125 所示；各个选项的设置如图 6-126 所示；效果如图 6-127 所示。

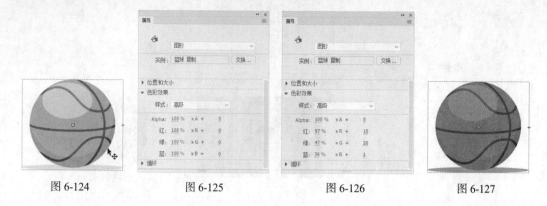

图 6-124　　　　　　图 6-125　　　　　　图 6-126　　　　　　图 6-127

6.2.6　分离实例

选中实例，如图 6-128 所示；选择"修改 > 分离"命令或按 Ctrl+B 组合键，将实例分离为图形，即填充色和线条的组合，如图 6-129 所示；选择"颜料桶"工具，设置不同的填充颜色，即可改变图形的填充色，效果如图 6-130 所示。

图 6-128　　　　　　　　图 6-129　　　　　　　　图 6-130

6.2.7　元件编辑模式

元件创建完毕后常常需要修改，此时需要进入元件编辑模式，修改元件后又需要退出元件编辑模式并进入主场景编辑动画。

（1）进入元件编辑模式，可以通过以下几种方式。

在主场景中双击元件实例，即可进入元件编辑模式。

在"库"面板中双击要修改的元件，即可进入元件编辑模式。

在主场景中用鼠标右键单击元件实例，在弹出的菜单中选择"编辑"命令，即可进入元件编辑模式。

在主场景中选中元件实例后，选择"编辑 > 编辑元件"命令，即可进入元件编辑模式。

在主场景中选中要编辑的元件，按 Ctrl+E 组合键，即可进入元件编辑模式。

（2）退出元件编辑模式，可以通过以下几种方式。

单击舞台窗口左上方的场景名称，即可进入主场景窗口。

选择"编辑 > 编辑文档"命令，即可进入主场景窗口。

课堂练习——制作转动文字效果

【练习知识要点】使用"导入到库"命令，将素材导入"库"面板；使用"创建元件"命令，制作按钮元件；使用"文本"工具，输入文字；使用"变形"面板，设置实例的倾斜效果，效果如图 6-131 所示。

【素材所在位置】Ch06 > 素材 > 制作转动文字效果 > 01。

【效果所在位置】Ch06 > 效果 > 制作转动文字效果.fla。

图 6-131

课后习题——制作动态菜单

【习题知识要点】使用"导入到库"命令，将素材导入"库"面板；使用"创建元件"命令，制作按钮元件；使用"属性"面板，改变元件的颜色，效果如图 6-132 所示。

【素材所在位置】Ch06 > 素材 > 制作动态菜单 > 01 ~ 05。

【效果所在位置】Ch06 > 效果 > 制作动态菜单.fla。

图 6-132

第 **7** 章 基本动画的制作

本章介绍

在利用 Animate CC 2019 制作动画的过程中，时间轴和帧起到了关键性的作用。本章将介绍动画中帧和时间轴的使用方法及应用技巧。通过对本章的学习，读者将了解并掌握如何灵活地应用帧和时间轴，以及如何根据设计需要制作出丰富多彩的动画效果。

学习目标

* 了解帧和时间轴的基本概念。
* 掌握帧动画的制作方法。
* 掌握形状补间动画的制作方法。
* 掌握动作补间动画的制作方法。
* 掌握色彩变化动画的制作方法。
* 熟悉测试动画的方法。

技能目标

* 掌握"打字效果"的制作方法。
* 掌握"微信 GIF 表情包"的制作方法。
* 掌握"弹跳动画"的制作方法。
* 掌握"海边城市"的制作方法。
* 掌握"变色效果"的制作方法。

7.1 帧与时间轴

要使一幅幅静止的画面按照某种顺序快速、连续地播放,需要用时间轴和帧来为它们进行时间和顺序的安排。

7.1.1 课堂案例——制作打字效果

【案例学习目标】使用不同的绘图工具来绘制图形,使用时间轴来制作动画。

【案例知识要点】使用"线条"工具,绘制光标图形;使用"文本"工具,添加文字;使用"翻转帧"命令,将帧翻转,效果如图7-1所示。

【效果所在位置】Ch07 > 效果 > 制作打字效果.fla。

图 7-1

1. 导入图片并制作元件

(1)在欢迎页的"详细信息"选项组中,将"宽"选项设为538,"高"选项设为400;在"平台类型"选项的下拉列表中选择"ActionScript 3.0"选项,单击"创建"按钮,即可完成文档的创建。按 Ctrl+J 组合键,弹出"文档设置"对话框,将"舞台颜色"设为灰色(#999999),单击"确定"按钮,即可完成舞台颜色的修改。

(2)选择"文件 > 导入 > 导入到库"命令,在弹出的"导入到库"对话框中,选择本书学习资源中的"Ch07 > 素材 > 制作打字效果 > 01"文件,单击"打开"按钮,文件将被导入"库"面板,如图7-2所示。

(3)按 Ctrl+F8 组合键,弹出"创建新元件"对话框,在"名称"选项的文本框中输入"光标",在"类型"选项的下拉列表中选择"图形"选项,单击"确定"按钮,即可新建图形元件"光标",如图7-3所示。舞台窗口也随之转换为图形元件的舞台窗口。

(4)选择"线条"工具 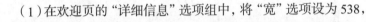,在线条工具"属性"面板中将"笔触颜色"设为白色,"笔触"选项设为2;按住 Shift 键的同时,在舞台窗口中绘制1条白色直线,效果如图7-4所示。

图 7-2

图 7-3

图 7-4

2. 添加文字并制作打字效果

(1)按 Ctrl+F8 组合键,弹出"创建新元件"对话框,在"名称"选项的文本框中输入"文字动",在"类型"选项的下拉列表中选择"影片剪辑"选项,如图7-5所示;单击"确定"按钮,即可新建影片剪辑元件"文字动"。舞台窗口也随之转换为影片剪辑元件的舞台窗口。

（2）将"图层_1"重新命名为"文字"。选择"文本"工具 T，在文本工具"属性"面板中进行设置，在舞台窗口中的适当位置输入字号为 12、字体为"方正卡通简体"的白色文字，文字效果如图 7-6 所示。选中"文字"图层的第 5 帧，按 F6 键，即可插入关键帧。

图 7-5

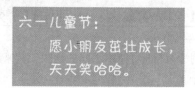

图 7-6

（3）在"时间轴"面板中创建新图层并将其命名为"光标"。选中"光标"图层的第 5 帧，按 F6 键，即可插入关键帧，如图 7-7 所示。将"库"面板中的图形元件"光标"拖曳到舞台窗口中，选择"任意变形"工具 ，来调整光标图形的大小，并将其拖曳到适当的位置，效果如图 7-8 所示。

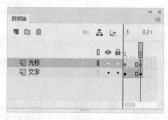

图 7-7

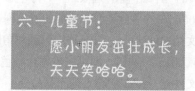

图 7-8

（4）选中"文字"图层的第 5 帧，选择"文本"工具 T，将光标上方的句号删除，效果如图 7-9 所示。分别选中"文字"图层和"光标"图层的第 10 帧，按 F6 键，即可插入关键帧，如图 7-10 所示。

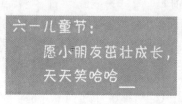

图 7-9

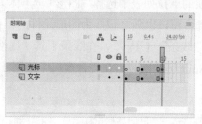

图 7-10

（5）选中"光标"图层的第 10 帧，将光标平移到文字"哈"的下方，如图 7-11 所示。选中"文字"图层的第 10 帧，将光标上方的"哈"字删除，效果如图 7-12 所示。

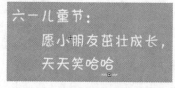

图 7-11

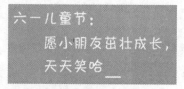

图 7-12

（6）用相同的方法，每间隔 5 帧就插入一个关键帧，如图 7-13 所示；在插入的帧上将光标移动到前一个字的下方，并删除该字，直到删除完所有的字，舞台窗口中的效果如图 7-14 所示。

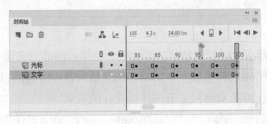

图 7-13   图 7-14

（7）在"时间轴"面板中，按住 Shift 键的同时，单击"文字"图层和"光标"图层，选中两个图层中的所有帧，如图 7-15 所示。选择"修改 > 时间轴 > 翻转帧"命令，即可将所有帧翻转，如图 7-16 所示。

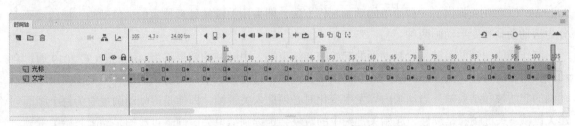

图 7-15

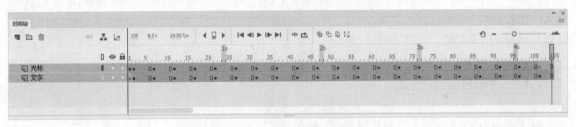

图 7-16

（8）单击舞台窗口左上方的"场景 1"图标 场景 1，进入"场景 1"的舞台窗口，将"图层_1"重新命名为"底图"。将"库"面板中的位图"01"拖曳到舞台窗口中，并放置在与舞台中心重叠的位置，效果如图 7-17 所示。

（9）在"时间轴"面板中创建新图层并将其命名为"打字"。将"库"面板中的影片剪辑元件"文字动"拖曳到舞台窗口中，并放置在适当的位置，如图 7-18 所示。打字效果制作完成，按 Ctrl+Enter 组合键即可查看效果，效果如图 7-19 所示。

图 7-17   图 7-18   图 7-19

7.1.2 动画中帧的概念

医学证明，人类具有视觉暂留的特点，即在人眼看到物体或画面后，物体或画面的成像在 1/24 秒内不会消失。利用这一原理，在一幅画没有消失之前播放下一幅画，就会给人造成流畅的视觉变化效果。所以，动画就是通过连续播放一系列静止画面来给视觉造成连续变化的效果。

在 Animate CC 2019 中，这一系列单幅的画面就叫帧，它是在 Animate CC 2019 动画中最小时间单位里出现的画面。每秒显示的帧数叫帧率，如果帧率太慢就会给人造成视觉上不流畅的感觉。所以，按照人的视觉原理，一般将动画的帧率设为 24 帧/秒。

在 Animate CC 2019 中，动画制作的过程就是决定动画的每一帧显示什么内容的过程。用户可以像绘制传统动画一样自己绘制动画的每一帧，即逐帧动画。但逐帧动画所需的工作量非常大，为此，Animate CC 2019 提供了一种简单的动画制作方法，即采用关键帧处理技术的插值动画。插值动画又分为运动动画和变形动画两种。

制作插值动画的关键是绘制动画的起始帧和结束帧，中间帧的效果将由 Animate CC 2019 通过自动计算得出。为此，Animate CC 2019 提供了关键帧、过渡帧、空白关键帧的概念。关键帧用于描绘动画的起始帧和结束帧。当动画内容发生变化时必须插入关键帧，即使是逐帧动画也要为每个画面创建关键帧。关键帧有延续性，起始关键帧中的对象会延续到结束关键帧。过渡帧是动画起始关键帧、结束关键帧中间系统自动生成的帧。空白关键帧是不包含任何对象的关键帧。因为 Animate CC 2019 只支持在关键帧中绘画或插入对象，所以，当动画内容发生变化而又不希望延续前面关键帧的内容时，就需要插入空白关键帧。

7.1.3 帧的显示形式

在 Animate CC 2019 动画的制作过程中，帧包括下述多种显示形式。

1. 空白关键帧

在时间轴中，白色背景且带有黑圈的帧为空白关键帧，如图 7-20 所示，表示在当前的舞台中没有任何内容。

2. 关键帧

在时间轴中，灰色背景且带有黑点的帧为关键帧，如图 7-21 所示，表示在当前的场景中存在一个关键帧，在关键帧相对应的舞台中存在一些内容。

如果在时间轴中存在多个帧，那么带有黑色圆点的第 1 帧为关键帧，最后 1 帧带有黑的矩形框，为普通帧。除了第 1 帧以外，其他帧均为普通帧，如图 7-22 所示。

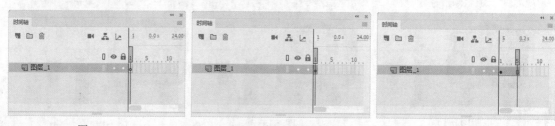

图 7-20　　　　　　　　　　图 7-21　　　　　　　　　　图 7-22

3. 传统补间帧

在时间轴中，带有黑色圆点的第 1 帧和最后 1 帧为关键帧，中间紫色背景且带有黑色箭头的帧为传统补间帧，如图 7-23 所示。

4. 形状补间帧

在时间轴中，带有黑色圆点的第 1 帧和最后 1 帧为关键帧，中间浅咖色背景且带有黑色箭头的帧为形状补间帧，如图 7-24 所示。

在时间轴中，若帧上出现虚线，则表示是未完成或中断了的补间动画，虚线表示不能够生成补间帧，如图 7-25 所示。

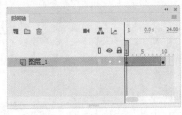

图 7-23

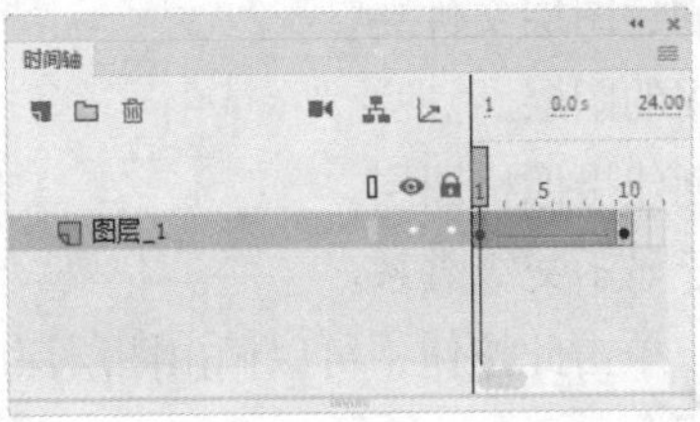

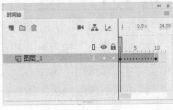

图 7-24

图 7-25

5. 包含动作语句的帧

在时间轴中，第 1 帧上出现 1 个字母 "a"，表示这 1 帧中包含了使用 "动作" 面板设置的动作语句，如图 7-26 所示。

6. 帧标签

在时间轴中，第 1 帧上出现 1 面红旗，表示这一帧的标签类型是名称。红旗右侧的 "wo" 是帧标签的名称，如图 7-27 所示。

在时间轴中，第 1 帧上出现 2 条绿色斜杠，表示这一帧的标签类型是注释，如图 7-28 所示。帧注释是对帧的解释，帮助理解该帧在影片中的作用。

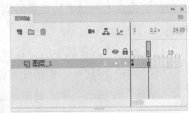

图 7-26

在时间轴中，第 1 帧上出现 1 个金色的锚，表示这一帧的标签类型是锚记，如图 7-29 所示。帧锚记表示该帧是一个定位，方便浏览者在浏览器中快进、快退。

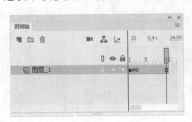

图 7-27

图 7-28

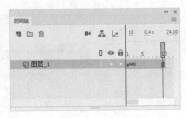

图 7-29

7.1.4 时间轴面板

"时间轴" 面板由图层面板和时间轴组成，如图 7-30 所示。

"眼睛" 图标 ：单击此图标，可以隐藏或显示图层中的内容。

"锁状" 图标 ：单击此图标，可以锁定或解锁图层。

"线框" 图标 ：单击此图标，可以使图层中的内容以线框的方式显示出来。

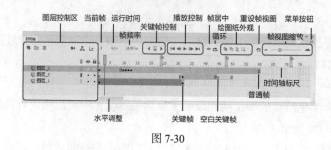

图 7-30

"新建图层"按钮：用于创建图层。

"新建文件夹"按钮：用于创建图层文件夹。

"删除"按钮：用于删除无用的图层。

"添加摄像头"按钮：用于创建摄像机图层。

"显示父级视图"按钮：用于显示父级关系。

"调用图层深度面板"按钮：单击此按钮，可以调出图层深度面板。

7.1.5 绘图纸（洋葱皮）功能

一般情况下，Animate CC 2019 的舞台只能显示当前帧中的对象。如果希望舞台上出现多帧对象以帮助完成对当前帧中的对象的定位和编辑，那么可以使用 Animate CC 2019 提供的绘图纸（洋葱皮）功能。

打开本书学习资源中的"基础素材 > Ch07 > 01"文件。在"时间轴"面板下方的按钮如下。

"帧居中"按钮：单击此按钮，播放头所在的帧会在时间轴的中间位置显示。

"循环"按钮：单击此按钮，在标记范围内的帧将以循环播放的方式在舞台上显示。

"绘图纸外观"按钮：单击此按钮，时间轴标尺上会出现绘图纸的标记点，如图 7-31 所示；在标记范围内的帧中的对象将同时在舞台中显示，如图 7-32 所示；可以用鼠标拖动标记点来增加显示的帧数，如图 7-33 所示。

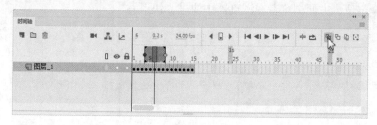

图 7-31

图 7-32

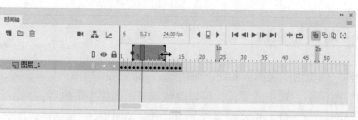

图 7-33

"绘图纸外观轮廓"按钮 ：单击此按钮，时间轴标尺上会出现绘图纸的标记点，如图 7-34 所示，在标记范围内的帧中的对象将以轮廓线的形式同时在舞台中显示，如图 7-35 所示。

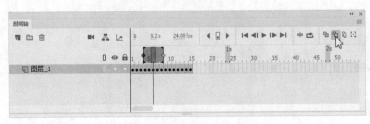

图 7-34   图 7-35

"编辑多个帧"按钮 ：单击此按钮，如图 7-36 所示，在绘图纸标记范围内的帧中的对象将同时在舞台中显示，可以同时编辑所有的对象，如图 7-37 所示。

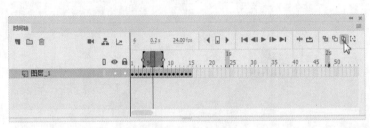

图 7-36   图 7-37

"修改标记"按钮 ：单击此按钮，即可弹出下拉菜单，如图 7-38 所示。

"始终显示标记"命令：在时间轴标尺上总是显示出绘图纸的标记。

"锚定标记"命令：将锁定绘图纸标记的显示范围，移动播放头将不会改变显示范围，如图 7-39 所示。

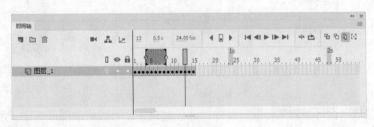

图 7-38   图 7-39

"切换标记范围"命令：选择此命令，将锁定绘图纸标记的显示范围，可将其移动到播放头所在的位置，如图 7-40 和图 7-41 所示。

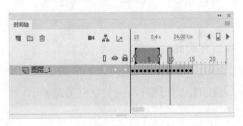
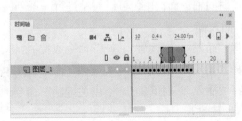

图 7-40   图 7-41

"标记范围 2"命令：绘图纸标记的显示范围为从当前帧的前 2 帧到当前帧的后 2 帧，如图 7-42 所示，图形的显示效果如图 7-43 所示。

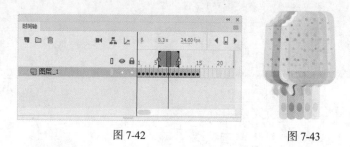

图 7-42   图 7-43

"标记范围 5"命令：绘图纸标记的显示范围为从当前帧的前 5 帧到当前帧的后 5 帧，如图 7-44 所示，图形的显示效果如图 7-45 所示。

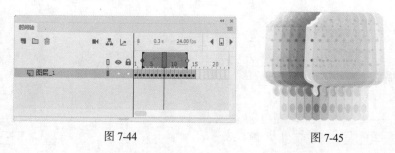

图 7-44   图 7-45

"标记所有范围"命令：绘图纸标记的显示范围为时间轴中的所有帧，如图 7-46 所示，图形的显示效果如图 7-47 所示。

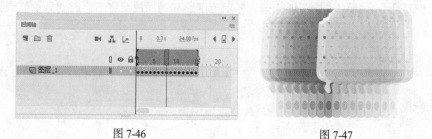

图 7-46   图 7-47

"获取'循环播放'范围"命令：选择此命令，可以将绘图纸标记显示范围循环播放。

7.1.6　在时间轴面板中设置帧

在"时间轴"面板中，可以对帧进行一系列的操作。

1. 插入帧

选择"插入 > 时间轴 > 帧"命令或按 F5 键，可以在时间轴上插入一个普通帧。

选择"插入 > 时间轴 > 关键帧"命令或按 F6 键，可以在时间轴上插入一个关键帧。

选择"插入 > 时间轴 > 空白关键帧"命令，可以在时间轴上插入一个空白关键帧。

2. 选择帧

选择"编辑 > 时间轴 > 选择所有帧"命令，可以选中时间轴上的所有帧。

单击要选择的帧，帧将变为深色。

用鼠标选中要选择的帧，再向前或向后拖曳，鼠标经过的帧将全部被选中。

按住 Ctrl 键的同时，用鼠标单击要选择的帧，可以选中多个不连续的帧。

按住 Shift 键的同时，用鼠标单击要选择的两个帧，这两个帧中间的所有帧都将被选中。

3．移动帧

选中一个或多个帧，按住鼠标左键，将所选中的帧移动到目标位置。在移动过程中，如果按住 Alt 键，会在目标位置上复制出所选中的帧。

选中一个或多个帧，选择"编辑 > 时间轴 > 剪切帧"命令或按 Ctrl+Alt+X 组合键，即可剪切所选的帧；选中目标位置，选择"编辑 > 时间轴 > 粘贴帧"命令或按 Ctrl+Alt+V 组合键，即可在目标位置上粘贴所选的帧。

4．删除帧

用鼠标右键单击要删除的帧，在弹出的菜单中选择"删除帧"命令。

选中要删除的普通帧，按 Shift+F5 组合键，即可删除普通帧；选中要删除的关键帧，按 Shift+F6 组合键，即可删除关键帧。

> **提示** 在 Animate CC 2019 的系统默认状态下，"时间轴"面板中每一个图层的第 1 帧都会被设置为关键帧，后面插入的帧将拥有第 1 帧中的所有内容。

7.2 帧动画

可以应用帧来制作帧动画或逐帧动画，即通过在不同帧上设置不同的对象来实现动画效果。

7.2.1 课堂案例——制作微信 GIF 表情包

【案例学习目标】使用"时间轴"面板来制作动画效果。

【案例知识要点】使用"导入"命令，导入素材；使用组合键，制作图形元件；使用"复制帧"与"粘贴帧"命令，复制与粘贴帧；使用"变形"面板，缩放实例，效果如图 7-48 所示。

【效果所在位置】Ch07 > 效果 > 制作微信 GIF 表情包 . fla。

图 7-48

1．导入文件制作图形元件

（1）在欢迎页的"详细信息"选项组中，将"宽"选项设为 240，"高"选项设为 240；在"平台类型"选项的下拉列表中选择"ActionScript 3.0"选项，单击"创建"按钮，即可完成文档的创建。按 Ctrl+J 组合键，弹出"文档设置"对话框，将"舞台颜色"设为粉色（#F5AAFF），单击"确定"按钮，即可完成舞台颜色的修改。

（2）选择"文件 > 导入 > 导入到库"命令，在弹出的"导入到库"对话框中，选择本书学习资源中的"Ch07 > 素材 > 制作微信 GIF 表情包 > 01 ~ 03"文件，单击"打开"按钮，即可将文件导入"库"面板，如图 7-49 所示。

（3）按 Ctrl+F8 组合键，弹出"创建新元件"对话框，在"名称"选项的文本框中输入"飞"，在"类型"选项的下拉列表中选择"图形"选项，如图 7-50 所示；单击"确定"按钮，即可新建图形元件"飞"，如图 7-51 所示。舞台窗口也随之转换为图形元件的舞台窗口。

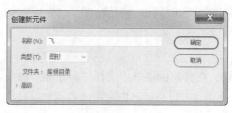

图 7-49　　　　　　　　　　　　　　图 7-50　　　　　　　　　　　　　　图 7-51

（4）将"图层_1"重命名为"文字"。选择"文本"工具 T，在文本工具"属性"面板中进行设置，在舞台窗口中的适当位置输入字号为 37、字体为"汉仪萝卜体简"的蓝色（#1283F5）文字，文字效果如图 7-52 所示。

（5）选择"选择"工具 $\blacktriangleright$，在舞台窗口中选中文字，如图 7-53 所示；按 Ctrl+C 组合键，复制选中的文字。在"时间轴"面板中创建新图层并将其命名为"描边"。

（6）按 Ctrl+Shift+V 组合键，将复制的文字原位粘贴到"描边"图层中。保持文字的被选中状态，按 Ctrl+B 组合键，将文字打散，效果如图 7-54 所示。

图 7-52　　　　　　　　图 7-53　　　　　　　　图 7-54

（7）选择"墨水瓶"工具 ，在墨水瓶工具"属性"面板中，将"笔触颜色"设为白色，"笔触"选项设为 3，将鼠标指针放在文字的边缘，如图 7-55 所示；单击鼠标左键为文字描边，效果如图 7-56 所示。用相同的方法为其他笔画描边，效果如图 7-57 所示。在"时间轴"面板中将"描边"图层拖曳到"文字"图层的下方，效果如图 7-58 所示。

（8）用上述方法制作图形元件"呀"，效果如图 7-59 所示。

图 7-55　　　　　图 7-56　　　　　图 7-57　　　　　图 7-58　　　　　图 7-59

2．制作场景动画

（1）在"属性"面板中，将"背景颜色"设为白色。单击舞台窗口左上方的"场景 1"图标<img>场景 1</img>，即可进入"场景 1"的舞台窗口。将"图层_1"重命名为"云"，如图 7-60 所示。将"库"面板中的位图"03"拖曳到舞台窗口中，并放置在适当的位置，如图 7-61 所示。

图 7-60　　　　　　　　　　　　　　　　　图 7-61

（2）保持位图"03"的被选中状态，按 F8 键，弹出"转换为元件"对话框，在"名称"选项的文本框中输入"云"，在"类型"选项的下拉列表中选择"图形"选项，其他选项的设置如图 7-62 所示；单击"确定"按钮，即可将位图"03"转换为图形元件，效果如图 7-63 所示。

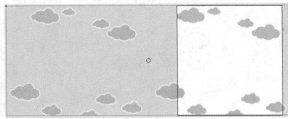

图 7-62　　　　　　　　　　　　　　　　　图 7-63

（3）选中"云"图层的第 20 帧，按 F6 键，即可插入关键帧。在舞台窗口中将"云"实例水平向右拖曳到适当的位置，如图 7-64 所示。用鼠标右键单击"云"图层的第 1 帧，在弹出的菜单中选择"创建传统补间"命令，即可生成传统补间动画，如图 7-65 所示。

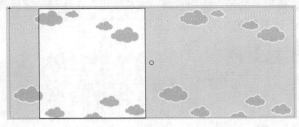
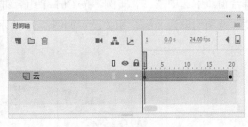

图 7-64　　　　　　　　　　　　　　　　　图 7-65

（4）按住 Shift 键的同时，单击第 20 帧，即可将第 1 帧至第 20 帧之间的帧全部选中，如图 7-66 所示。按 Ctrl+Alt+C 组合键，对选中的帧进行复制；选中第 21 帧，按 Ctrl+Alt+V 组合键，即可将复制的帧粘贴到此处，效果如图 7-67 所示。

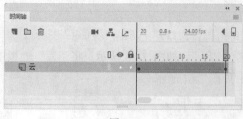
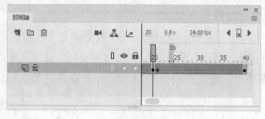

图 7-66　　　　　　　　　　　　　　　　图 7-67

（5）在"时间轴"面板中创建新图层并将其命名为"小猫"。将"库"面板中的位图"01"拖曳到舞台窗口中，并放置在适当的位置，如图 7-68 所示。

（6）选中"小猫"图层的第 21 帧，按 F6 键，即可插入关键帧。选择"选择"工具 ▶，在舞台窗口中选中位图"01"，在位图"属性"面板中单击"交换"按钮，在弹出的"交换位图"对话框中选中位图"02"，如图 7-69 所示；单击"确定"按钮，效果如图 7-70 所示。

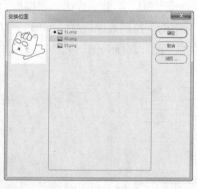

图 7-68　　　　　　　　图 7-69　　　　　　　　图 7-70

（7）在"时间轴"面板中创建新图层并将其命名为"文字"。选中"文字"图层的第 1 帧，分别将"库"面板中的图形元件"飞"和"呀"拖曳到舞台窗口中，并放置在适当的位置，如图 7-71 所示。

（8）选中"文字"图层的第 11 帧，按 F6 键，即可插入关键帧。选中"文字"图层的第 1 帧，在舞台窗口中选中"飞"实例，按 Ctrl+T 组合键，弹出"变形"面板，将"缩放宽度"选项和"缩放高度"选项均设为 80%，相关设置如图 7-72 所示，效果如图 7-73 所示。

图 7-71　　　　　　　　图 7-72　　　　　　　　图 7-73

（9）选中"文字"图层的第 11 帧，在舞台窗口中选中"呀"实例，按 Ctrl+T 组合键，在弹出的"变形"面板中，将"缩放宽度"选项和"缩放高度"选项均设为 80%，效果如图 7-74 所示。

（10）选中"文字"图层的第 1 帧，按 Ctrl+Alt+C 组合键，复制选中的帧；选中"文字"图层的第 21 帧，按 Ctrl+Alt+V 组合键，即可将复制的帧粘贴到此处，如图 7-75 所示。选中"文字"图层的第 11 帧，按 Ctrl+Alt+C 组合键，复制选中的帧；选中"文字"图层的第 31 帧，按 Ctrl+Alt+V 组合键，即可将复制的帧粘贴到此处，如图 7-76 所示。

（11）微信 GIF 表情包制作完成，选择"文件 > 导出 > 导出动画 GIF"命令，弹出"导出图像"对话框，在"名称"选项的下拉列表中选择"原来"选项，其他选项的设置如图 7-77 所示；单击"保存"按钮，即可将制作的动画保存为 GIF 动画。

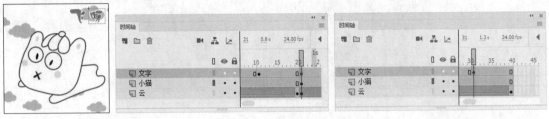

图 7-74   图 7-75   图 7-76

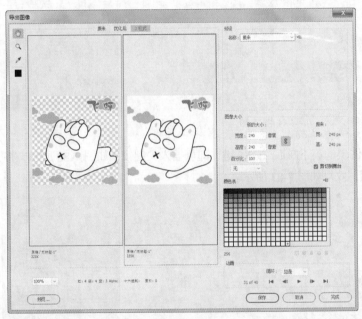

图 7-77

7.2.2 帧动画的创建

打开本书学习资源中的"基础素材 > Ch07 > 02"文件，如图 7-78 所示。选中"飞机"图层的第 5 帧，按 F6 键，即可插入关键帧。选择"选择"工具，在舞台窗口中将飞机图形向左上方拖曳到适当的位置，效果如图 7-79 所示。

选中"飞机"图层的第 10 帧，按 F6 键，即可插入关键帧，如图 7-80 所示，将飞机图形向左上方拖曳到适当的位置，效果如图 7-81 所示。

图 7-78   图 7-79

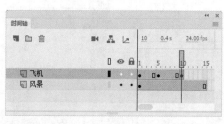

图 7-80   图 7-81

选中"飞机"图层的第 15 帧，按 F6 键，即可插入关键帧，如图 7-82 所示，将飞机图形向右上方拖曳到适当的位置，效果如图 7-83 所示。

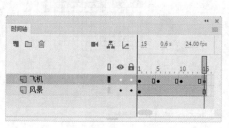

图 7-82   图 7-83

按 Enter 键，即可观看动画效果。在不同的关键帧中动画显示的效果如图 7-84 所示。

（a）第 1 帧   （b）第 5 帧   （c）第 10 帧   （d）第 15 帧

图 7-84

7.2.3　逐帧动画的创建

新建空白文档，选择"文本"工具 $\boxed{T}$，在第 1 帧的舞台中输入"时"字，如图 7-85 所示。选中第 2 帧，如图 7-86 所示；按 F6 键，即可在第 2 帧上插入关键帧，如图 7-87 所示。

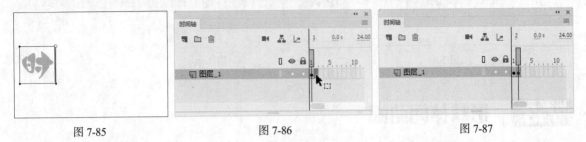

图 7-85　　　　　　　　　　　图 7-86　　　　　　　　　　　图 7-87

在第 2 帧的舞台中输入"光"字，如图 7-88 所示。用相同的方法在第 3 帧上插入关键帧，并在舞台中输入"流"字，如图 7-89 所示。在第 4 帧上插入关键帧，并在舞台中输入"逝"字，如图 7-90 所示。按 Enter 键，即可观看动画效果。

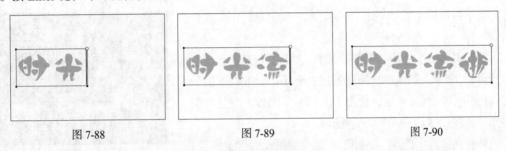

图 7-88　　　　　　　　　　　图 7-89　　　　　　　　　　　图 7-90

还可以通过从外部导入图片组来实现逐帧动画的效果。

选择"文件 > 导入 > 导入到舞台"命令，在弹出的"导入"对话框中，选择本书学习资源中的 "基础素材 > Ch07 > 逐帧动画 > 01"文件，如图 7-91 所示；单击"打开"按钮，弹出提示对话框，询问是否将图像序列中的所有图像导入，如图 7-92 所示。

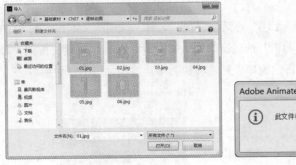

图 7-91

图 7-92

单击"是"按钮，将图像序列导入舞台，效果如图 7-93 所示。"时间轴"面板如图 7-94 所示，按 Enter 键，即可观看动画效果。

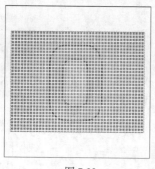

图 7-93

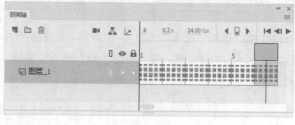

图 7-94

7.3 形状补间动画

形状补间动画是使图形形状发生变化的动画，其所处理的对象必须是舞台上的图形。

7.3.1 课堂案例——制作弹跳动画

【案例学习目标】使用"创建补间形状"命令来制作形状补间动画。

【案例知识要点】使用"椭圆"工具、"矩形"工具和"创建补间形状"命令，制作形状演变效果；使用"分散到图层"命令，将实例分散到独立层；使用"时间轴"面板，控制每个图层的出场顺序，效果如图 7-95 所示。

【效果所在位置】Ch07 > 效果 > 制作弹跳动画.fla。

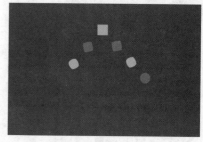

图 7-95

1. 制作形状补间动画

（1）在欢迎页的"详细信息"选项组中，将"宽"选项设为 600，"高"选项设为 400；在"平台类型"选项的下拉列表中选择"ActionScript 3.0"选项，单击"创建"按钮，即可完成文档的创建。按 Ctrl+J 组合键，弹出"文档设置"对话框，将"舞台颜色"设为黑色（#262A35），单击"确定"按钮，即可完成舞台颜色的修改。

（2）按 Ctrl+F8 组合键，弹出"创建新元件"对话框，在"名称"选项的文本框中输入"粉色"，在"类型"选项的下拉列表中选择"影片剪辑"选项，如图 7-96 所示，单击"确定"按钮，即可新建影片剪辑元件"粉色"，如图 7-97 所示。舞台窗口也随之转换为影片剪辑元件的舞台窗口。

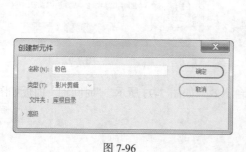

图 7-96

图 7-97

（3）选择"椭圆"工具 ⊙，在工具箱中将"笔触颜色"设为无，"填充颜色"设为粉色（#FD2D61）；单击工具箱下方的"对象绘制"按钮 ⊙；按住 Shift 键的同时，在舞台窗口中绘制 1 个圆形，如图 7-98 所示。选择"选择"工具 ▶，选中绘制的圆形，在绘制对象"属性"面板中，将"宽"选项和"高"选项均设为 32，"X"选项和"Y"选项均设为 0，如图 7-99 所示，效果如图 7-100 所示。

图 7-98　　　　　　　图 7-99　　　　　　　图 7-100

（4）按 Ctrl+C 组合键，对其进行复制。选中"图层_1"的第 15 帧，按 F7 键，即可插入空白关键帧，如图 7-101 所示。选择"矩形"工具 □，在工具箱中将"笔触颜色"设为无，"填充颜色"设为粉色　（#FD2D61），按住 Shift 键的同时，在舞台窗口中绘制 1 个矩形。

（5）选择"选择"工具 ▶，选中绘制的矩形，在绘制对象"属性"面板中，将"宽"选项和"高"选项均设为 32，"X"选项设为 0，"Y"选项设为 – 145，如图 7-102 所示，效果如图 7-103 所示。

图 7-101　　　　　　　图 7-102　　　　　　　图 7-103

（6）选中"图层_1"的第 30 帧，按 F7 键，即可插入空白关键帧，如图 7-104 所示。按 Ctrl+Shift+V 组合键，即可将复制的图形原位粘贴到第 30 帧的舞台窗口中。

（7）分别用鼠标右键单击"图层_1"的第 1 帧、第 15 帧，在弹出的菜单中选择"创建补间形状"命令，即可创建形状补间动画，如图 7-105 所示。

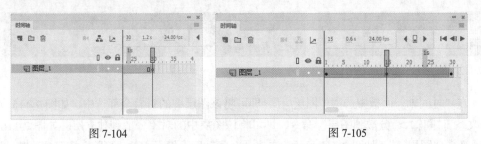

图 7-104　　　　　　　　　　图 7-105

（8）在"库"面板中用鼠标右键单击影片剪辑元件"粉色"，在弹出的菜单中选择"直接复制元件"命令，弹出"直接复制元件"对话框，在"名称"选项的文本框中输入"绿色"，如图 7-106 所示；单击"确定"按钮，即可新建影片剪辑元件"绿色"，如图 7-107 所示。

（9）在"库"面板中双击影片剪辑元件"绿色"，即可进入影片剪辑元件的舞台窗口中。选中"图层_1"的第 1 帧，在工具箱中将"填充颜色"设为绿色（#08D9D6），效果如图 7-108 所示。选中"图层_1"的第 15 帧，在工具箱中将"填充颜色"设为绿色（#08D9D6），效果如图 7-109 所示。用相同的方法设置第 30 帧中的图形的颜色。

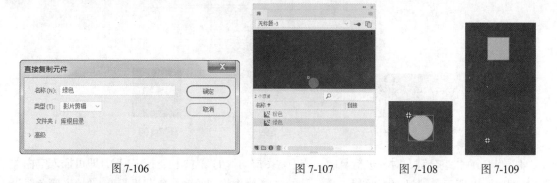

图 7-106　　　　　　　图 7-107　　　　　图 7-108　　　图 7-109

2．制作出场顺序动画

（1）按 Ctrl+F8 组合键，弹出"创建新元件"对话框，在"名称"选项的文本框中输入"一起动"，在"类型"选项的下拉列表中选择"影片剪辑"选项，如图 7-110 所示；单击"确定"按钮，即可新建影片剪辑元件"一起动"。舞台窗口也随之转换为影片剪辑元件的舞台窗口。

（2）分别将"库"面板中的影片剪辑元件"粉色"和"绿色"拖曳到舞台窗口中，并放置在同一条水平线上，如图 7-111 所示。

图 7-110　　　　　　　　　图 7-111

（3）选择"选择"工具 ▶，在舞台窗口中将"粉色"和"绿色"实例同时选中，如图 7-112 所示，按住 Alt+Shift 组合键的同时，向右拖曳鼠标到适当的位置，即可复制实例，效果如图 7-113 所示。按 4 次 Ctrl+Y 组合键，即可对实例进行移动复制，效果如图 7-114 所示。

图 7-112　　　　　图 7-113　　　　　　　　　图 7-114

（4）在"时间轴"面板中选中"图层_1"，即可将该图层中的对象全部选中，如图 7-115 所示。选择"修改 > 时间轴 > 分散到图层"命令，即可将该图层中的对象分散到独立层，如图 7-116 所示。

（5）选中"图层_1"，如图 7-117 所示，单击"时间轴"面板上方的"删除"按钮 ⬛，将"图层_1"删除，如图 7-118 所示。选中所有图层的第 30 帧，按 F5 键，即可插入普通帧，如图 7-119 所示。

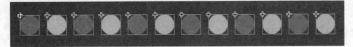

图 7-115

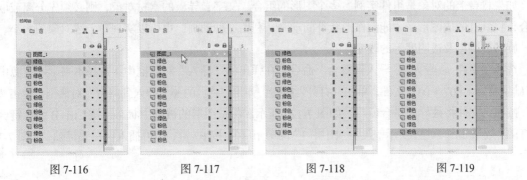

图 7-116　　　　　图 7-117　　　　　图 7-118　　　　　图 7-119

（6）在"时间轴"面板中选中最上方的"粉色"图层，即可选中该图层中的所有帧，将所有帧向后拖曳至与上一图层间隔 4 帧的位置，如图 7-120 所示。用同样的方法依次对其他图层进行操作，效果如图 7-121 所示。

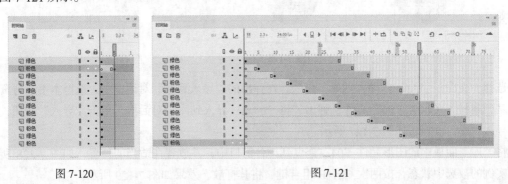

图 7-120　　　　　　　　　　　　图 7-121

（7）单击舞台窗口左上方的"场景 1"图标　 场景 1 ，即可进入"场景 1"的舞台窗口。将"图层_1"重命名为"动画"。将"库"面板中的影片剪辑元件"一起动"拖曳到舞台窗口中，并放置在适当的位置，如图 7-122 所示。弹跳动画效果制作完成，按 Ctrl+Enter 组合键即可查看效果，效果如图 7-123 所示。

图 7-122　　　　　　　　　　　　图 7-123

7.3.2 简单形状补间动画

如果舞台上的对象是组件实例、多个图形的组合、文字、导入的素材对象，则必须先分离或取消组合，将其打散成图形，才能制作形状补间动画。利用这种动画，也可以实现对上述对象的大小、位置、旋转、颜色及透明度等的改变。

选择"文件 > 导入 > 导入到舞台"命令，在弹出的"导入"对话框中，选择本书学习资源中的"基础素材 > Ch07 > 03"文件，单击"打开"按钮，弹出"将'03.ai'导入到舞台"对话框，单击"导入"按钮，文件将被导入舞台窗口，如图 7-124 所示。保持图形的被选中状态，按 Ctrl+B 组合键，将其打散，效果如图 7-125 所示。选中"图层_1"的第 10 帧，按 F7 键，即可插入空白关键帧，如图 7-126所示。

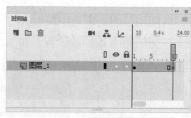

| 图 7-124 | 图 7-125 | 图 7-126 |

选择"文件 > 导入 > 导入到库"命令，在弹出的"导入到库"对话框中，选择本书学习资源中的"基础素材 > Ch07 > 04"文件，弹出"将'04.ai'导入到库"对话框，单击"导入"按钮，文件将被导入"库"面板，如图 7-127 所示。

将"库"面板中的图形元件"04"拖曳到舞台窗口中，并放置在适当的位置，如图 7-128 所示。保持实例的被选中状态，按两次 Ctrl+B 组合键，将其打散，效果如图 7-129 所示。

| 图 7-127 | 图 7-128 | 图 7-129 |

在"时间轴"面板中，用鼠标右键单击"图层_1"的第 1 帧，在弹出的菜单中选择"创建补间形状"命令，如图 7-130 所示。

在"属性"面板中将出现以下 2 个新的选项。

"缓动"选项：用于设定变形动画从开始到结束时的变形速度，其取值范围为 - 100 ~ 100。当选择正数时，变形速度呈减速度，即开始时速度快，然后速度逐渐减慢；当选择负数时，变形速度呈加速度，即开始时速度慢，然后速度逐渐加快。

"混合"选项：提供了"分布式"和"角形"2 个选项。选择"分布式"选项可以使变形的中间形状趋于平滑；选择"角形"选项则可以创建包含角度和直线的中间形状。

设置完成后，在"时间轴"面板中，第 1 帧和第 10 帧之间的帧会出现浅咖的背景和黑色的箭头，表示已生成形状补间动画，如图 7-131 所示。苹果图形变形为果核。按 Enter 键，即可观看动画效果。

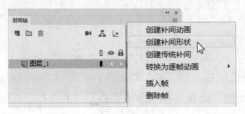 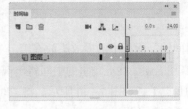

图 7-130　　　　　　　　　　　　　　　图 7-131

在变形过程中，每一帧上的图形都会发生不同的变化，如图 7-132 所示。

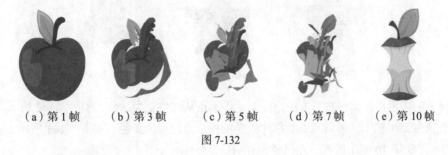

（a）第 1 帧　　　（b）第 3 帧　　　（c）第 5 帧　　　（d）第 7 帧　　　（e）第 10 帧

图 7-132

7.3.3　应用变形提示

使用变形提示，可以将原图形上的某一点变换到目标图形的某一点上。应用变形提示可以制作出各种复杂的变形效果。

使用"多角星形"工具 ⬢，在多角星形工具"属性"面板中进行设置，在第 1 帧的舞台中绘制出 1 个五角星，如图 7-133 所示。选中第 10 帧，按 F7 键，即可插入空白关键帧，如图 7-134 所示。

选择"文本"工具 T，在文本工具"属性"面板中进行设置，在舞台窗口中的适当位置输入字号为 200、字体为"汉仪超粗黑简"的玫红色（#FD2D61）文字，效果如图 7-135 所示。

 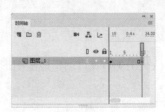 

图 7-133　　　　　　　　图 7-134　　　　　　　　图 7-135

选择"选择"工具 ▶，选中字母"A"，按 Ctrl+B 组合键，将其打散，效果如图 7-136 所示。用鼠标右键单击第 1 帧，在弹出的菜单中选择"创建补间形状"命令，如图 7-137 所示；在"时间轴"面板中，第 1 帧和第 10 帧之间将出现浅咖色的背景和黑色的箭头，表示已生成形状补间动画，如图 7-138 所示。

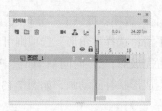

图 7-136　　　　　　　　图 7-137　　　　　　　　图 7-138

将"时间轴"面板中的播放头放在第 1 帧上，选择"修改 > 形状 > 添加形状提示"命令或按 Ctrl+Shift+H 组合键，在五角星的中间将出现红色的提示点"a"，如图 7-139 所示。将提示点移动到五角星上方的角点上，如图 7-140 所示。将"时间轴"面板中的播放头放在第 10 帧上，则第 10 帧的字母上也会出现红色的提示点"a"，如图 7-141 所示。

图 7-139　　　　　　图 7-140　　　　　　图 7-141

将字母上的提示点移动到右下方的边线上，提示点从红色变为绿色，如图 7-142 所示。这时，再将播放头放置在第 1 帧上，可以观察到刚才红色的提示点已变为黄色，如图 7-143 所示，这表示在第 1 帧中的提示点和第 10 帧中的提示点已经相互对应。

用相同的方法在第 1 帧的五角星中再添加 2 个提示点，分别为"b""c"，并将其放置在五角星的角点上，如图 7-144 所示。在第 10 帧中，将提示点按字母顺序和顺时针方向分别放置在字母的边线上，如图 7-145 所示。提示点的设置完成，按 Enter 键，即可观看动画效果。

图 7-142　　　　　图 7-143　　　　　图 7-144　　　　　图 7-145

 形状提示点一定要按顺时针的方向添加，顺序不能错，否则无法实现效果。

在未使用变形提示前，Animate CC 2019 系统自动生成的图形变化过程如图 7-146 所示。

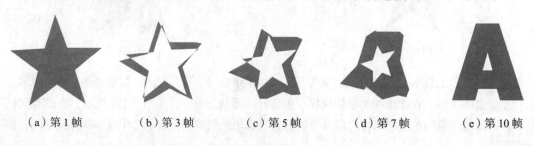

（a）第 1 帧　　　（b）第 3 帧　　　（c）第 5 帧　　　（d）第 7 帧　　　（e）第 10 帧

图 7-146

在使用变形提示后，在提示点的作用下生成的图形变化过程如图 7-147 所示。

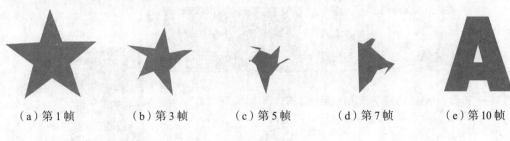

（a）第 1 帧　　　　（b）第 3 帧　　　　（c）第 5 帧　　　　（d）第 7 帧　　　　（e）第 10 帧

图 7-147

7.4　动作补间动画

动作补间动画所处理的对象必须是舞台上的组件实例、多个图形的组合、文字、导入的素材对象。利用这种动画，可以实现上述对象的大小、位置、旋转、颜色及透明度等的变化效果。

7.4.1　课堂案例——制作海边城市

【案例学习目标】使用"创建传统补间"命令来制作动画。

【案例知识要点】使用"导入到库"命令，导入素材来制作图形元件；使用"创建传统补间"命令，制作补间动画效果；使用"属性"面板，设置动画的旋转次数，效果如图 7-148 所示。

图 7-148

【效果所在位置】Ch07 > 效果 > 制作海边城市.fla。

1. 导入素材制作图形元件

（1）在欢迎页的"详细信息"选项组中，将"宽"选项设为 750，"高"选项设为 500；在"平台类型"选项的下拉列表中选择"ActionScript 3.0"选项，单击"创建"按钮，即可完成文档的创建。按 Ctrl+J 组合键，弹出"文档设置"对话框，将"舞台颜色"设为灰色（#666666），单击"确定"按钮，即可完成舞台颜色的修改。

（2）选择"文件 > 导入 > 导入到库"命令，在弹出的"导入到库"对话框中，选择本书学习资源中的"Ch07 > 素材 >制作海边城市 > 01 ~ 03"文件，单击"打开"按钮，文件将被导入"库"面板，如图 7-149 所示。

（3）按 Ctrl+F8 组合键，弹出"创建新元件"对话框，在"名称"选项的文本框中输入"帆船动"，在"类型"选项的下拉列表中选择"影片剪辑"选项，单击"确定"按钮，即可新建影片剪辑元件"帆船动"，如图 7-150 所示。舞台窗口也随之转换为影片剪辑元件的舞台窗口。

（4）将"库"面板中的图形元件"02"拖曳到舞台窗口中，并放置在舞台中的适当位置，效果如图 7-151 所示。

图 7-149

图 7-150

图 7-151

（5）分别选中"图层_1"的第 10 帧、第 20 帧，按 F6 键，即可插入关键帧。选中"图层_1"的第 10 帧，按 Ctrl+T 组合键，弹出"变形"面板，将"旋转"选项设为 5°，如图 7-152 所示，按 Enter 键确认，效果如图 7-153 所示。

（6）用鼠标右键分别单击"图层_1"的第 1 帧、第 10 帧，在弹出的菜单中选择"创建传统补间"命令，即可生成传统补间动画，如图 7-154 所示。

（7）用上述方法制作影片剪辑元件"小船动"，相应的"库"面板如图 7-155 所示。

图 7-152

图 7-153　　　　　　　　　图 7-154

图 7-155

（8）按 Ctrl+F8 组合键，弹出"创建新元件"对话框，在"名称"选项的文本框中输入"太阳"，在"类型"选项的下拉列表中选择"图形"选项，如图 7-156 所示，单击"确定"按钮，即可新建图形元件"太阳"。舞台窗口也随之转换为图形元件的舞台窗口。

（9）将"图层_1"重命名为"光芒"。选择"钢笔"工具 ，在钢笔工具"属性"面板中，将"笔触颜色"设为红色（#FF0000），"笔触"选项设为 1；单击工具箱下方的"对象绘制"按钮 ，将其选中。在舞台窗口中绘制 1 条闭合边线，如图 7-157 所示。

图 7-156

图 7-157

152

（10）选择"选择"工具 ，选中闭合边线，如图 7-158 所示。在工具箱中将"填充颜色"设为白色，将"Alpha"选项设为 30，将"笔触颜色"设为无，效果如图 7-159 所示。

（11）按 Ctrl+T 组合键，弹出"变形"面板，单击"重制选区和变形"按钮 ，即可复制出 1 个图形；将"旋转"选项设为 30°，相关设置如图 7-160 所示，按 Enter 键确认，效果如图 7-161 所示。再单击 10 次"重制选区和变形"按钮 ，即可复制出 10 个图形并分别旋转角度，效果如图 7-162 所示。

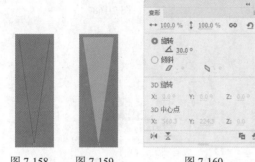

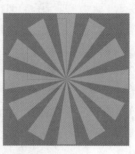

图 7-158　　图 7-159　　　　图 7-160　　　　　图 7-161　　　　　图 7-162

（12）按 Ctrl+A 组合键，将图形全部选中，如图 7-163 所示。按 Ctrl+G 组合键，将选中的图形编组，效果如图 7-164 所示。

（13）在"时间轴"面板中创建新图层并将其命名为"圆形"。选择"椭圆"工具 ，在工具箱中将"笔触颜色"设为无，"填充颜色"设为黄色（#FFDC00）；按住 Shift 键的同时，在舞台窗口中绘制 1 个圆形，如图 7-165 所示。

图 7-163　　　　　　图 7-164　　　　　　图 7-165

（14）在椭圆工具"属性"面板中，将"笔触颜色"设为黄色（#FFDC00），"填充颜色"设为无，"笔触"选项设为 5；按住 Shift 键的同时，在舞台窗口中绘制 1 个圆形，如图 7-166 所示。

（15）按 Ctrl+A 组合键，将图形全部选中，如图 7-167 所示。按 Ctrl+K 组合键，弹出"对齐"面板，勾选"与舞台对齐"复选框，分别单击"水平中齐"按钮 和"垂直中齐"按钮 ，使选中的图形与舞台水平居中对齐和垂直居中对齐，效果如图 7-168 所示。

（16）在"库"面板中新建 1 个影片剪辑元件"太阳动"，舞台窗口也随之转换为影片剪辑元件的舞台窗口。将"库"面板中的图形元件"太阳"拖曳到舞台窗口中，并放置在舞台窗口的中心位置，如图 7-169 所示。选中"图层_1"的第 200 帧，按 F6 键，即可插入关键帧，如图 7-170 所示。

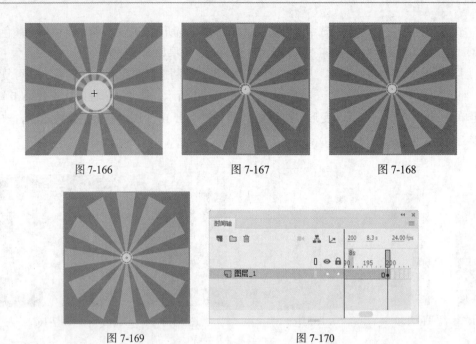

图 7-166　　　　　　　　　图 7-167　　　　　　　　　图 7-168

图 7-169　　　　　　　　　　　　图 7-170

（17）用鼠标右键单击"图层_1"的第 1 帧，在弹出的菜单中选择"创建传统补间"命令，即可生成传统补间动画，如图 7-171 所示。选中"图层_1"的第 1 帧，在帧"属性"面板中，选择"补间"选项组，在"旋转"选项的下拉列表中选择"顺时针"选项，并将"旋转次数"选项设为 1，如图 7-172 所示。

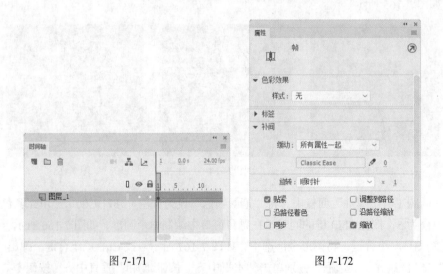

图 7-171　　　　　　　　　　　图 7-172

2. 制作场景动画

（1）单击舞台窗口左上方的"场景 1"图标 场景1，即可进入"场景 1"的舞台窗口。将"图层_1"重新命名为"底图"。将"库"面板中的位图"01"拖曳到舞台窗口的中心位置，效果如图 7-173 所示。选中"底图"图层的第 200 帧，按 F5 键，即可插入普通帧，如图 7-174 所示。

图 7-173

图 7-174

（2）在"时间轴"面板中创建新图层并将其命名为"太阳"。将"库"面板中的影片剪辑元件"太阳动"拖曳到舞台窗口中，并放置在适当的位置，如图 7-175 所示。

（3）在"时间轴"面板中创建新图层并将其命名为"帆船"。将"库"面板中的影片剪辑元件"帆船动"拖曳到舞台窗口中，并放置在适当的位置，如图 7-176 所示。

图 7-175

图 7-176

（4）选中"帆船"图层的第 200 帧，按 F6 键，即可插入关键帧。在舞台窗口中将"帆船动"实例水平向右拖曳到适当的位置，如图 7-177 所示。用鼠标右键单击"帆船"图层的第 1 帧，在弹出的菜单中选择"创建传统补间"命令，即可生成传统补间动画。

（5）在"时间轴"面板中创建新图层并将其命名为"小船"。将"库"面板中的影片剪辑元件"小船动"拖曳到舞台窗口中，并放置在适当的位置，如图 7-178 所示。

（6）选中"小船"图层的第 200 帧，按 F6 键，即可插入关键帧。在舞台窗口中将"小船动"实例水平向左拖曳到适当的位置，如图 7-179 所示。用鼠标右键单击"小船"图层的第 1 帧，在弹出的菜单中选择"创建传统补间"命令，即可生成传统补间动画。

图 7-177

图 7-178

图 7-179

（7）在"时间轴"面板中将"小船"图层拖曳到"帆船"图层的下方，如图 7-180 所示。海边城市制作完成，按 Ctrl+Enter 组合键即可查看效果，如图 7-181 所示。

图 7-180

图 7-181

7.4.2 创建补间动画

补间动画是一种使用元件的动画，可以对元件进行位移、大小、旋转、透明和颜色等方面的动画设置。

打开本书学习资源中的"基础素材 > Ch07 > 05"文件，如图 7-182 所示。在"时间轴"面板中创建新图层并将其命名为"飞机"，如图 7-183 所示。将"库"面板中的图形元件"飞机"拖曳到舞台窗口中，并放置在适当的位置，如图 7-184 所示。

图 7-182

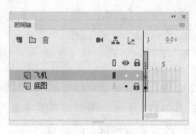
图 7-183

图 7-184

分别选中"底图"图层和"飞机"图层的第 40 帧，按 F5 键，即可插入普通帧。用鼠标右键单击"飞机"图层的第 1 帧，在弹出的菜单中选择"创建补间动画"命令，如图 7-185 所示，即可创建补间动画，如图 7-186 所示。

创建完成后补间范围以黄色背景显示，而且只有第 1 帧为关键帧，其余帧均为普通帧。

图 7-185

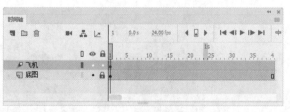
图 7-186

设为"动画"后，"属性"面板中将出现多个新选项，如图 7-187 所示。

图 7-187

"缓动"选项：用于设定动作补间动画从开始到结束时的运动速度，其取值范围为 –100 ~ 100。当选择正数时，运动速度呈减速度，即开始时速度快，然后速度逐渐减慢；当选择负数时，运动速度呈加速度，即开始时速度慢，然后速度逐渐加快。

"旋转"选项：用于设置对象在运动过程中的旋转样式和次数。

"方向"选项：用于设置旋转的方向。

"调整到路径"选项：勾选此选项，可以按照运动轨迹曲线改变变化的方向。

"路径"选项：用于设置运动轨迹。

"同步图形元件"选项：勾选此选项，如果对象是一个包含动画效果的图形组件实例，则其动画和主时间轴同步。

选中"飞机"图层的第 40 帧，在舞台窗口中将"飞机"实例拖曳到适当的位置，如图 7-188 所示。此时在第 40 帧上会自动产生一个属性关键帧，并在舞台窗口中显示运动轨迹。

选择"选择"工具 ▶，将鼠标指针放置在运动轨迹上，鼠标指针变为 ，如图 7-189 所示；按住鼠标左键并拖曳鼠标即可改变运动轨迹，效果如图 7-190 所示。

图 7-188　　　　图 7-189　　　　图 7-190

完成补间动画的制作。按 Enter 键，即可观看动画效果。

7.4.3　创建传统补间

打开本书学习资源中的"基础素材 > Ch07 > 06"文件，如图 7-191 所示。在"时间轴"面板中创建新图层并将其命名为"飞机"。将"库"面板中的图形元件"02"拖曳到舞台窗口中，并放置在适当的位置，如图 7-192 所示。

图 7-191　　　　图 7-192

在"时间轴"面板中用鼠标右键单击"飞机"图层的第 10 帧，在弹出的菜单中选择"插入关键帧"命令，即可在第 10 帧上插入一个关键帧，如图 7-193 所示。将飞机图形拖曳到舞台的右上方，如图 7-194 所示。

在"时间轴"面板中选中"飞机"图层的第 1 帧，单击鼠标右键，在弹出的菜单中选择"创建传统补间"命令，如图 7-195 所示。

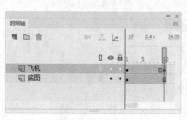
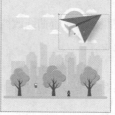

图 7-193   图 7-194   图 7-195

设为"动画"后，"属性"面板中将出现多个新选项，如图 7-196 所示

"缓动"选项：用于设定动作补间动画从开始到结束时的运动速度，其取值范围为 – 100 ~ 100。当选择正数时，运动速度呈减速度，即开始时速度快，然后速度逐渐减慢；当选择负数时，运动速度呈加速度，即开始时速度慢，然后速度逐渐加快。

"旋转"选项：用于设置对象在运动过程中的旋转样式和次数。

"贴紧"选项：勾选此选项，如果使用运动引导动画，则会根据对象的中心点将其吸附到运动路径上。

"调整到路径"选项：勾选此选项，对象在运动引导动画过程中，可以根据引导路径的曲线改变变化的方向。

"沿路径着色"选项：勾选此选项，在运动引导动画过程中，可以根据引导路径的曲线的颜色自动为对象着色。

"沿路径缩放"选项：勾选此选项，对象在运动引导动画过程中，可以根据引导路径的曲线改变比例。

"同步"选项：勾选此选项，如果对象是一个包含动画效果的图形组件实例，则其动画和主时间轴同步。

"缩放"选项：勾选此选项，对象在运动过程中可以改变比例。

在"时间轴"面板中，第 1 帧和第 10 帧之间出现紫色的背景和黑色的箭头，表示已生成动作补间动画，如图 7-197 所示。动作补间动画制作完成，按 Enter 键，即可观看动画效果。

图 7-196   图 7-197

如果想观察制作的动作补间动画中每 1 帧的不同效果，可以单击"时间轴"面板上方的"绘图纸外观"按钮 ，并将标记点的起始点设为第 1 帧，终止点设为第 10 帧，如图 7-198 所示。舞台中将显示在不同的帧中图形位置的变化效果，如图 7-199 所示。

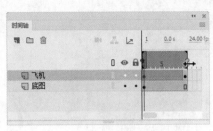

图 7-198　　　　　　　　　　　　　　图 7-199

如果在帧"属性"面板中，将"旋转"选项设为"逆时针"，如图 7-200 所示，那么在不同的帧中，图形位置的变化效果如图 7-201 所示。

图 7-200　　　　　　　　　　　　图 7-201

还可以在对象的运动过程中改变其大小、透明度等，下面将进行介绍。

新建空白文档，选择"文件 > 导入 > 导入到库"命令，在弹出的"导入到库"对话框中，选择本书学习资源中的"基础素材 > Ch07 > 07"文件，单击"打开"按钮，弹出"将'07.ai'文件导入到库"对话框，单击"导入"按钮，文件将被导入"库"面板，如图 7-202 所示；然后将图形拖曳到舞台的中心，如图 7-203 所示。

用鼠标右键单击"图层_1"的第 10 帧，在弹出的菜单中选择"插入关键帧"命令，即可在第 10 帧上插入一个关键帧。选择"任意变形"工具 ，在舞台中单击图形，将出现变形控制点，如图 7-204 所示。

图 7-202　　　　　　　　图 7-203　　　　　　　　图 7-204

将鼠标指针放在左侧中间的控制点上，鼠标指针变为双箭头 ↔，如图 7-205 所示；按住鼠标左键不放，向右拖曳控制点，即可将图形水平翻转。松开鼠标后的效果如图 7-206 所示。

按 Ctrl+T 组合键，弹出"变形"面板，将"缩放高度"选项和"缩放宽度"选项均设为 70%，如图 7-207 所示；按 Enter 键确认，效果如图 7-208 所示。

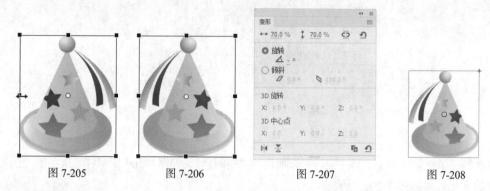

图 7-205　　　　　图 7-206　　　　　　　　图 7-207　　　　　　　图 7-208

选择"选择"工具 ▶，选中图形，选择"窗口 > 属性"命令，打开图形"属性"面板，在"色彩效果"选项组中的"样式"选项的下拉列表中选择"Alpha"选项，并将"Alpha 数量"选项设为 20，如图 7-209 所示。

舞台中图形的不透明度将被改变，效果如图 7-210 所示。在"时间轴"面板中，用鼠标右键单击"图层_1"的第 1 帧，在弹出的菜单中选择"创建传统补间"命令，第 1 帧和第 10 帧之间将生成动作补间动画，如图 7-211 所示。按 Enter 键，即可观看动画效果。

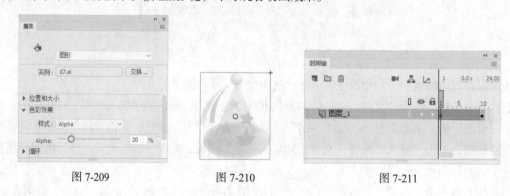

图 7-209　　　　　　　　图 7-210　　　　　　　　　图 7-211

在不同的关键帧中，图形的动作变化效果如图 7-212 所示。

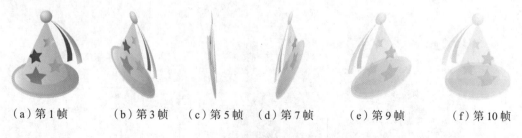

（a）第 1 帧　　　（b）第 3 帧　　（c）第 5 帧　　（d）第 7 帧　　　（e）第 9 帧　　　　（f）第 10 帧

图 7-212

7.5　色彩变化动画

色彩变化动画是指对象没有动作和形状上的变化，只是颜色发生了变化。

7.5.1　课堂案例——制作变色效果

【案例学习目标】学习使用"属性"面板来改变颜色色调。

【案例知识要点】使用"导入到库"命令，导入素材文件；使用"新建元件"命令，制作图形元件；使用"属性"面板，改变文字的颜色，效果如图 7-213 所示。

【效果所在位置】Ch07 > 效果 > 制作变色效果.fla。

图 7-213

1. 导入素材并制作图形元件

（1）在欢迎页的"详细信息"选项组中，将"宽"选项设为 800，"高"选项设为 800；在"平台类型"选项的下拉列表中选择"ActionScript 3.0"选项，单击"创建"按钮，即可完成文档的创建。

（2）选择"文件 > 导入 > 导入到库"命令，在弹出的"导入到库"对话框中，选择本书学习资源中的"Ch07 > 素材 > 制作变色效果 > 01 ~ 04"文件，单击"打开"按钮，文件将被导入"库"面板，如图 7-214 所示。

（3）按 Ctrl+F8 组合键，弹出"创建新元件"对话框，在"名称"选项的文本框中输入"数字 6"，在"类型"选项的下拉列表中选择"图形"选项，如图 7-215 所示，单击"确定"按钮，即可新建图形元件"数字 6"。舞台窗口也随之转换为图形元件的舞台窗口。

图 7-214

图 7-215

（4）将"库"面板中的位图"02"拖曳到舞台窗口中，并放置在适当的位置，如图 7-216 所示。用相同的方法分别将位图"03"和"04"，制作成图形元件"数字 1"和"数字 8"，如图 7-217 和图 7-218 所示。

图 7-216

图 7-217

图 7-218

2．制作变色效果

（1）单击舞台窗口左上方的"场景 1"图标 ，即可进入"场景 1"的舞台窗口。将"图层_1"重命名为"底图"，如图 7-219 所示。选中"底图"图层的第 20 帧，按 F5 键，即可插入普通帧。将"库"面板中的位图"01"拖曳到舞台窗口的中心位置，如图 7-220 所示。

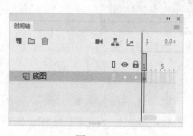

图 7-219

图 7-220

（2）分别将"库"面板中的图形元件"数字 6""数字 1""数字 8"拖曳到舞台窗口中，并放置在适当的位置，如图 7-221 所示。选择"选择"工具 ，按住 Shift 键的同时，将舞台窗口中的图形实例选中，如图 7-222 所示。

图 7-221

图 7-222

（3）选择"修改 > 时间轴 > 分散到图层"命令，将选中的实例分散到独立层，相应的"时间轴"面板如图 7-223 所示。将"底图"图层拖曳到"数字 6"图层的下方，如图 7-224 所示。

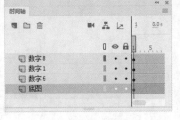

图 7-223   图 7-224

（4）选中"数字 6"图层的第 10 帧，按 F6 键，即可插入关键帧。选择"选择"工具 ，在舞台窗口中选中"数字 6"实例，在图形"属性"面板中选择"色彩效果"选项组，在"样式"选项的下拉列表中选择"色调"选项，将"着色"选项设为橘红色（#FF4800），其他选项的设置如图 7-225 所示，效果如图 7-226 所示。

图 7-225   图 7-226

（5）选中"数字 6"图层的第 20 帧，按 F6 键，即可插入关键帧。在舞台窗口中选中"数字 6"实例，在图形"属性"面板中选择"色彩效果"选项组，在"样式"选项的下拉列表中选择"色调"选项，将"着色"选项设为洋红色（#FF00EA），其他选项的设置如图 7-227 所示，效果如图 7-228 所示。

（6）用鼠标右键分别单击"数字 6"图层的第 1 帧、第 10 帧，在弹出的菜单中选择"创建传统补间"命令，即可生成传统补间动画，如图 7-229 所示。

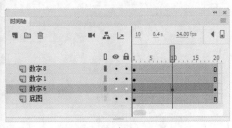

图 7-227   图 7-228   图 7-229

（7）选中"数字 1"图层的第 10 帧，按 F6 键，即可插入关键帧。在舞台窗口中选中"数字 1"实例，在图形"属性"面板中选择"色彩效果"选项组，在"样式"选项的下拉列表中选择"色调"选项，将"着色"选项设为洋红色（#FF00EA），其他选项的设置如图 7-230 所示，效果如图 7-231 所示。

图 7-230   图 7-231

（8）选中"数字 1"图层的第 20 帧，按 F6 键，即可插入关键帧。在舞台窗口中选中"数字 1"实例，在图形"属性"面板中选择"色彩效果"选项组，在"样式"选项的下拉列表中选择"色调"选项，将"着色"选项设为黄色（#FFDE00），其他选项的设置如图 7-232 所示，效果如图 7-233 所示。

（9）用鼠标右键分别单击"数字 1"图层的第 1 帧、第 10 帧，在弹出的菜单中选择"创建传统补间"命令，即可生成传统补间动画。

图 7-232   图 7-233

（10）选中"数字 8"图层的第 10 帧，按 F6 键，即可插入关键帧。在舞台窗口中选中"数字 8"实例，在图形"属性"面板中选择"色彩效果"选项组，在"样式"选项的下拉列表中选择"色调"选项，将"着色"选项设为黄色（#FFDE00），其他选项的设置如图 7-234 所示，效果如图 7-235 所示。

图 7-234   图 7-235

（11）选中"数字 8"图层的第 20 帧，按 F6 键，即可插入关键帧。在舞台窗口中选中"数字 8"实例，在图形"属性"面板中选择"色彩效果"选项组，在"样式"选项的下拉列表中选择"色调"选项，将"着色"选项设为橘红色（#FF4800），其他选项的设置如图 7-236 所示，效果如图 7-237 所示。

（12）变色效果制作完成，按 Ctrl+Enter 组合键即可查看效果，如图 7-238 所示。

图 7-236　　　　　　　　　　图 7-237　　　　　　　　　　图 7-238

7.5.2　色彩变化动画

新建空白文档，将本书学习资源中的"基础素材 ＞ Ch07 ＞ 08"文件导入舞台窗口，如图 7-239 所示。保持图形的被选中状态，按 Ctrl+B 组合键，将图形完全打散，如图 7-240 所示。

在"时间轴"面板中选中"图层_1"的第 10 帧，按 F6 键，即可在第 10 帧上插入关键帧，如图 7-241 所示。第 10 帧中也会显示第 1 帧中的图形。

图 7-239　　　　　　　图 7-240　　　　　　　　　　图 7-241

单击工具箱下方的"填充颜色"按钮▣ ▢，在弹出的色彩框中选择橙色（#FF9900），这时，绿色图形的颜色发生变化，被修改为橙色，如图 7-242 所示。在"时间轴"面板中选中"图层_1"的第 1 帧，单击鼠标右键，在弹出的菜单中选择"创建补间形状"命令，如图 7-243 所示。在"时间轴"面板中，第 1 帧和第 10 帧之间将生成色彩变化动画，如图 7-244 所示。

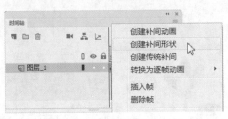
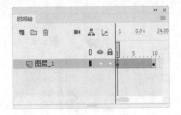

图 7-242　　　　　　　　图 7-243　　　　　　　　　图 7-244

在不同的关键帧中，花的颜色变化效果如图 7-245 所示。

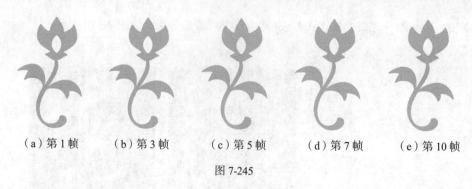

（a）第1帧　　（b）第3帧　　（c）第5帧　　（d）第7帧　　（e）第10帧

图 7-245

还可以应用渐变色来制作色彩变化动画，下面将进行介绍。

选择"窗口 > 颜色"命令，弹出"颜色"面板，在"颜色类型"选项的下拉列表中选择"径向渐变"选项，如图 7-246 所示。

在"颜色"面板中，在色带上选中左侧的颜色控制点，如图 7-247 所示；在面板中的颜色选择框中设置控制点的颜色；在颜色选择框右方的颜色明暗度调节框中，可通过拖动鼠标来设置颜色的明暗度，如图 7-248 所示，从而将第 1 个控制点设为紫色（#8348D4）。再选中右侧的颜色控制点，在颜色选择框和明暗度调节框中设置颜色，如图 7-249 所示，从而将第 2 个控制点设为红色（#FF0000）。

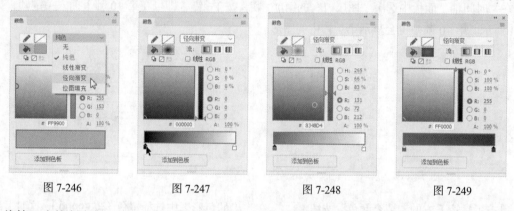

图 7-246　　　　　图 7-247　　　　　图 7-248　　　　　图 7-249

将第 2 个控制点向左拖动，如图 7-250 所示。选择"颜料桶"工具 ，选中"图层_1"的第 1 帧，在图形的上部单击鼠标左键，将以图形的上部为中心生成放射状渐变色，如图 7-251 所示。在"时间轴"面板中选中"图层_1"的第 10 帧，按 F6 键，即可在第 10 帧上插入关键帧，如图 7-252 所示。第 10 帧中也会显示第 1 帧中的图形。

图 7-250　　　　　图 7-251　　　　　图 7-252

选择"颜料桶"工具 ，在图形底部单击鼠标左键，将以图形底部为中心生成放射状渐变色，如

图 7-253 所示。在"时间轴"面板中选中第 1 帧，单击鼠标右键，在弹出的菜单中选择"创建补间形状"命令，如图 7-254 所示。

在"时间轴"面板中，第 1 帧和第 10 帧之间将生成色彩变化动画，如图 7-255 所示。

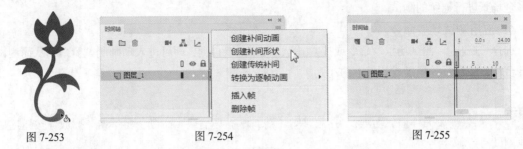

图 7-253　　　　　　　图 7-254　　　　　　　图 7-255

在不同的关键帧中，图形颜色的变化效果如图 7-256 所示。

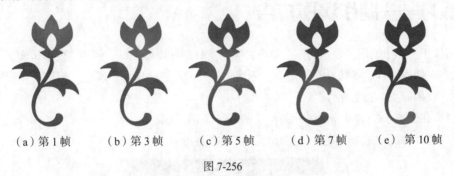

（a）第 1 帧　　（b）第 3 帧　　（c）第 5 帧　　（d）第 7 帧　　（e）第 10 帧

图 7-256

7.5.3　测试动画

在动画制作完成后，要对其进行测试。可以通过多种方法来测试动画。

1．应用时间轴面板

选择"窗口 > 时间轴"命令，打开"时间轴"面板，如图 7-257 所示。

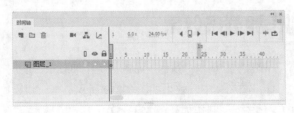

图 7-257

"转到第一帧"按钮 ：用于使动画返回第 1 帧并停止播放。

"后退一帧"按钮 ：用于使动画逐帧向后播放。

"播放"按钮 ：用于播放动画。

"前进一帧"按钮 ：用于使动画逐帧向前播放。

"转到最后一帧"按钮 ：用于使动画跳转到最后 1 帧并停止播放。

2．应用播放命令

选择"控制 > 播放"命令或按 Enter 键，即可浏览当前舞台中的动画。在"时间轴"面板中，可以看见播放头在运动，随着播放头的运动，舞台中将显示出播放头所经过的帧中的内容。

3．应用测试影片命令

选择"控制 > 测试影片"命令或按 Ctrl+Enter 组合键，即可进入动画测试窗口，从而对动画作品的多个场景进行连续的测试。

4．应用测试场景命令

选择"控制 > 测试场景"命令或按 Ctrl+Alt+Enter 组合键，即可进入动画测试窗口，从而测试当前舞台窗口中显示的场景或元件中的动画。

提示　如果需要循环播放动画，可以选择"控制 > 循环播放"命令，再单击"播放"按钮或应用其他测试命令。

课堂练习——制作汉堡广告

【练习知识要点】使用"导入到库"命令，导入素材制作图形元件；使用"变形"面板，改变实例图形的大小；使用"创建传统补间"命令，创建传统补间动画；使用"属性"面板，改变实例图形的不透明度，效果如图 7-258 所示。

【素材所在位置】Ch07 > 素材 > 制作汉堡广告 > 01 ~ 04。

【效果所在位置】Ch07 > 效果 > 制作汉堡广告.fla。

图 7-258

课后习题——制作加载条效果

【习题知识要点】使用"钢笔"工具和"颜色"面板，制作加载条；使用"逐帧"动画，制作数据变化效果；使用"文本"工具，添加文本，效果如图 7-259 所示。

【素材所在位置】Ch07 > 素材 > 制作加载条效果 > 01。

【效果所在位置】Ch07 > 效果 > 制作加载条效果.fla。

图 7-259

第**8**章　层与高级动画

本章介绍

层在 Animate CC 2019 中起着举足轻重的作用。只有掌握层的概念和熟练应用不同性质的层，才有可能真正成为操作 Animate 的高手。本章将详细介绍层的应用技巧和使用不同性质的层来制作高级动画的方法。通过对本章的学习，读者可以了解并掌握层的强大功能，并能充分利用层来为自己的动画设计作品增光添彩。

学习目标

- 掌握层的基本操作。
- 掌握引导层和运动引导层动画的制作方法。
- 掌握遮罩层的使用方法和应用技巧。
- 熟练运用分散到图层功能来编辑对象。
- 了解场景动画的创建和编辑方法。

技能目标

- 掌握"服装饰品类促销动画"的制作方法。
- 掌握"手表主图"的制作方法。
- 掌握"倒影文字效果"的制作方法。

8.1 层、引导层与运动引导层的动画

图层类似于叠在一起的透明纸，下面图层中的内容可以通过上面图层中不包含内容的区域透过来。除了普通图层，还有一种特殊类型的图层——引导层。在引导层中，可以像其他层一样绘制各种图形和引入元件等，但最终发布时引导层中的对象不会显示出来。

8.1.1 课堂案例——制作服装饰品类促销动画

【案例学习目标】使用运动引导层来制作花瓣飘落的动画效果。

【案例知识要点】使用"添加传统运动引导层"命令，添加引导层；使用"铅笔"工具，绘制曲线；使用"创建传统补间"命令，制作花瓣飘落的动画效果，效果如图 8-1 所示。

【效果所在位置】Ch08 > 效果 > 制作服装饰品类促销动画. fla。

图 8-1

1. 导入素材制作图形元件

（1）在欢迎页的"详细信息"选项组中，将"宽"选项设为 900，"高"选项设为 383；在"平台类型"选项的下拉列表中选择"ActionScript 3.0"选项，单击"创建"按钮，即可完成文档的创建。

（2）选择"文件 > 导入 > 导入到库"命令，在弹出的"导入到库"对话框中，选择本书学习资源中的"Ch08 > 素材 > 制作服装饰品类促销动画 > 01 ~ 06"文件，单击"打开"按钮，即可将文件导入"库"面板，如图 8-2 所示。

（3）按 Ctrl+F8 组合键，弹出"创建新元件"对话框，在"名称"选项的文本框中输入"花瓣 1"，在"类型"选项的下拉列表中选择"图形"选项，单击"确定"按钮，即可新建图形元件"花瓣 1"，如图 8-3 所示。舞台窗口也随之转换为图形元件的舞台窗口。将"库"面板中的位图"02"拖曳到舞台窗口中，并放置在适当的位置，如图 8-4 所示。

（4）用相同的方法将"库"面板中的位图"03""04""05""06"，分别制作成图形元件"花瓣 2""花瓣 3""花瓣 4""花瓣 5"，如图 8-5 所示。

图 8-2

图 8-3

图 8-4

图 8-5

2．制作影片剪辑元件

（1）按 Ctrl+F8 组合键，弹出"创建新元件"对话框，在"名称"选项的文本框中输入"花瓣动 1"，在"类型"选项的下拉列表中选择"影片剪辑"选项，如图 8-6 所示，单击"确定"按钮，即可新建影片剪辑元件"花瓣动 1"。舞台窗口也随之转换为影片剪辑元件的舞台窗口。

（2）在"图层_1"上单击鼠标右键，在弹出的菜单中选择"添加传统运动引导层"命令，即可为"图层_1"添加运动引导层，如图 8-7 所示。

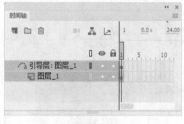

图 8-6　　　　　　　　　　　　　　　图 8-7

（3）选择"铅笔"工具 ✎，在工具箱中将"笔触颜色"设为红色（#FF0000）；单击工具箱下方的"铅笔模式"按钮，在弹出的列表中选择"平滑"选项 S；选中引导层的第 1 帧，在舞台窗口中绘制出 1 条曲线，如图 8-8 所示。选中引导层的第 40 帧，按 F5 键，即可插入普通帧，如图 8-9 所示。

图 8-8　　　　　　　　　　　　　　　图 8-9

（4）选中"图层_1"的第 1 帧，将"库"面板中的图形元件"花瓣 1"拖曳到舞台窗口中，并将其放置在曲线上方，效果如图 8-10 所示。

（5）选中"图层_1"的第 40 帧，按 F6 键，即可插入关键帧，如图 8-11 所示。选择"选择"工具 ▶，在舞台窗口中将"花瓣 1"实例拖曳到曲线下方的端点上，效果如图 8-12 所示。

图 8-10　　　　　　　　图 8-11　　　　　　　　图 8-12

（6）用鼠标右键单击"图层_1"的第 1 帧，在弹出的菜单中选择"创建传统补间"命令，即可在第 1 帧和第 40 帧之间生成动作补间动画，如图 8-13 所示。

（7）用上述方法将图形元件"花瓣 2""花瓣 3""花瓣 4""花瓣 5"分别制作成影片剪辑元件"花

瓣动 2""花瓣动 3""花瓣动 4""花瓣动 5"，如图 8-14 所示。

（8）按 Ctrl+F8 组合键，弹出"创建新元件"对话框，在"名称"选项的文本框中输入"一起动"，在"类型"选项的下拉列表中选择"影片剪辑"选项，单击"确定"按钮，即可新建影片剪辑元件"一起动"，如图 8-15 所示。舞台窗口也随之转换为影片剪辑元件的舞台窗口。

图 8-13

图 8-14

图 8-15

（9）将"库"面板中的影片剪辑元件"花瓣动 1"拖曳到舞台窗口中，如图 8-16 所示。选中"图层_1"的第 50 帧，按 F5 键，即可插入普通帧。

（10）单击"时间轴"面板上方的"新建图层"按钮，新建"图层_2"。选中"图层_2"的第 5 帧，按 F6 键，即可插入关键帧。将"库"面板中的影片剪辑元件"花瓣动 2"向舞台窗口中拖曳两次，如图 8-17 所示。

图 8-16   图 8-17

（11）单击"时间轴"面板上方的"新建图层"按钮，新建"图层_3"。选中"图层_3"的第 10 帧，按 F6 键，即可插入关键帧。将"库"面板中的影片剪辑元件"花瓣动 3"拖曳到舞台窗口中，如图 8-18 所示。

（12）单击"时间轴"面板上方的"新建图层"按钮，新建"图层_4"。选中"图层_4"的第 15 帧，按 F6 键，即可插入关键帧。将"库"面板中的影片剪辑元件"花瓣动 4"向舞台窗口中拖曳两次，如图 8-19 所示。

图 8-18   图 8-19

（13）单击"时间轴"面板上方的"新建图层"按钮，新建"图层_5"。选中"图层_5"的第 20 帧，按 F6 键，即可插入关键帧。将"库"面板中的影片剪辑元件"花瓣动 5"拖曳到舞台窗口中，如图 8-20 所示。

（14）单击舞台窗口左上方的"场景 1"图标 场景 1，即可进入"场景 1"的舞台窗口。将"图层_1"重命名为"底图"。将"库"面板中的位图"01"拖曳到舞台窗口中，如图 8-21 所示。

图 8-20

图 8-21

（15）在"时间轴"面板中创建新图层并将其命名为"花瓣"。将"库"面板中的影片剪辑元件"一起动"拖曳到舞台窗口中，并放置在适当的位置，如图 8-22 所示。服装饰品类促销动画制作完成，按 Ctrl+Enter 组合键即可查看效果，如图 8-23 所示。

图 8-22

图 8-23

8.1.2 层的设置

1. 层的下拉菜单

在"时间轴"面板中用鼠标右键单击图层名称，弹出下拉菜单，如图 8-24 所示。

"显示全部"命令：用于显示所有的隐藏图层和图层文件夹。

"锁定其他图层"命令：用于锁定除当前图层以外的所有图层。

"隐藏其他图层"命令：用于隐藏除当前图层以外的所有图层。

"显示其他透明图层"命令：用于显示除当前图层以外的其他透明图层。

"插入图层"命令：用于在当前图层上创建一个新的图层。

"删除图层"命令：用于删除当前图层。

"剪切图层"命令：用于将当前图层剪切到剪切板中。

"拷贝图层"命令：用于拷贝当前图层。

"粘贴图层"命令：用于粘贴所拷贝的图层。

"复制图层"命令：用于复制当前图层并生成一个复制图层。

"合并图层"命令：用于将选中的两个或两个以上的图层合并为一个图层。

"引导层"命令：用于将当前图层转换为普通引导层。

"添加传统运动引导层"命令：用于将当前图层转换为运动引导层。

"遮罩层"命令：用于将当前图层转换为遮罩层。

"显示遮罩"命令：用于在舞台窗口中显示遮罩效果。

"插入文件夹"命令：用于在当前图层上创建一个新的图层文件夹。

图 8-24

"删除文件夹"命令：用于删除当前的图层文件夹。

"展开文件夹"命令：用于展开当前的图层文件夹，显示出其包含的图层。

"折叠文件夹"命令：用于折叠当前的图层文件夹。

"展开所有文件夹"命令：用于展开"时间轴"面板中所有的图层文件夹，显示出其包含的图层。

"折叠所有文件夹"命令：用于折叠"时间轴"面板中所有的图层文件夹。

"属性"命令：用于设置图层的属性。

2．创建图层

为了分门别类地组织动画内容，需要创建普通图层。选择"插入 > 时间轴 > 图层"命令，可创建一个新的图层，或在"时间轴"面板上方单击"新建图层"按钮 ，也可创建一个新的图层。

> **提示** 系统默认状态下，新创建的图层将按"图层_1""图层_2"……的顺序进行命名，也可以根据需要自定义图层的名称。

3．选取图层

选取图层就是将需要的图层变为当前图层，用户可以在当前图层上放置对象、添加文本和图形或进行编辑。使图层成为当前图层的方法很简单，在"时间轴"面板中单击该图层即可。当前图层会在"时间轴"面板中以浅蓝色显示，如图 8-25 所示。

按住 Ctrl 键的同时，用鼠标在要选择的图层上单击，可以选择多个不相邻的图层，如图 8-26 所示。按住 Shift 键的同时，用鼠标单击两个图层，在这两个图层中间的其他图层也会被同时选中，如图 8-27 所示。

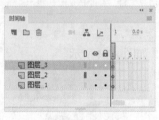
图 8-25

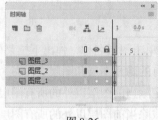
图 8-26

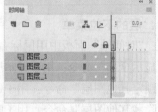
图 8-27

4．排列图层

可以根据需要，在"时间轴"面板中为图层重新排列顺序。

在"时间轴"面板中选中"图层_4"，如图 8-28 所示；按住鼠标不放，将"图层_4"向下拖曳，这时会出现一条左端带圆环的粗线，如图 8-29 所示；将粗线拖曳到"图层_3"的下方，松开鼠标，即可将"图层_4"移动到"图层_3"的下方，如图 8-30 所示。

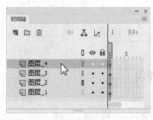
图 8-28

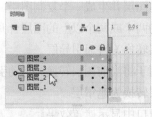
图 8-29

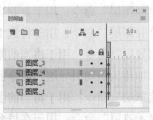
图 8-30

5. 复制、粘贴图层

可以根据需要，将图层中的所有对象复制并粘贴到其他图层或场景中。

在"时间轴"面板中单击要复制的图层，如图 8-31 所示，选择"编辑 > 时间轴 > 复制帧"命令或按 Ctrl+Alt+C 组合键，即可进行复制。在"时间轴"面板上方单击"新建图层"按钮 ，创建一个新的图层，选中新的图层，如图 8-32 所示；选择"编辑 > 时间轴 > 粘贴帧"命令或按 Ctrl+Alt+V 组合键，即可在新建的图层中粘贴复制过的内容，如图 8-33 所示。

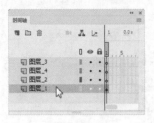 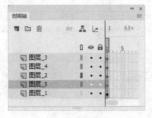 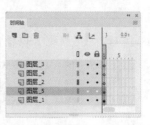

图 8-31   图 8-32   图 8-33

6. 删除图层

如果不再需要某个图层，可以将其删除。删除图层有以下两种方法：在"时间轴"面板中选中要删除的图层，单击该面板上方的"删除"按钮 ，如图 8-34 所示，松开鼠标左键，即可删除选中的图层；还可在"时间轴"面板中选中要删除的图层，按住鼠标左键不放，将其向上拖曳，这时会出现一条左端带圆环的粗线，将其拖曳到"删除"按钮 上，如图 8-35 所示，松开鼠标左键，即可删除选中的图层。

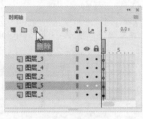 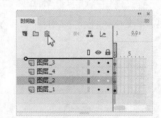

图 8-34   图 8-35

7. 隐藏图层、锁定图层和线框显示图层

（1）隐藏图层：动画经常是多个图层叠加在一起的效果，为了便于观察某个图层中对象的效果，可以先把其他的图层隐藏起来。

在"时间轴"面板中单击"显示或隐藏所有图层"按钮 下方的小黑圆点，这时小黑圆点所在的图层就会被隐藏，在该图层上将会显示出一个叉号 图标，如图 8-36 所示，此时该图层将不能被编辑。

在"时间轴"面板中单击"显示或隐藏所有图层"按钮 ，面板中的所有图层将同时被隐藏，如图 8-37 所示。再次单击此按钮，即可解除隐藏。

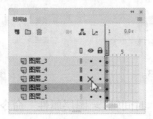 

图 8-36   图 8-37

（2）锁定图层：如果某个图层上的内容已符合要求，则可以锁定该图层，以避免内容被意外更改。

在"时间轴"面板中单击"锁定或解除锁定所有图层"按钮 🔒 下方的小黑圆点，这时小黑圆点所在的图层就会被锁定，在该图层上将会显示出一个锁状 🔒 图标，如图 8-38 所示，此时该图层将不能被编辑。

在"时间轴"面板中单击"锁定或解除锁定所有图层"按钮 🔒，面板中的所有图层将同时被锁定，如图 8-39 所示。再次单击此按钮，即可解除锁定。

图 8-38   图 8-39

（3）线框显示图层：为了便于观察图层中的对象，可以以线框的模式显示对象。

在"时间轴"面板中单击"将所有图层显示为轮廓"按钮 ▢ 下方的实色矩形，这时实色矩形所在图层中的对象就以线框模式显示，在该图层上实色矩形变为线框 ▢ 图标，如图 8-40 所示，此时并不影响编辑图层。

在"时间轴"面板中单击"将所有图层显示为轮廓"按钮 ▢，面板中的所有图层将同时以线框模式显示，如图 8-41 所示。再次单击此按钮，即可返回普通模式。

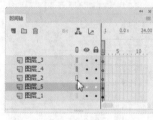
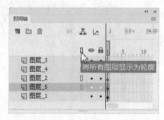

图 8-40   图 8-41

8．重命名图层

可以根据需要更改图层的名称，更改图层名称有以下两种方法。

（1）双击"时间轴"面板中的图层名称，名称变为可编辑状态，如图 8-42 所示；输入要更改的图层名称，如图 8-43 所示；在图层旁边单击鼠标，即可完成图层名称的修改，如图 8-44 所示。

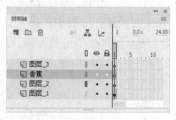

图 8-42   图 8-43   图 8-44

（2）还可选中要修改名称的图层，选择"修改 > 时间轴 > 图层属性"命令，在弹出的"图层属性"对话框中修改图层的名称。

8.1.3 图层文件夹

可以在"时间轴"面板中创建图层文件夹来组织和管理图层，这样"时间轴"面板中的图层的层次结构将非常清晰。

1. 创建图层文件夹

选择"插入 > 时间轴 > 图层文件夹"命令，在"时间轴"面板中创建图层文件夹，如图 8-45 所示。还可单击"时间轴"面板上方的"新建文件夹"按钮，如图 8-46 所示，松开鼠标，即可在"时间轴"面板中创建图层文件夹。

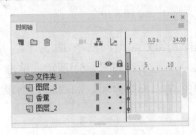

图 8-45

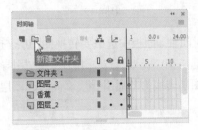

图 8-46

2. 删除图层文件夹

在"时间轴"面板中选中要删除的图层文件夹，单击面板上方的"删除"按钮，如图 8-47 所示，松开鼠标，即可删除图层文件夹。还可在"时间轴"面板中选中要删除的图层文件夹，按住鼠标左键不放，将其向上拖曳，这时会出现一条左端带圆环的粗线，将其拖曳到"删除"按钮上，如图 8-48 所示，松开鼠标左键，即可删除图层文件夹。

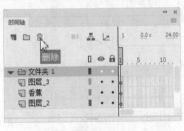

图 8-47

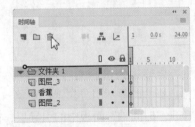

图 8-48

8.1.4 普通引导层

普通引导层主要用于为其他图层提供辅助绘图和绘图定位功能，引导层中的图形在影片播放时不会显示。

1. 创建普通引导层

用鼠标右键单击"时间轴"面板中的某个图层，在弹出的菜单中选择"引导层"命令，如图 8-49 所示，该图层将转换为普通引导层。此时，图层前面的图标变为，如图 8-50 所示。

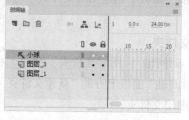

图 8-49   图 8-50

　　还可在"时间轴"面板中选中要转换的图层，选择"修改 > 时间轴 > 图层属性"命令，弹出"图层属性"对话框，在"类型"选项组中选择"引导层"单选项，如图 8-51 所示，单击"确定"按钮，即可将选中的图层转换为普通引导层。此时，图层前面的图标变为 ，如图 8-52 所示。

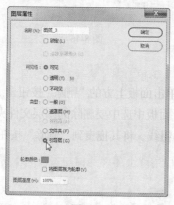

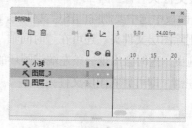

图 8-51   图 8-52

2. 将普通引导层转换为普通图层

　　如果需要在播放影片时显示引导层上的对象，还可将引导层转换为普通图层。

　　用鼠标右键单击"时间轴"面板中的引导层，在弹出的菜单中选择"引导层"命令，如图 8-53 所示，引导层将转换为普通图层。此时，图层前面的图标变为 ，如图 8-54 所示。

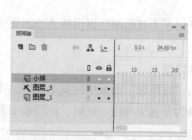

图 8-53   图 8-54

还可在"时间轴"面板中选中引导层，选择"修改 > 时间轴 > 图层属性"命令，弹出"图层属性"对话框，在"类型"选项组中选择"一般"单选项，如图 8-55 所示，单击"确定"按钮，即可将选中的引导层转换为普通图层。此时，图层前面的图标变为 ，如图 8-56 所示。

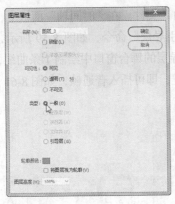

图 8-55

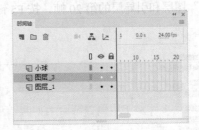

图 8-56

8.1.5　运动引导层

运动引导层的作用是设置对象运动路径的导向，使与之相链接的被引导层中的对象沿着路径运动，运动引导层上的路径在播放动画时不显示。在引导层上还可创建多个运动轨迹，以引导被引导层中的多个对象沿不同的路径运动。要创建按照任意轨迹运动的动画就需要添加运动引导层，但创建运动引导层动画时的要求是使用动作补间动画，而形状补间动画不可用。

1．创建运动引导层

用鼠标右键单击"时间轴"面板中要添加引导层的图层，在弹出的菜单中选择"添加传统运动引导层"命令，如图 8-57 所示，即可为图层添加运动引导层。此时引导层名称的前面出现图标 ，如图 8-58 所示。

图 8-57

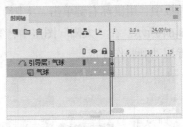

图 8-58

> **提示**　一个引导层可以引导多个图层上的对象按运动路径运动。如果要将多个图层变成某一个运动引导层的被引导层，只需在"时间轴"面板上将要变成被引导层的图层拖曳至引导层下方即可。

2．将运动引导层转换为普通图层

将运动引导层转换为普通图层的方法与将普通引导层转换为普通图层的方法一样，这里不再赘述。

3．应用运动引导层制作动画

打开本书学习资源中的"基础素材 > Ch08 > 01"文件。在"时间轴"面板中，用鼠标右键单击"太阳"图层，在弹出的菜单中选择"添加传统运动引导层"命令，如图 8-59 所示，即可为"太阳"图层添加运动引导层。选择"钢笔"工具 ✐，在引导层的舞台窗口中绘制 1 条曲线，如图 8-60 所示。分别选中"底图"图层和引导层的第 20 帧，按 F5 键，即可插入普通帧，如图 8-61 所示。

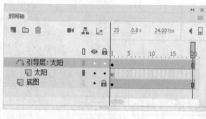

图 8-59　　　　　　　　图 8-60　　　　　　　　图 8-61

选中"太阳"图层的第 1 帧，将"库"面板中的图形元件"02"拖曳到舞台窗口中，并放置在弧线的左方端点上，如图 8-62 所示。选中"太阳"图层的第 20 帧，按 F6 键，即可插入关键帧。在舞台窗口中将"02"实例拖曳到弧线的右方端点上，如图 8-63 所示。

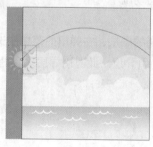
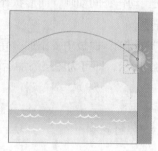

图 8-62　　　　　　　　　　图 8-63

在"时间轴"面板中，用鼠标右键单击"太阳"图层的第 1 帧，在弹出的菜单中选择"创建传统补间"命令，如图 8-64 所示。在"太阳"图层中，第 1 帧和第 20 帧之间将生成动作补间动画，如图 8-65 所示。运动引导层动画制作完成。

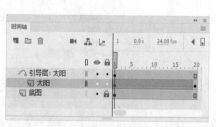

图 8-64　　　　　　　　　　图 8-65

在不同的帧中，动画显示的效果如图 8-66 所示。按 Ctrl+Enter 组合键，即可测试动画效果。在动画中，弧线将不会显示出来。

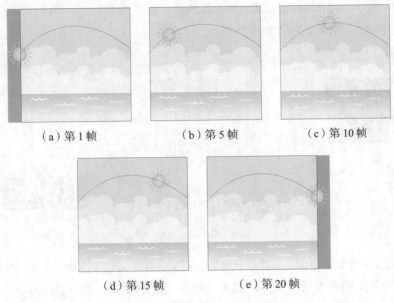

（a）第 1 帧　　　　　（b）第 5 帧　　　　　（c）第 10 帧

（d）第 15 帧　　　　　（e）第 20 帧

图 8-66

8.2　遮罩层与遮罩的动画制作

遮罩层就像一块不透明的板，如果要看到它下面的图像，只能在板上挖"洞"，而遮罩层中有对象的地方就可看成是"洞"，通过这个"洞"，可将被遮罩层中的对象显示出来。

8.2.1　课堂案例——制作手表主图

【案例学习目标】使用"遮罩层"命令来制作遮罩动画。

【案例知识要点】使用"矩形"工具，绘制矩形块；使用"创建补间形状"命令，制作形状补间动画效果；使用"遮罩层"命令，制作遮罩动画效果，效果如图 8-67 所示。

【效果所在位置】Ch08 > 效果 > 制作手表主图. fla。

1. 导入素材并制作图形元件

（1）在欢迎页的"详细信息"选项组中，将"宽"选项设为 800，"高"选项设为 800；在"平台类型"选项的下拉列表中选择"ActionScript 3.0"选项，单击"创建"按钮，即可完成文档的创建。按 Ctrl+J 组合键，弹

图 8-67

出"文档设置"对话框，将"舞台颜色"设为橘黄色（#FFCC00），单击"确定"按钮，即可完成舞台颜色的修改。

（2）选择"文件 > 导入 > 导入到库"命令，在弹出的"导入到库"对话框中，选择本书学习资源中的"Ch08 > 素材 > 制作手表主图 > 01 ~ 03"文件，单击"打开"按钮，即可将文件导入"库"面板，如图 8-68 所示。

（3）按 Ctrl+F8 组合键，弹出"创建新元件"对话框，在"名称"选项的文本框中输入"点击抢购"，在"类型"选项的下拉列表中选择"按钮"选项，单击"确定"按钮，即可新建按钮元件"点击抢购"，如图 8-69 所示。舞台窗口也随之转换为按钮元件的舞台窗口。将"库"面板中的位图"03"拖曳到舞台窗口中的适当位置，如图 8-70 所示。

图 8-68

图 8-69

图 8-70

（4）按 Ctrl+F8 组合键，弹出"创建新元件"对话框，在"名称"选项的文本框中输入"价位"，在"类型"选项的下拉列表中选择"图形"选项，单击"确定"按钮，即可新建图形元件"价位"，如图 8-71 所示。舞台窗口也随之转换为图形元件的舞台窗口。

（5）选择"文本"工具 T，在文本工具"属性"面板中进行设置，在舞台窗口中的适当位置输入字号为 93、字体为"Impact"的白色文字，文字效果如图 8-72 所示。然后在舞台窗口中输入字号为 42、字体为"方正兰亭粗黑简体"的白色文字，文字效果如图 8-73 所示。

图 8-71

图 8-72

图 8-73

（6）按 Ctrl+F8 组合键，弹出"创建新元件"对话框，在"名称"选项的文本框中输入"文字"，在"类型"选项的下拉列表中选择"图形"选项，单击"确定"按钮，即可新建图形元件"文字"，如图 8-74 所示。舞台窗口也随之转换为图形元件的舞台窗口。

（7）选择"基本矩形"工具 □，在基本矩形工具"属性"面板中，将"笔触颜色"设为无，"填充颜色"设为金色（#E3A378），其他选项的设置如图 8-75 所示。在舞台中绘制 1 个矩形，保持矩形的被选中状态，在矩形图元"属性"面板中，将"宽"选项设为 371，"高"选项设为 46，"X"选项和"Y"选项均设为 0，效果如图 8-76 所示。

图 8-74

图 8-75

图 8-76

（8）选择"文本"工具 T ，在文本工具"属性"面板中进行设置，在舞台窗口中的适当位置输入字号为 30、字体为"方正兰亭黑简体"的黑色文字，文字效果如图 8-77 所示。

（9）按 Ctrl+F8 组合键，弹出"创建新元件"对话框，在"名称"选项的文本框中输入"高光动"，在"类型"选项的下拉列表中选择"影片剪辑"选项，单击"确定"按钮，即可新建影片剪辑元件"高光动"，如图 8-78 所示。舞台窗口也随之转换为影片剪辑元件的舞台窗口。

（10）选择"矩形"工具 ，在工具箱中将"笔触颜色"设为无，"填充颜色"设为白色；单击工具箱下方的"对象绘制"按钮 ，在舞台窗口中绘制多个矩形，效果如图 8-79 所示。

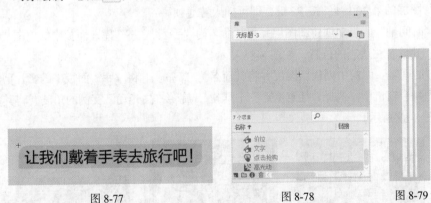

图 8-77

图 8-78

图 8-79

（11）按 Ctrl+A 组合键，将舞台窗口中的图形全部选中，如图 8-80 所示。按 F8 键，在弹出的"转换为元件"对话框中进行设置，如图 8-81 所示，单击"确定"按钮，即可将其转换为图形元件。

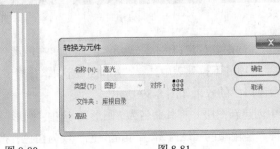

图 8-80

图 8-81

（12）分别选中"图层_1"的第 40 帧、第 80 帧，按 F6 键，即可插入关键帧。选中"图层_1"的第 40 帧，在舞台窗口中将"高光"实例水平向右拖曳到适当的位置，如图 8-82 所示。

（13）分别用鼠标右键单击"图层_1"的第 1 帧、第 40 帧，在弹出的菜单中选择"创建传统补间"命令，即可生成补间动画。

（14）在"时间轴"面板中，用鼠标右键单击"图层_1"，在弹出的菜单中选择"复制图层"命令，即可直接复制图层并生成"图层_1_复制"，如图 8-83 所示。保持所有帧的被选中状态，将所有帧向后拖曳至与"图层_1"间隔 20 帧的位置，如图 8-84 所示。

图 8-82

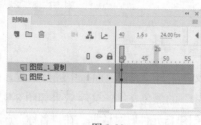
图 8-83

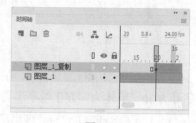
图 8-84

2．制作场景动画

（1）单击舞台窗口左上方的"场景 1"图标 场景 1 ，即可进入"场景 1"的舞台窗口。将"图层_1"重命名为"底图"。将"库"面板中的位图"01"拖曳到舞台窗口的中心位置，如图 8-85 所示。选中"底图"图层的第 200 帧，按 F5 键，即可插入普通帧。

（2）在"时间轴"面板中创建新图层并将其命名为"手表"。将"库"面板中的位图"02"拖曳到舞台窗口中，并放置在适当的位置，如图 8-86 所示。

（3）在"时间轴"面板中创建新图层并将其命名为"高光"。将"库"面板中的影片剪辑元件"高光动"拖曳到舞台窗口中。选择"任意变形"工具 ，旋转"高光动"实例的角度并将其拖曳到适当的位置，如图 8-87 所示。

图 8-85

图 8-86

图 8-87

（4）选择"选择"工具 ，选中舞台窗口中的"高光动"实例，在图形"属性"面板中，选择"色彩效果"选项组，在"样式"选项的下拉列表中选择"Alpha"选项，并将"Alpha 数量"设为 20，相关设置如图 8-88 所示，舞台窗口中的效果如图 8-89 所示。

（5）在"时间轴"面板中创建新图层并将其命名为"圆形"。选中"圆形"图层的第 1 帧，选择"椭圆"工具 ，在工具箱中将"笔触颜色"设为无，"填充颜色"设为白色；按住 Shift 键的同时，在舞台窗口中绘制 1 个圆形，如图 8-90 所示。

图 8-88　　　　　　　　　图 8-89　　　　　　　　　图 8-90

（6）用鼠标右键单击"圆形"图层，在弹出的菜单中选择"遮罩层"命令，即可将"圆形"图层设为遮罩层，"高光"图层为被遮罩层，如图 8-91 所示，舞台窗口中的效果如图 8-92 所示。

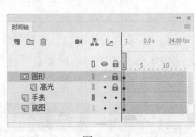

图 8-91　　　　　　　　　　　图 8-92

（7）在"时间轴"面板中创建新图层并将其命名为"文字 1"。选择"文本"工具 T，在文本工具"属性"面板中进行设置，在舞台窗口中的适当位置输入字号为 30、字体为"方正兰亭黑简体"的白色文字，文字效果如图 8-93 所示。

（8）在"时间轴"面板中创建新图层并将其命名为"遮罩 1"。选择"矩形"工具 □，在工具箱中将"笔触颜色"设为无，"填充颜色"设为橘黄色（#FFCC00）；在舞台窗口中绘制 1 个矩形，如图 8-94 所示。

（9）选中"遮罩 1"图层的第 15 帧，按 F6 键，即可插入关键帧。选择"任意变形"工具 ，在矩形周围将出现控制点；按住 Alt 键的同时，选中矩形右侧中间的控制点并将其向右拖曳到适当的位置，从而改变矩形的宽度，效果如图 8-95 所示。

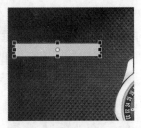

图 8-93　　　　　　　　　图 8-94　　　　　　　　　图 8-95

（10）用鼠标右键单击"遮罩 1"图层的第 1 帧，在弹出的菜单中选择"创建补间形状"命令，即可生成形状补间动画，如图 8-96 所示。用鼠标右键单击"遮罩 1"图层，在弹出的菜单中选择"遮罩层"命令，即可将"遮罩 1"图层设为遮罩层，"文字 1"图层为被遮罩层，如图 8-97 所示。

185

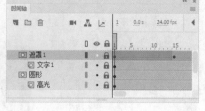

图 8-96 图 8-97

（11）在"时间轴"面板中创建新图层并将其命名为"文字 2"。选中"文字 2"图层的第 15 帧，按 F6 键，即可插入关键帧。选择"文本"工具 $\boxed{T}$，在文本工具"属性"面板中进行设置，在舞台窗口中的适当位置输入字号为 95、字体为"汉仪菱心体简"的金色（#E3A378）文字，文字效果如图 8-98 所示。

（12）在"时间轴"面板中创建新图层并将其命名为"遮罩 2"。选中"遮罩 2"图层的第 15 帧，按 F6 键，即可插入关键帧。选择"矩形"工具 $\boxed{\square}$，在工具箱中将"笔触颜色"设为无，"填充颜色"设为橘黄色（#FFCC00）；在舞台窗口中绘制 1 个矩形，如图 8-99 所示。

（13）选中"遮罩 2"图层的第 30 帧，按 F6 键，即可插入关键帧。选择"任意变形"工具 $\boxed{\text{口}}$，在矩形周围将出现控制点；按住 Alt 键的同时，选中矩形右侧中间的控制点并将其向右拖曳到适当的位置，从而改变矩形的宽度，效果如图 8-100 所示。

图 8-98 图 8-99 图 8-100

（14）用鼠标右键单击"遮罩 2"图层的第 15 帧，在弹出的菜单中选择"创建补间形状"命令，即可生成形状补间动画。用鼠标右键单击"遮罩 2"图层，在弹出的菜单中选择"遮罩层"命令，即可将"遮罩 2"图层设为遮罩层，"文字 2"图层为被遮罩层。

（15）在"时间轴"面板中创建新图层并将其命名为"文字 3"。选中"文字 3"图层的第 30 帧，按 F6 键，即可插入关键帧。将"库"面板中的图形元件"文字"拖曳到舞台窗口中，并放置在适当的位置，如图 8-101 所示。

（16）选中"文字 3"图层的第 40 帧，按 F6 键，即可插入关键帧。选中"文字 3"图层的第 30 帧，在舞台窗口中将"文字"实例垂直向下拖曳到适当的位置，如图 8-102 所示。在图形"属性"面板中，选择"色彩效果"选项组，在"样式"选项的下拉列表中选择"Alpha"选项，并将"Alpha 数量"设为 0，效果如图 8-103 所示。

图 8-101 图 8-102 图 8-103

（17）用鼠标右键单击"文字 3"图层的第 30 帧，在弹出的菜单中选择"创建传统补间"命令，即可生成传统补间动画。

（18）在"时间轴"面板中创建新图层并将其命名为"价位"。选中"价位"图层的第 30 帧，按 F6 键，即可插入关键帧。将"库"面板中的图形元件"价位"拖曳到舞台窗口中，并放置在适当的位置，如图 8-104 所示。

（19）选中"价位"图层的第 40 帧，按 F6 键，即可插入关键帧。选中"价位"图层的第 30 帧，在舞台窗口中选中"价位"实例，在图形"属性"面板中，选择"色彩效果"选项组，在"样式"选项的下拉列表中选择"Alpha"选项，并将"Alpha 数量"设为 0，相关设置如图 8-105 所示，舞台窗口中的效果如图 8-106 所示。

图 8-104　　　　　　　　　　　　　图 8-105　　　　　　　　　　　　图 8-106

（20）用鼠标右键单击"价位"图层的第 30 帧，在弹出的菜单中选择"创建传统补间"命令，即可生成传统补间动画。

（21）在"时间轴"面板中创建新图层并将其命名为"点击抢购"。选中"点击抢购"图层的第 40 帧，按 F6 键，即可插入关键帧。将"库"面板中的按钮元件"点击抢购"拖曳到舞台窗口中，并放置在适当的位置，如图 8-107 所示。

（22）选中"点击抢购"图层的第 50 帧，按 F6 键，即可插入关键帧。选中"点击抢购"图层的第 40 帧，在舞台窗口中将"点击抢购"实例垂直向下拖曳到适当的位置，如图 8-108 所示。在图形"属性"面板中，选择"色彩效果"选项组，在"样式"选项的下拉列表中选择"Alpha"选项，并将"Alpha 数量"设为 0，效果如图 8-109 所示。

图 8-107　　　　　　　　　　　　图 8-108　　　　　　　　　　　　图 8-109

（23）用鼠标右键单击"点击抢购"图层的第 40 帧，在弹出的菜单中选择"创建传统补间"命令，即可生成传统补间动画。手表主图制作完成，按 Ctrl+Enter 组合键，即可查看效果。

8.2.2　遮罩层

1．创建遮罩层

要创建遮罩动画首先要创建遮罩层。在"时间轴"面板中，用鼠标右键单击要转换为遮罩层的图层，在弹出的菜单中选择"遮罩层"命令，如图 8-110 所示；选中的图层将转换为遮罩层，其下方的图层自动转换为被遮罩层，并且它们都自动被锁定，如图 8-111 所示。

图 8-110

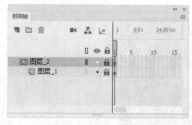

图 8-111

提示　如果想解除遮罩，只需单击"时间轴"面板上遮罩层或被遮罩层上的图标 🔒 即可。遮罩层中的对象可以是图形、文字、元件的实例等，但不显示位图、渐变色、透明色和线条。一个遮罩层可以作为多个图层的遮罩层，如果要将一个普通图层变为某个遮罩层的被遮罩层，只需将此图层拖曳至遮罩层下方即可。

2．将遮罩层转换为普通图层

在"时间轴"面板中，用鼠标右键单击要转换的遮罩层，在弹出的菜单中选择"遮罩层"命令，如图 8-112 所示，遮罩层即可转换为普通图层，如图 8-113 所示。

图 8-112

图 8-113

8.2.3　静态遮罩动画

打开本书学习资源中的"基础素材 > Ch08 > 02"文件，如图 8-114 所示。在"时间轴"面板上方单击"新建图层"按钮 ，创建新的图层"图层_3"，如图 8-115 所示。将"库"面板中的图形元件"02"拖曳到舞台窗口中的适当位置，如图 8-116 所示。

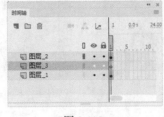
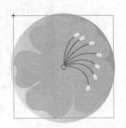

图 8-114　　　　　　　　　图 8-115　　　　　　　　　图 8-116

在"时间轴"面板中，用鼠标右键单击"图层_3"，在弹出的菜单中选择"遮罩层"命令，如图 8-117 所示；"图层_3"将转换为遮罩层，"图层_1"将转换为被遮罩层，两个图层被自动锁定，如图 8-118 所示。舞台窗口中图形的遮罩效果如图 8-119 所示。

图 8-117　　　　　　　　　图 8-118　　　　　　　　　图 8-119

8.2.4　动态遮罩动画

打开本书学习资源中的"基础素材 > Ch08 > 03"文件，如图 8-120 所示。选中"剪影"图层的第 20 帧，按 F5 键，即可插入普通帧，如图 8-121 所示。

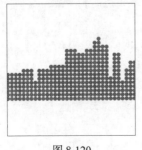
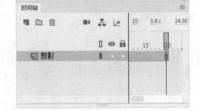

图 8-120　　　　　　　　　　图 8-121

189

在"时间轴"面板中创建新图层并将其命名为"图片"。将"库"面板中的图形元件"图片"拖曳到舞台窗口中，并放置在适当的位置，如图 8-122 所示。选中"图片"图层的第 20 帧，按 F6 键，即可插入关键帧。在舞台窗口中将"图片"实例水平向左拖曳到适当的位置，如图 8-123 所示。

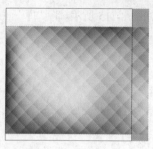
图 8-122

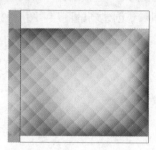
图 8-123

用鼠标右键单击"图片"图层的第 1 帧，在弹出的菜单中选择"创建传统补间"命令，即可生成传统补间动画，如图 8-124 所示。将"图片"图层拖曳到"剪影"图层的下方，如图 8-125 所示，效果如图 8-126 所示。

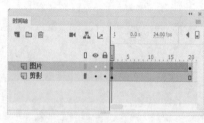
图 8-124

图 8-125

图 8-126

用鼠标右键单击"剪影"图层，在弹出的菜单中选择"遮罩层"命令，如图 8-127 所示，即可将"剪影"图层转换为遮罩层，将"图片"图层转换为被遮罩层，如图 8-128 所示。动态遮罩动画制作完成，按 Ctrl+Enter 组合键，即可测试动画效果。

图 8-127

图 8-128

在不同的帧中，动画显示的效果如图 8-129 所示。

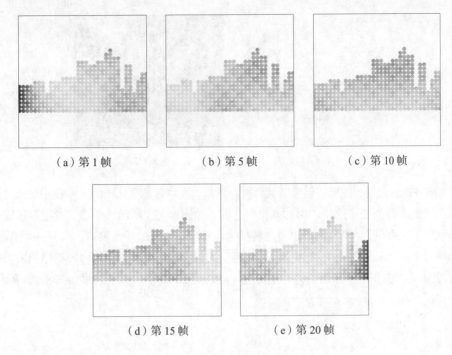

（a）第 1 帧　　　　　　（b）第 5 帧　　　　　　（c）第 10 帧

（d）第 15 帧　　　　　　（e）第 20 帧

图 8-129

8.3　分散到图层

"分散到图层"命令可将同一图层中的多个对象分散到多个图层中。

8.3.1　课堂案例——制作倒影文字效果

【案例学习目标】使用"分散到图层"命令将文字分散到各图层中来制作动画效果。

【案例知识要点】使用"文本"工具，添加文字；使用"转换为元件"命令，将文字转换为元件；使用"分散到图层"命令，将图层中的对象分散到独立层；使用"创建传统补间"命令，制作文字动画效果，如图 8-130 所示。

图 8-130

【效果所在位置】Ch08 > 效果 > 制作倒影文字效果.fla。

1. 导入背景图片并制作影片剪辑

（1）在欢迎页的"详细信息"选项组中，将"宽"选项设为 700，"高"选项设为 600；在"平台类型"选项的下拉列表中选择"ActionScript 3.0"选项，单击"创建"按钮，即可完成文档的创建。

（2）将"图层_1"重命名为"底图"，如图 8-131 所示。选择"文件 > 导入 > 导入到舞台"命令，在弹出的"导入"对话框中，选择本书学习资源中的"Ch08 > 素材 > 制作倒影文字效果 > 01"文件，单击"打开"按钮，文件将被导入舞台窗口，如图 8-132 所示。

图 8-131 图 8-132

（3）按 Ctrl+F8 组合键，弹出"创建新元件"对话框，在"名称"选项的文本框中输入"文字动"，在"类型"选项的下拉列表中选择"影片剪辑"选项，如图 8-133 所示，单击"确定"按钮，即可新建影片剪辑元件"文字动"。舞台窗口也随之转换为影片剪辑元件的舞台窗口。

（4）选择"文本"工具 T，在文本工具"属性"面板中进行设置，在舞台窗口中的适当位置输入字号为 75、字体为"方正兰亭粗黑简体"的红色（#FF0101）文字，文字效果如图 8-134 所示。

图 8-133 图 8-134

（5）选择"选择"工具 ，选中文字，按 Ctrl+T 组合键，弹出"变形"面板，将"缩放宽度"选项设为 83.6%，"缩放高度"选项设为 100%，如图 8-135 所示；按 Enter 键确认，效果如图 8-136 所示。

图 8-135 图 8-136

（6）保持文字的被选中状态，按 Ctrl+B 组合键，将文字打散，如图 8-137 所示。选中图 8-138 所示的文字。

图 8-137 图 8-138

（7）按 F8 键，在弹出的"转换为元件"对话框中进行设置，如图 8-139 所示，单击"确定"按钮，即可将选中的文字转换为图形元件，如图 8-140 所示。

图 8-139　　　　　　　　　　　　　　　　　图 8-140

（8）选中文字"限"，如图 8-141 所示；按 F8 键，在弹出的"转换为元件"对话框中进行设置，如图 8-142 所示，单击"确定"按钮，文字将转换为图形元件。用上述方法将其他文字转换为图形元件，如图 8-143 所示。

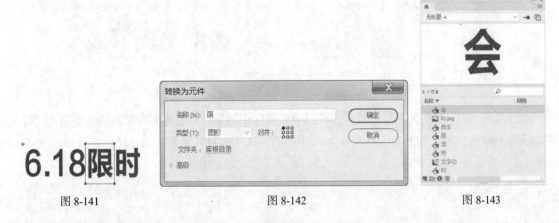

图 8-141　　　　　　　　　　　　图 8-142　　　　　　　　　　　　图 8-143

（9）按 Ctrl+A 组合键，将舞台窗口中的所有实例选中，如图 8-144 所示。按 Ctrl+Shift+D 组合键，将选中的对象分散到独立层，"时间轴"面板如图 8-145 所示。在"时间轴"面板中删除"图层_1"。

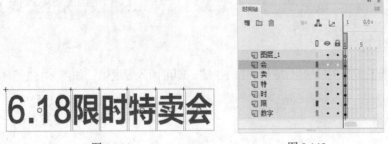

图 8-144　　　　　　　　　　　　图 8-145

（10）分别选中所有图层的第 15 帧、第 25 帧，按 F6 键，即可插入关键帧，如图 8-146 所示。选中"会"图层的第 15 帧，在舞台窗口中选中所有实例，并将其垂直向上拖曳到适当的位置，如图 8-147 所示。

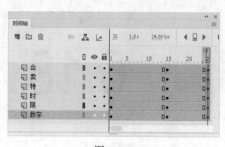

图 8-146   图 8-147

（11）分别用鼠标右键单击所有图层的第 1 帧，在弹出的菜单中选择"创建传统补间"命令，即可生成传统补间动画，如图 8-148 所示。分别用鼠标右键单击所有图层的第 15 帧，在弹出的菜单中选择"创建传统补间"命令，即可生成传统补间动画，如图 8-149 所示。

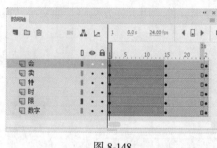
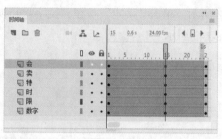

图 8-148   图 8-149

（12）单击"限"图层的图层名称，即可选中该图层中的所有帧，将所有帧向后拖曳至与"数字"图层间隔 5 帧的位置，如图 8-150 所示。用相同的方法依次对其他图层进行操作，效果如图 8-151所示。

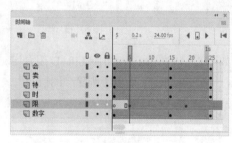
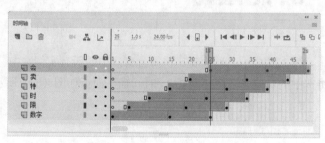

图 8-150   图 8-151

（13）分别选中所有图层的第 70 帧，按 F5 键，即可插入普通帧，如图 8-152 所示。

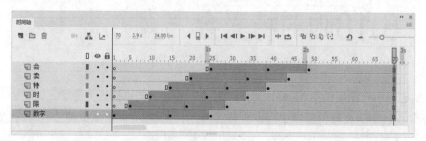

图 8-152

2．添加文字

（1）单击舞台窗口左上方的"场景 1"图标 场景 1，即可进入"场景 1"的舞台窗口。在"时间轴"面板中创建新图层并将其命名为"文字"。选择"文本"工具 T，在文本工具"属性"面板中进行设置，在舞台窗口中的适当位置输入字号为 53、字体为"方正兰亭粗黑简体"的白色文字，文字效果如图 8-153 所示。

（2）在舞台窗口中的适当位置输入字号为 63、字体为"方正兰亭粗黑简体"的白色文字，文字效果如图 8-154 所示。

（3）选择"矩形"工具 □，在矩形工具"属性"面板中，将"笔触颜色"设为白色，"填充颜色"设为无，"笔触"选项设为 1；单击"对象绘制"按钮 ◎，在舞台窗口中绘制 1 个矩形，效果如图 8-155 所示。

|图 8-153|图 8-154|图 8-155|

（4）在"时间轴"面板中创建新图层并将其命名为"白色矩形"。在工具箱中将"笔触颜色"设为无，"填充颜色"设为白色；在舞台窗口中绘制 1 个矩形，效果如图 8-156 所示。

（5）在"时间轴"面板中创建新图层并将其命名为"文字 2"。选择"文本"工具 T，在文本工具"属性"面板中进行设置，在舞台窗口中的适当位置输入字号为 23、字间距为 2、字体为"方正兰亭黑简体"的黑色文字，文字效果如图 8-157 所示。

（6）在"时间轴"面板中创建新图层并将其命名为"标题文字"。将"库"面板中的影片剪辑元件"文字动"拖曳到舞台窗口中，并放置在适当的位置，如图 8-158 所示。

|图 8-156|图 8-157|图 8-158|

（7）选择"选择"工具 ▶，在舞台窗口中选中"文字动"实例，按住 Alt+Shift 组合键的同时，垂直向下拖曳"文字动"实例到适当的位置，即可复制实例，效果如图 8-159 所示。保持实例的被选中状态，选择"修改 > 变形 > 垂直翻转"命令，即可将其垂直翻转，效果如图 8-160 所示。

（8）保持实例的被选中状态，在图形"属性"面板中，选择"色彩效果"选项组，在"样式"选项的下拉列表中选择"Alpha"选项，并将"Alpha 数量"设为 20，舞台窗口中的效果如图 8-161 所示。

倒影文字效果制作完成，按 Ctrl+Enter 组合键即可查看效果。

图 8-159

图 8-160

图 8-161

8.3.2　分散到图层

新建空白文档，选择"文本"工具 T，在"图层_1"的舞台窗口中输入英文"Animate"，如图 8-162 所示。选中英文，按 Ctrl+B 组合键，将文字打散，如图 8-163 所示。选择"修改 > 时间轴 > 分散到图层"命令，即可将"图层_1"中的文字分散到不同的图层中并按字母设定图层名，如图 8-164 所示。

图 8-162

图 8-163

图 8-164

提示　将文字分散到不同的图层中后，"图层_1"中没有任何对象。

8.4　场景动画

制作多场景动画，首先要创建场景，然后在场景中制作动画。在播放影片时，将按照场景排列次序依次播放各场景中的动画。所以，在播放影片前还要调整场景的排列次序或删除无用的场景。

8.4.1　创建场景

选择"窗口 > 场景"命令或按 Shift+F2 组合键，打开"场景"面板，如图 8-165 所示。单击"添加场景"按钮 ，即可创建新的场景，如图 8-166 所示。如果需要复制场景，可以选中要复制的场景，单击"重制场景"按钮 ，即可进行复制，如图 8-167 所示。

还可选择"插入 > 场景"命令来创建新的场景。

图 8-165　　　　　　　图 8-166　　　　　　　图 8-167

8.4.2　选择当前场景

在制作多场景动画时常常需要修改某场景中的动画，此时应该将该场景设置为当前场景。

单击舞台窗口上方的"编辑场景"按钮 ，在弹出的下拉列表中选择要编辑的场景，如图 8-168 所示。

图 8-168

8.4.3　调整场景动画的播放次序

在制作多场景动画时常常需要设置各个场景的动画播放的先后顺序。

选择"窗口 > 场景"命令，打开"场景"面板。在面板中选中要改变顺序的"场景 3"，如图 8-169 所示，将其拖曳到"场景 2"的上方，这时会出现一个场景图标，并在"场景 2"上方出现一条左端带圆环的绿线，其所在位置就是"场景 3"移动后的位置，如图 8-170 所示。松开鼠标，"场景 3"移动到"场景 2"的上方，如图 8-171 所示，这就表示在播放场景动画时，"场景 3"中的动画会先于"场景 2"中的动画播放。

图 8-169　　　　　　　图 8-170　　　　　　　图 8-171

8.4.4　删除场景

在制作动画的过程中，可以将无用的场景删除。

选择"窗口 > 场景"命令,弹出"场景"面板。选中要删除的场景,单击"删除场景"按钮🗑,如图 8-172 所示;弹出提示对话框,如图 8-173 所示,单击"确定"按钮,即可将场景删除。

图 8-172   图 8-173

课堂练习——制作飘落的树叶

【练习知识要点】使用"钢笔"工具,绘制线条并添加运动引导层;使用"创建传统补间"命令,制作出飘落的树叶效果,如图 8-174 所示。

【素材所在位置】Ch08 > 素材 > 制作飘落的树叶 > 01 和 02。

【效果所在位置】Ch08 > 效果 > 制作飘落的树叶.fla。

图 8-174

课后习题——制作化妆品主图

【习题知识要点】使用"椭圆"工具、"矩形"工具,制作形状动画;使用"创建补间形状"命令和"创建传统补间"命令,制作动画效果;使用"遮罩层"命令,制作遮罩动画效果,如图 8-175 所示。

【素材所在位置】Ch08 > 素材 > 制作化妆品主图 > 01 ~ 06。

【效果所在位置】Ch08 > 效果 > 制作化妆品主图.fla。

图 8-175

第9章

声音素材的导入和编辑

本章介绍

在 Animate CC 2019 中可以导入外部的声音素材作为动画的背景音乐或音效。本章主要讲解声音素材的多种格式，以及导入声音素材和编辑声音素材的方法。通过对本章的学习，读者可以了解并掌握如何导入声音素材、编辑声音素材，从而使制作的动画的音效更加生动。

- -

学习目标

- 掌握导入和编辑声音素材的方法和技巧。
- 掌握音频的基本知识。
- 了解声音素材的几种常用格式。

- -

技能目标

- 掌握"图片按钮"的制作方法。

9.1 音频的基本知识及声音素材的格式

声音以波的形式在空气中传播，声音的频率单位是赫兹（Hz）。一般人听到的声音频率在 20 Hz ~ 20 kHz，低于这个频率范围的声音为次声波，高于这个频率范围的声音为超声波。下面介绍关于音频的基本知识。

9.1.1 音频的基本知识

1. 取样率

取样率是指在进行数字录音时，单位时间内对模拟的音频信号进行样本提取的次数。取样率越高，声音越好。Animate 经常使用 44 kHz、22kHz 或 11kHz 的取样率对声音进行取样。例如，使用 22kHz 取样率取样时，每秒要对声音进行 22 000 次分析，并记录每两次分析之间的差值。

2. 位分辨率

位分辨率是指描述每个音频取样点的位数（比特数）。例如，8bit 的声音取样表示 2 的 8 次方或 256 级。可以将较高位分辨率的声音转换为较低位分辨率的声音。

3. 压缩率

压缩率是指文件压缩前后大小的比率，用于描述数字声音的压缩效率。

9.1.2 声音素材的格式

Animate CC 2019 提供了许多使用声音的方式。它可以使声音独立于时间轴之外连续播放，或使动画和一个音轨同步播放；可以为按钮添加音效，使按钮具有更强的互动性；还可以通过声音的淡入和淡出产生更优美的声音效果。下面介绍可导入 Animate CC 2019 中的常见的声音文件格式。

1. WAV 格式

WAV 格式可以直接保存对声音波形的取样数据，数据没有经过压缩，所以音质较好，但 WAV 格式的声音文件通常比较大，会占用较多的存储空间。

2. MP3 格式

MP3 格式是一种压缩后的声音文件格式。同 WAV 格式相比，MP3 格式的文件大小只占 WAV 格式的 1/10。其优点为体积小、传输方便、声音质量较好，已经被广泛应用于计算机音乐。

3. AIFF 格式

AIFF 格式支持 MAC 平台，支持 16bit 44kHz 立体声。只有系统上安装了 QuickTime 4 或更高版本的播放器，才可使用此声音文件格式。

4. AU 格式

AU 格式是一种压缩后的声音文件格式，只支持 8bit 的声音，是互联网上常用的声音文件格式。只有系统上安装了 QuickTime 4 或更高版本的播放器，才可使用此声音文件格式。

声音会占用大量的存储空间。所以，为提高作品在网上的下载速度，一般常使用 MP3 格式的文件，因为它的声音资料经过了压缩，比 WAV 或 AIFF 格式的文件量小。在 Animate CC 2019 中只能导入取样率为 11 kHz、22 kHz 或 44 kHz，8 bit 或 16 bit 的声音。通常，为了使作品在网上有较满意的下载速度而使用 WAV 或 AIFF 文件时，最好使用 16bit22 kHz 单声。

9.2 导入并编辑声音素材

导入声音素材后，可以将其直接应用于动画作品，也可以通过声音编辑器对声音素材进行编辑，然后再进行应用。

9.2.1 课堂案例——制作图片按钮

【案例学习目标】使用声音文件为按钮添加音效。

【案例知识要点】使用"导入到库"命令，导入素材文件；使用"创建元件"命令，制作按钮元件并为其添加声音；使用"对齐"面板，使按钮对齐，效果如图 9-1 所示。

【效果所在位置】Ch09 > 效果 > 制作图片按钮.fla。

图 9-1

1. 导入素材并创建按钮

（1）在欢迎页的"详细信息"选项组中，将"宽"选项设为 800，"高"选项设为 600；在"平台类型"选项的下拉列表中选择"ActionScript 3.0"选项，单击"创建"按钮，即可完成文档的创建。

（2）选择"文件 > 导入 > 导入到库"命令，在弹出的"导入到库"对话框中，选择本书学习资源中的"Ch09 > 素材 > 制作图片按钮 > 01～05"文件，单击"打开"按钮，文件将被导入"库"面板，如图 9-2 所示。

（3）按 Ctrl+F8 组合键，弹出"创建新元件"对话框，在"名称"选项的文本框中输入"按钮 1"，在"类型"选项的下拉列表中选择"按钮"选项，如图 9-3 所示，单击"确定"按钮，即可新建按钮元件"按钮 1"。舞台窗口也随之转换为按钮元件的舞台窗口。

图 9-2

图 9-3

（4）将"图层_1"重命名为"图片"，如图 9-4 所示。将"库"面板中的位图"02"拖曳到舞台窗口中，并放置在适当的位置，如图 9-5 所示。选中"图片"图层的"点击"帧，按 F5 键，即可插入普通帧，如图 9-6 所示。

图 9-4   图 9-5   图 9-6

（5）在"时间轴"面板中创建新图层并将其命名为"变色"。选中"变色"图层中的"指针经过"帧，按 F6 键，即可插入关键帧。选择"椭圆"工具 ◎，在工具箱中将"笔触颜色"设为无，"填充颜色"设为黄色（#FFE74D）；将"Alpha 数量"选项设为 50；单击工具箱下方的"对象绘制"按钮 ◙，按住 Shift 键的同时，在舞台窗口中绘制 1 个圆形，效果如图 9-7 所示。

（6）在"时间轴"面板中创建新图层并将其命名为"音乐"。选中"音乐"图层中的"指针经过"帧，按 F6 键，即可插入关键帧。将"库"面板中的声音文件"05"拖曳到舞台窗口中，"时间轴"面板中的效果如图 9-8 所示。按钮元件"按钮 1"制作完成。

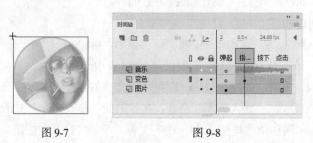

图 9-7   图 9-8

（7）在"库"面板中用鼠标右键单击按钮元件"按钮 1"，在弹出的菜单中选择"直接复制元件"命令，在弹出的"直接复制元件"对话框中进行设置，如图 9-9 所示，单击"确定"按钮，即可在"库"面板中生成按钮元件"按钮 2"，如图 9-10 所示。

图 9-9   图 9-10

（8）在"库"面板中双击按钮元件"按钮 2"，即可进入按钮元件的舞台窗口，如图 9-11 所示。选中"图片"图层中的"弹起"帧，在舞台窗口中选中位图"02"，单击位图"属性"面板中的"交换"按钮，弹出"交换位图"对话框，在对话框中选择位图"03"，如图 9-12 所示，单击"确定"按钮，即可交换图像，效果如图 9-13 所示。

图 9-11　　　　　　　　　　图 9-12　　　　　　　　　图 9-13

（9）在"库"面板中用鼠标右键单击按钮元件"按钮 2"，在弹出的菜单中选择"直接复制元件"命令，在弹出的"直接复制元件"对话框中进行设置，如图 9-14 所示，单击"确定"按钮，即可在"库"面板中生成按钮元件"按钮 3"。在"库"面板中双击按钮元件"按钮 3"，即可进入按钮元件的舞台窗口，如图 9-15 所示。

图 9-14　　　　　　　　　　　　　图 9-15

（10）选中"图片"图层中的"弹起"帧，在舞台窗口中选中位图"03"，单击位图"属性"面板中的"交换"按钮，弹出"交换位图"对话框，在对话框中选择位图"04"，如图 9-16 所示，单击"确定"按钮，即可交换图像，效果如图 9-17 所示。

图 9-16　　　　　　　　　图 9-17

2．制作动画效果

（1）单击舞台窗口左上方的"场景 1"图标，即可进入"场景 1"的舞台窗口。将"图层_1"重命名为"底图"，如图 9-18 所示。将"库"面板中的位图"01"拖曳到舞台窗口中，并放置在舞台的中心位置，如图 9-19 所示。

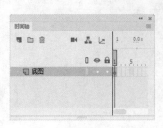

图 9-18   图 9-19

（2）在"时间轴"面板中创建新图层并将其命名为"按钮"。将"库"面板中的按钮元件"按钮 1"拖曳到舞台窗口中，如图 9-20 所示。用相同的方法将"库"面板中的按钮元件"按钮 2"和"按钮 3"依次拖曳到舞台窗口中，并放置在适当的位置，效果如图 9-21 所示。

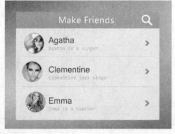

图 9-20   图 9-21

（3）选择"选择"工具 ▶，按住 Shift 键的同时，选中舞台中的"按钮 1""按钮 2""按钮 3"实例，如图 9-22 所示。按 Ctrl+K 组合键，弹出"对齐"面板，单击"水平中齐"按钮 ⬙，即可使按钮实例以其中心为基准对齐，效果如图 9-23 所示。图片按钮制作完成，按 Ctrl+Enter 组合键即可查看效果，效果如图 9-24 所示。

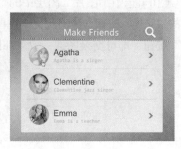

图 9-22   图 9-23   图 9-24

9.2.2　添加声音

1．为动画添加声音

打开本书学习资源中的"基础素材 > Ch09 > 01"文件，如图 9-25 所示。选择"文件 > 导入 > 导入到库"命令，在弹出的"导入到库"对话框中选择本书学习资源中的"基础素材 > Ch09 > 02"文件，单击"打开"按钮，即可将声音文件导入"库"面板，如图 9-26 所示。

单击"时间轴"面板上方的"新建图层"按钮 🔳，创建新的图层，将该图层命名为"音乐"并作为放置声音文件的图层，如图 9-27 所示。

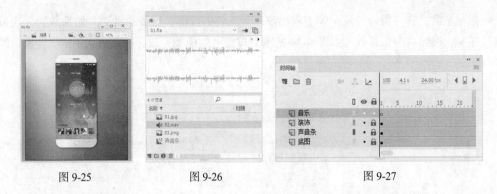

图 9-25　　　　　　　　　图 9-26　　　　　　　　　　图 9-27

在"库"面板中选中声音文件，按住鼠标左键不放，将其拖曳到舞台窗口中，如图 9-28 所示；松开鼠标左键，在"音乐"图层中将出现声音文件的波形，如图 9-29 所示。声音添加完成，按 Ctrl+Enter 组合键，即可测试添加效果。

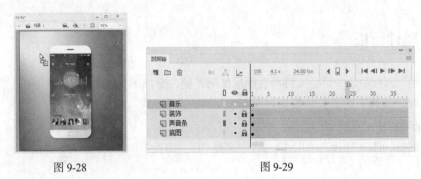

图 9-28　　　　　　　　　　　　　图 9-29

提示　　一般情况下，将每个声音放在一个独立的图层上，使每个图层都作为一个独立的声音通道，这样在播放动画文件时，所有图层上的声音就混合在一起了。

2. 为按钮添加音效

打开本书学习资源中的"基础素材 > Ch09 > 03"文件，如图 9-30 所示。单击"时间轴"面板上方的"新建图层"按钮，创建新的图层，将该图层命名为"音乐"并作为放置声音文件的图层，如图 9-31 所示。

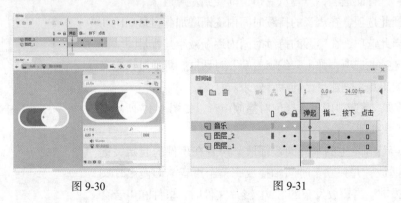

图 9-30　　　　　　　　　　　　　图 9-31

选中"音乐"图层中的"指针经过"帧，按 F6 键，即可在"指针经过"帧上插入关键帧，如图 9-32 所示。将"库"面板中的声音文件拖曳到按钮元件的舞台窗口中，如图 9-33 所示。

松开鼠标左键，在"指针经过"帧中将出现声音文件的波形，这表示动画开始播放后，当鼠标指针经过按钮时，按钮将产生音效，如图 9-34 所示。按钮音效添加完成，按 Ctrl+Enter 组合键，即可测试添加效果。

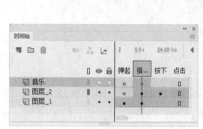
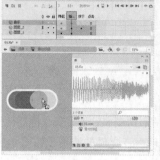
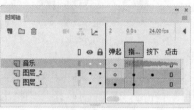

图 9-32   图 9-33   图 9-34

9.2.3 属性面板

在"时间轴"面板中选中声音文件所在图层的第 1 帧，按 Ctrl+F3 组合键，弹出帧"属性"面板，如图 9-35 所示。

"声音"选项组中的选项如下。

"名称"选项：可以在此选项的下拉列表中选择"库"面板中的声音文件。

"效果"选项：可以在此选项的下拉列表中选择声音播放的效果，如图 9-36 所示。其中各选项的含义如下。

无：选择此选项，将不对声音文件应用效果，选择此选项后可以删除以前应用于声音的特效。

左声道：选择此选项，只在左声道播放声音。

右声道：选择此选项，只在右声道播放声音。

向右淡出：选择此选项，声音从左声道渐变到右声道。

向左淡出：选择此选项，声音从右声道渐变到左声道。

淡入：选择此选项，在声音的持续时间内逐渐增加其音量。

淡出：选择此选项，在声音的持续时间内逐渐减小其音量。

自定义：选择此选项，弹出"编辑封套"对话框，可通过自定义声音的淡入和淡出点来创建自己的声音效果。

"同步"选项：此选项用于选择何时播放声音，如图 9-37 所示。其中各选项的含义如下。

事件：将声音和发生的事件同步播放。声音在事件的起始关键帧开始显示时播放，并独立于时间轴播放完整个声音，即使影片文件停止也继续播放。当播放发布的 SWF 影片文件时，事件和声音会混合在一起。一般情况下，当用户通过单击一个按钮来播放声音时，可选择事件。如果声音正在播放且声音再次被实例化（如用户再次

图 9-35

图 9-36

图 9-37

单击按钮），则第 1 个声音实例将继续播放，另一个声音实例同时开始播放。

开始：与"事件"选项的功能相近，但如果所选择的声音实例已经在时间轴的其他位置播放，则不会播放新的声音实例。

停止：使指定的声音成为静音。在时间轴上同时播放多个声音时，可指定其中一个为静音。

数据流：使声音同步，以便在 Web 站点上播放。Animate 强制动画和音频流同步。换句话说，音频流随动画的播放而播放，随动画的结束而结束。当发布 SWF 文件时，音频流会混合在一起。一般在给帧添加声音时会使用此选项。音频流声音的播放长度不会超过它所占的帧的长度。

> **注意**　在 Animate 中有两种类型的声音：事件声音和音频流。事件声音必须完全下载后才能开始播放，并且除非明确停止，否则它将一直连续播放。音频流则可以在前几帧下载了足够的资料后就开始播放，音频流可以和时间轴同步，以便在 Web 站点上播放。

"重复"选项：用于指定声音循环的次数，可以在选项后的数值框中设置循环次数。

"循环"选项：用于循环播放声音。一般情况下，不循环播放音频流。如果将音频流设为循环播放，帧就会被添加到文件中，文件的体积就会根据声音循环播放的次数而倍增。

"编辑声音封套"按钮 🖉：选择此选项，将弹出"编辑封套"对话框，可通过自定义声音的淡入和淡出点来创建自己的声音效果。

课堂练习——制作英语屋

【练习知识要点】使用"导入到库"命令，导入素材制作按钮元件；使用"对齐"面板，使按钮对齐，效果如图 9-38 所示。

【素材所在位置】Ch09 > 素材 > 制作英语屋 > 01、A ~ Z。

【效果所在位置】Ch09 > 效果 > 制作英语屋.fla。

课后习题——制作汽车广告

【习题知识要点】使用"导入到库"命令，导入素材制作图形元件；使用"创建传统补间"命令，制作文字和汽车动画；使用"属性"面板，调整实例的不透明度；使用"导入到库"命令，添加声音，效果如图 9-39 所示。

图 9-38

【素材所在位置】Ch09 > 素材 > 制作汽车广告 > 01 ~ 03。

【效果所在位置】Ch09 > 效果 > 制作汽车广告.fla。

图 9-39

第**10**章 动作脚本应用基础

本章介绍

在 Animate CC 2019 中，要实现一些复杂多变的动画效果就要使用动作脚本，可以通过输入不同的动作脚本来实现高难度的动画制作。本章主要讲解动作脚本的基本术语和使用方法。通过对本章的学习，读者可以了解并掌握如何应用不同的动作脚本来实现千变万化的动画效果。

学习目标

- 了解数据类型。
- 掌握语法规则。
- 掌握变量和函数。
- 掌握表达式和运算符。

技能目标

- 掌握"闹钟详情页主图"的制作方法。

10.1 动作脚本的使用

和其他的脚本语言相同，动作脚本依照自己的语法规则来保留关键字、提供运算符，并且允许使用变量存储和获取信息。动作脚本包含内置的对象和函数，并且允许用户创建自己的对象和函数。动作脚本程序一般由语句、函数和变量组成，主要涉及数据类型、语法规则、变量、函数、表达式和运算符等。

10.1.1 课堂案例——制作闹钟详情页主图

【案例学习目标】使用"变形"工具调整图片的中心点，使用"动作"面板 为图形添加脚本语言。

【案例知识要点】使用"任意变形"工具和"动作"面板完成动画效果的制作，效果如图 10-1 所示。

【效果所在位置】Ch10 > 效果 > 制作闹钟详情页主图.fla。

图 10-1

1．导入图形元件

（1）在欢迎页的"详细信息"选项组中，将"宽"选项设为 800，"高"选项设为 800；在"平台类型"选项的下拉列表中选择"ActionScript 3.0"选项，单击"创建"按钮，即可完成文档的创建。

（2）选择"文件 > 导入 > 导入到库"命令，在弹出的"导入到库"对话框中，选择本书学习资源中的"Ch10 > 素材 > 制作闹钟详情页主图 > 01 ~ 04"文件，单击"打开"按钮，文件将被导入"库"面板，如图 10-2 所示。

（3）按 Ctrl+F8 组合键，弹出"创建新元件"对话框，在"名称"选项的文本框中输入"时针"，在"类型"选项的下拉列表中选择"影片剪辑"选项，单击"确定"按钮，即可新建影片剪辑元件"时针"，如图 10-3 所示。舞台窗口也随之转换为影片剪辑元件的舞台窗口。

（4）将"库"面板中的位图"02"拖曳到舞台窗口中，选择"任意变形"工具 ，将时针的下端与舞台中心点对齐（在操作过程中一定要将其与中心点对齐，否则要实现的效果将不会出现），效果如图 10-4 所示。

图 10-2

图 10-3

图 10-4

（5）按 Ctrl+F8 组合键，新建影片剪辑元件"分针"。舞台窗口也随之转换为影片剪辑元件"分针"的舞台窗口。将"库"面板中的位图"03"拖曳到舞台窗口中，将分针的下端与舞台中心点对齐（在操作过程中一定要将其与中心点对齐，否则要实现的效果将不会出现），效果如图 10-5 所示。

（6）用前述方法新建影片剪辑元件"秒针"，如图 10-6 所示，舞台窗口也随之转换为影片剪辑元件"秒针"的舞台窗口。将"库"面板中的位图文件"04"拖曳到舞台窗口中，选择"任意变形"工具 $\boxed{\text{H}}$，将秒针的下端与舞台中心点对齐（在操作过程中一定要将其与中心点对齐，否则要实现的效果将不会出现），效果如图 10-7 所示。

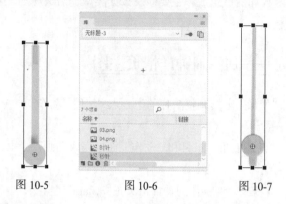

图 10-5　　　　　　　图 10-6　　　　　　　图 10-7

2．制作精美闹钟并添加脚本

（1）单击舞台窗口左上方的"场景 1"图标 $\boxed{\text{场景 1}}$，即可进入"场景 1"的舞台窗口。将"图层_1"重新命名为"底图"。将"库"面板中的位图"01"拖曳到舞台窗口的中心位置，效果如图 10-8 所示。

（2）选中"底图"图层的第 2 帧，按 F5 键，即可插入普通帧。在"时间轴"面板中创建新图层并将其命名为"文本框"。

（3）选择"文本"工具 $\boxed{\text{T}}$，在文本工具"属性"面板中进行设置，如图 10-9 所示；在舞台窗口中绘制 1 个文本框，如图 10-10 所示。

图 10-8　　　　　　　图 10-9　　　　　　　图 10-10

（4）选择"选择"工具 $\boxed{\blacktriangleright}$，选中文本框，在文本工具"属性"面板中的"实例名称"文本框中输入"y_txt"，如图 10-11 所示。用相同的方法在适当的位置再绘制 3 个文本框，并分别在文本工具"属性"面板中的"实例名称"文本框中输入"m_txt""d_txt""w_txt"，舞台窗口中的效果如图 10-12 所示。

（5）在"时间轴"面板中创建新图层并将其命名为"时针"。将"库"面板中的影片剪辑元件"时针"拖曳到舞台窗口中，并将其放置在表盘上的适当位置，效果如图 10-13 所示。在舞台窗口中选中"时针"实例，在"属性"面板中的"实例名称"文本框中输入"sz_mc"，如图 10-14 所示。

（6）在"时间轴"面板中创建新图层并将其命名为"分针"。将"库"面板中的影片剪辑元件"分针"拖曳到舞台窗口中，并将其放置在表盘上的适当位置，效果如图 10-15 所示。在舞台窗口中选中"分针"实例，在影片剪辑元件"属性"面板中的"实例名称"文本框中输入"fz_mc"，如图 10-16 所示。

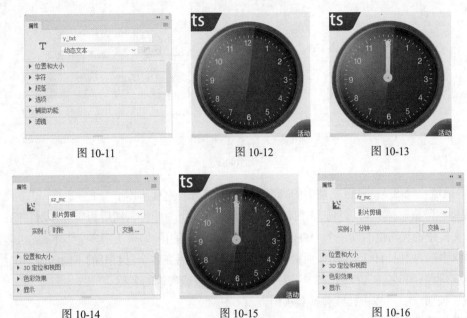

图 10-11　　　　　　　　图 10-12　　　　　　　　图 10-13

图 10-14　　　　　　　　图 10-15　　　　　　　　图 10-16

（7）在"时间轴"面板中创建新图层并将其命名为"秒针"。将"库"面板中的影片剪辑元件"秒针"拖曳到舞台窗口中，并将其放置在表盘上的适当位置，效果如图 10-17 所示。在舞台窗口中选中"秒针"实例，在影片剪辑元件"属性"面板中的"实例名称"文本框中输入"mz_mc"，如图 10-18 所示。

（8）在"时间轴"面板中创建新图层并将其命名为"动作脚本"。选中"动作脚本"图层中的第 1 帧，选择"窗口 > 动作"命令，弹出"动作"面板（其快捷键为 F9 键）。在"动作"面板中设置脚本语言，"脚本窗口"中显示的效果如图 10-19 所示。闹钟详情页主图制作完成，按 Ctrl+Enter 组合键即可查看效果。

图 10-17　　　　　　图 10-18　　　　　　　　　　　　图 10-19

10.1.2　动作面板的使用

选择"窗口 > 动作"命令或按 F9 键，弹出"动作"面板，如图 10-20 所示。

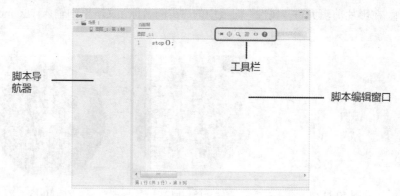

图 10-20

脚本导航器：列出 Animate 文档中的脚本，可以快速查看这些脚本。

"固定脚本"按钮 ：可以将脚本窗口中的各个脚本固定为标签，然后相应地移动它们；如果没有将 FLA 文件中的代码组织到一个中央位置，则此功能非常有用；如果使用多个脚本，它也非常有用；可以将脚本固定，以保留代码在动作面板中的打开位置，然后在各个已打开的不同的脚本中切换。

"插入实例路径和名称"按钮 ：可以插入实例的路径或实例的名称。

"查找"按钮 ：可以查找或替换脚本语言。

"设置代码格式"按钮 ：单击此按钮，可以按照一定的格式书写代码。

"代码片段"按钮 ：单击该按钮，弹出"代码片段"对话框，在该对话框中可以选择常用的动作脚本语言。

"帮助"按钮 ：单击此按钮，可以打开帮助面板。

"使用向导添加"按钮：单击此按钮，可以使用简单易用的向导添加动作，而无须编写代码。

脚本编辑窗口：该区域主要用来编辑 ActionScript 脚本，此外也可以创建导入应用程序的外部脚本文件；如果要在 FLA 文件中添加脚本，可以打开"动作"面板，在脚本编辑窗口中直接输入代码或单击"代码片段"按钮 ，在弹出的"代码片段"对话框中选择脚本语言。

10.2　数据类型

数据类型描述了动作脚本的变量或元素可以包含的信息种类。动作脚本有 2 种数据类型：原始数据类型和引用数据类型。原始数据类型是指 String（字符串）、Number（数字型）和 Boolean（布尔型），它们拥有固定类型的值，因此可以包含它们所代表的元素的实际值。引用数据类型指影片剪辑型和对象型，它们的值的类型是不固定的，因此它们包含对该元素实际值的引用。

下面介绍各种数据类型。

1. String（字符串）

字符串是字母、数字和标点符号等字符的序列。字符串必须用一对双引号标记。字符串被当作字符而不是变量进行处理。

例如，在下面的语句中，"L7" 是一个字符串：

favoriteBand = "L7";

2．Number（数字型）

数字型是指数字的算术值，要进行正确的数学运算必须使用数字数据类型。可以使用算术运算符加（＋）、减（－）、乘（＊）、除（／）、取模（％）、递增（＋＋）和递减（－－）来处理数字，也可以使用内置的 Math 对象的方法处理数字。

例如，使用 sqrt( )（平方根）方法返回数字 100 的平方根：

Math.sqrt(100);

3．Boolean（布尔型）

值为 true 或 false 的变量被称为布尔型变量。动作脚本也会在需要时将值 true 和 false 转换为 1 和 0。在确定"是 / 否"的情况下，布尔型变量是非常有用的。在进行比较以控制脚本流的动作脚本语句中，布尔型变量经常与逻辑运算符一起使用。

例如，在下面的脚本中，如果变量 userName 和 password 为 true，则会播放该 SWF 文件：

onClipEvent (enterFrame) {

if (userName == true && password == true){

play( );

}

}

4．Movie Clip（影片剪辑型）

影片剪辑是 Animate 影片中可以播放动画的元件，它们是唯一引用图形元素的数据类型。Animate 中的每个影片剪辑都是一个 Movie Clip 对象，它们拥有 Movie Clip 对象定义的方法和属性。通过点(．)运算符可以调用影片剪辑内部的属性和方法。

例如以下调用：

my_mc.startDrag(true);

parent_mc.getURL;

5．Object（对象型）

对象型指所有使用动作脚本创建的基于对象的代码。对象是属性的集合，每个属性都拥有自己的名称和值，属性的值可以是任何 Animate 数据类型，甚至可以是对象数据类型。通过点（．）运算符可以引用对象中的属性。

例如，在下面的代码中，hoursWorked 是 weeklyStats 的属性，而后者是 employee 的属性：

employee.weeklyStats.hoursWorked

6．Null（空值）

空值数据类型只有一个值，即 null。这意味着没有值，即缺少数据。null 可以用在各种情况中，如作为函数的返回值、表明函数没有可以返回的值、表明变量还没有接收到值、表明变量不再包含值等。

7．Undefined（未定义）

未定义的数据类型只有一个值，即 undefined，用于表示尚未分配值的变量。如果一个函数引用了未在其他地方定义的变量，那么 Animate 将返回未定义的数据类型。

10.3　语法规则

动作脚本拥有自己的一套语法规则和标点符号，下面将进行介绍。

1．点运算符

在动作脚本中，点（ . ）用于表示与对象或影片剪辑相关联的属性或方法，也可以用于标识影片剪辑或变量的目标路径。点（ . ）运算符表达式以影片或对象的名称开始，中间为点（ . ）运算符，最后是要指定的元素。

例如，_x 影片剪辑属性指示影片剪辑在舞台上的 x 轴位置，而表达式 ballMC._x 则引用了影片剪辑实例 ballMC 的 _x 属性。

又例如，submit 是 form 影片剪辑中设置的变量，此影片剪辑嵌在影片剪辑 shoppingCart 之中，表达式 shoppingCart.form.submit = true 将实例 form 的 submit 变量设置为 true。

无论是表达对象的方法还是表达影片剪辑的方法，均遵循同样的模式。例如，ball_mc 影片剪辑实例的 play( ) 方法在 ball_mc 的时间轴中移动播放头，如下面的语句所示：

ball_mc.play( );

点语法还使用了两个特殊别名——_root 和 _parent。别名 _root 是指主时间轴，可以使用 _root 别名创建一个绝对目标路径。例如，下面的语句调用主时间轴上的影片剪辑 functions 中的函数 buildGameBoard( )：

_root.functions.buildGameBoard( );

可以使用别名 _parent 引用当前对象嵌入的影片剪辑，也可以使用 _parent 创建相对目标路径。例如，如果影片剪辑 dog_mc 嵌入影片剪辑 animal_mc 的内部，则实例 dog_mc 的如下语句会指示 animal_mc 的停止：

_parent.stop( );

2．界定符

大括号：动作脚本中的语句被大括号括起来组成语句块。例如：

```
// 事件处理函数
public Function myDate( ){
Var myDate:Date = new Date( );
currentMonth = myDate.getMMonth( );
}
```

分号：动作脚本中的语句可以由一个分号结尾。如果在结尾处省略分号，Animate 仍然可以成功编译脚本。例如：

```
var column = passedDate.getDay( );
var row = 0;
```

圆括号：在定义函数时，任何参数定义都必须放在一对圆括号内。例如：

```
function myFunction (name, age, reader){
}
```

调用函数时，需要被传递的参数也必须放在一对圆括号内。例如：

```
myFunction ("Steve", 10, true);
```

可以使用圆括号改变动作脚本的优先顺序或增强程序的易读性。

3．注释

在"动作"面板中，使用注释语句可以在一个帧或按钮的脚本中添加说明，这有利于增强程序的易读性。注释语句以双斜线 // 开始，斜线显示为灰色，注释内容可以不考虑长度和语法，注释语句不会影响 Animate 动画输出时的文件量。例如：

```
public Function myDate( ){
    // 创建新的 Date 对象
var myDate:Date = new Date( );
currentMonth = myDate.getMMonth( );
    // 将月份数转换为月份名称
    monthName = calcMonth(currentMonth);
    year = myDate.getFullYear( );
    currentDate = myDate.getDate( );
}
```

10.4　变量

变量是包含信息的容器。容器本身不会改变，但其内容可以更改。第 1 次定义变量时，最好为变量定义一个已知值，即初始化变量，这通常在 SWF 文件的第 1 帧中完成。每一个影片剪辑对象都有自己的变量，而且不同的影片剪辑对象中的变量相互独立且互不影响。

变量中可以存储的常见信息类型包括 URL、用户名、数字运算的结果、事件发生的次数等。

为变量命名必须遵循以下规则。

（1）变量名在其作用范围内必须是唯一的。

（2）变量名不能是关键字或布尔型数据（true 或 false）。

（3）变量名必须以字母或下划线开始，由字母、数字、下划线组成，其间不能包含空格。（变量名没有大小写的区别）

变量的范围是指变量在其中已知并且可以引用的区域，它包含以下 3 种类型。

1．本地变量

在声明它们的函数体（由大括号决定）内可用。本地变量的使用范围只限于它的代码块，本地变量会在该代码块结束时到期，其余的本地变量会在脚本结束时到期。若要声明本地变量，可以在函数体内部使用 var 语句。

2．时间轴变量

可用于时间轴上的任意脚本。要声明时间轴变量，应在时间轴的所有帧上都初始化这些变量。应先初始化变量，然后再尝试在脚本中访问它。

3．全局变量

对于文档中的每个时间轴和范围均可见。如果要创建全局变量，可以在变量名称前使用_global 标识符，不使用 var 语句。

10.5 函数

函数是用来对常量、变量等进行某种运算的方法，如产生随机数、进行数值运算、获取对象属性等。函数是一个动作脚本代码块，它可以在影片中的任何位置上重新使用。如果将值作为参数传递给函数，则函数将对这些值进行操作。函数也可以返回值。

调用函数可以用一行代码来代替一个可执行的代码块。函数可以执行多个动作，并为它们传递可选项。函数必须要有唯一的名称，以便在代码行中知道访问的是哪一个函数。

Animate 有内置的函数，可以访问特定的信息或执行特定的任务。例如获得播放器的版本号等。属于对象的函数叫方法，不属于对象的函数叫顶级函数，可以在"动作"面板的"函数"类别中找到。

每个函数都具备自己的特性，而且某些函数需要传递特定的值。如果传递的参数多于函数的需要，多余的值将被忽略；如果传递的参数少于函数的需要，空的参数会被指定为 undefined 的数据类型，这可能会导致在导出脚本时出现错误。如果要调用函数，该函数必须存在于播放头到达的帧中。

动作脚本提供了自定义函数的方法，可以自行定义参数并返回结果。在主时间轴上或影片剪辑时间轴的关键帧中添加函数，即是在定义函数。所有的函数都有目标路径。所有的函数都需要在名称后跟一对括号( )，但括号中是否有参数是可选的。一旦定义了函数，就可以从任何一个时间轴中调用它，包括加载的 SWF 文件的时间轴。

10.6 表达式和运算符

表达式是由常量、变量、函数和运算符按照运算法则组成的计算式。运算符是可以对数值、字符串、逻辑值进行运算的关系符号。运算符有很多种：算术运算符、字符串运算符、比较运算符、逻辑运算符、位运算符和赋值运算符等。

1. 算术运算符及表达式

算术表达式是对数值进行运算的表达式。它由数值、以数值为结果的函数和算术运算符组成，运算结果是数值或逻辑值。

在 Animate 中可以使用如下算术运算符。

+ 、 − 、 * 、 / —— 执行加、减、乘、除运算。

= 、 <> —— 比较两个数值是否相等、不相等。

< 、 <= 、 > 、 >= —— 比较运算符前面的数值是否小于、小于等于、大于、大于等于后面的数值。

2. 字符串表达式

字符串表达式是对字符串进行运算的表达式。它由字符串、以字符串为结果的函数和字符串运算符组成，运算结果是字符串或逻辑值。

在 Animate 中可以使用如下字符串运算符。

& —— 连接运算符两边的字符串。

Eq 、 Ne —— 判断运算符两边的字符串是否相等、不相等。

Lt 、 Le 、 Qt 、 Qe —— 判断运算符左边的字符串的 ASCII 码是否小于、小于等于、大于、大于等于右边字符串的 ASCII 码。

3．逻辑表达式

逻辑表达式是对正确、错误结果进行判断的表达式。它由逻辑值、以逻辑值为结果的函数、以逻辑值为结果的算术或字符串表达式和逻辑运算符组成，运算结果是逻辑值。

4．位运算符

位运算符用于处理浮点数。运算时先将操作数转化为 32 位的二进制数，然后对每个操作数分别按位进行运算，运算后再将二进制的结果按照 Animate 的数值类型返回。

动作脚本的位运算符包括：&（位与）、/（位或）、^（位异或）、~（位非）、<<（左移位）、>>（右移位）、>>>（填 0 右移位）等。

5．赋值运算符

赋值运算符的作用是为变量、数组元素或对象的属性赋值。

课堂练习——制作鼠标跟随效果

【练习知识要点】使用"椭圆"工具和"颜色"面板，绘制鼠标跟随图形；使用"动作"面板，添加脚本语言，效果如图 10-21 所示。

【素材所在位置】Ch10 > 素材 > 制作鼠标跟随效果 > 01。

【效果所在位置】Ch10 > 效果 > 制作鼠标跟随效果.fla。

图 10-21

课后习题——制作飞舞的雪花

【习题知识要点】使用"椭圆"工具和"颜色"面板，绘制雪花图形；使用"动作"面板，添加脚本语言，效果如图 10-22 所示。

【素材所在位置】Ch10 > 素材 > 制作飞舞的雪花 > 01。

【效果所在位置】Ch10 > 效果 > 制作飞舞的雪花.fla。

图 10-22

第11章 制作交互式动画

本章介绍

Animate CC 2019 动画存在着交互性，可以通过对按钮的更改来控制动画的播放形式。本章主要讲解控制动画播放、声音改变、按钮状态的方法。通过对本章的学习，读者可以了解并掌握如何制作交互式动画，从而实现人机交互的操作方式。

- -

学习目标

- 掌握播放和停止动画的方法。
- 了解添加控制命令的方法。
- 掌握按钮事件的应用。

- -

技能目标

- 掌握"风景相册"的制作方法。

11.1 交互式动画

Animate CC 2019 动画的交互性就是指用户通过菜单、按钮、键盘和文字输入等方式来控制动画的播放。交互是为了使用户与计算机之间产生互动性，使计算机对用户的指示做出相应的反应。交互式动画就是动画在播放时支持事件响应和交互功能的一种动画，动画在播放时不是从头播到尾，而是可以受到用户的控制。

11.1.1　课堂案例——制作风景相册

【案例学习目标】使用浮动面板来添加动作脚本语言。

【案例知识要点】使用"导入到库"命令，导入素材文件；使用"新建元件"命令，制作图形元件和按钮元件；使用"创建传统补间"命令，制作照片浏览动画；使用"动作"面板，添加脚本语言，效果如图 11-1所示。

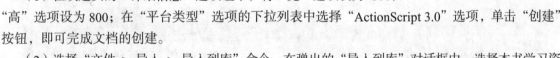

图 11-1

【效果所在位置】Ch11 > 效果 > 制作风景相册.fla。

1. 导入素材制作元件

（1）在欢迎页的"详细信息"选项组中，将"宽"选项设为 800，"高"选项设为 800；在"平台类型"选项的下拉列表中选择"ActionScript 3.0"选项，单击"创建"按钮，即可完成文档的创建。

（2）选择"文件 > 导入 > 导入到库"命令，在弹出的"导入到库"对话框中，选择本书学习资源中的"Ch11 > 素材 > 制作风景相册 > 01 ~ 08"文件，单击"打开"按钮，文件将被导入"库"面板，如图 11-2 所示。

（3）按 Ctrl+F8 组合键，弹出"创建新元件"对话框，在"名称"选项的文本框中输入"照片"，在"类型"选项的下拉列表中选择"图形"选项，如图 11-3 所示，单击"确定"按钮，即可新建图形元件"照片"，如图 11-4 所示。舞台窗口也随之转换为图形元件的舞台窗口。

图 11-2

图 11-3

图 11-4

（4）分别将"库"面板中的位图"04""05""06""07""08"拖曳到舞台窗口中的适当位置，如图 11-5 所示。选择"选择"工具 ，将舞台窗口中的对象全部选中，如图 11-6 所示。

图 11-5

图 11-6

（5）按 Ctrl+G 组合键，将其编组，效果如图 11-7 所示。按住 Alt+Shift 组合键的同时，将组合对象向右拖曳到适当的位置，复制图像，效果如图 11-8 所示。

图 11-7

图 11-8

（6）按 Ctrl+F8 组合键，弹出"创建新元件"对话框，在"名称"选项的文本框中输入"播放"，在"类型"选项的下拉列表中选择"按钮"选项，单击"确定"按钮，即可新建按钮元件"播放"，如图 11-9 所示。舞台窗口也随之转换为按钮元件的舞台窗口。

（7）将"库"面板中的图形元件"02"拖曳到舞台窗口中，如图 11-10 所示。选中"图层_1"的"指针经过"帧，按 F6 键，即可插入关键帧。在舞台窗口中选中"02"实例，在图形"属性"面板中，选择"色彩效果"选项组，在"样式"选项的下拉列表中选择"色调"选项，并将"着色"设为橙黄色（#FFCC00），"着色量"设为 100，相关设置如图 11-11 所示，舞台窗口中的效果如图 11-12 所示。

图 11-9

图 11-10

图 11-11

图 11-12

（8）用鼠标右键单击"库"面板中的按钮元件"播放"，在弹出的菜单中选择"直接复制元件"命令，弹出"直接复制元件"对话框，在"名称"文本框中输入"停止"，单击"确定"按钮，即可创建按钮元件"停止"，如图 11-13 所示。

（9）双击"库"面板中的按钮元件"停止"，即可进入舞台窗口。选中"图层_1"的"弹起"帧，在舞台窗口中选中"02"实例，在实例"属性"面板中，单击"交换…"按钮 交换…，弹出"交换元件"对话框，在列表中选择"03"文件，如图 11-14 所示，单击"确定"按钮，效果如图 11-15 所示。用相同的方法设置"图层_1"的"指针经过"帧，效果如图 11-16 所示。

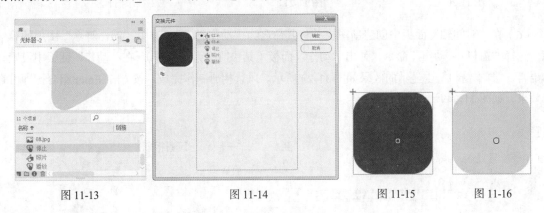

图 11-13　　　　　　图 11-14　　　　　　图 11-15　　　　　图 11-16

2．制作场景动画

（1）单击舞台窗口左上方的"场景 1"图标 场景 1，即可进入"场景 1"的舞台窗口。将"图层_1"重新命名为"底图"。将"库"面板中的位图"01"拖曳到舞台窗口的中心位置，如图 11-17 所示。选中"底图"图层的第 300 帧，按 F5 键，即可插入普通帧。

（2）在"时间轴"面板中创建新图层并将其命名为"照片"。将"库"面板中的图形元件"照片"拖曳到舞台窗口中，并放置在适当的位置，如图 11-18 所示。

（3）选中"照片"图层的第 300 帧，按 F6 键，即可插入关键帧。将舞台窗口中的"照片"实例水平向左拖曳到适当的位置，如图 11-19 所示。用鼠标右键单击"照片"图层的第 1 帧，在弹出的菜单中选择"创建传统补间"命令，即可生成传统补间动画。

图 11-17　　　　　　图 11-18　　　　　　图 11-19

（4）在"时间轴"面板中创建新图层并将其命名为"按钮"。分别将"库"面板中的按钮元件"播放"和"停止"拖曳到舞台窗口中，并放置在适当的位置，如图 11-20 所示。

（5）选中舞台窗口中的"播放"实例，在"属性"面板中的"实例名称"文本框中输入"start_Btn"，如图 11-21 所示。选中舞台窗口中的"停止"实例，在"属性"面板中的"实例名称"文本框中输入"stop_Btn"，如图 11-22 所示。

图 11-20   图 11-21   图 11-22

（6）在"时间轴"面板中创建新图层并将其命名为"动作脚本"。选中"动作脚本"图层的第 1 帧，选择"窗口 > 动作"命令，弹出"动作"面板（其快捷键为 F9 键）。在"动作"面板中设置脚本语言，"脚本窗口"中显示的效果如图 11-23 所示。风景相册制作完成，按 Ctrl+Enter 组合键即可查看效果，如图 11-24 所示。

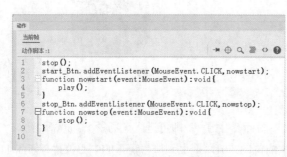

图 11-23   图 11-24

11.1.2 播放和停止动画

控制动画播放和停止所使用的动作脚本如下。

（1）stop()：用于在此帧进行停止。

例如：

```
stop();
```

（2）gotoAndStop()：用于转到某帧并停止播放。

例如：

```
stop_Btn.addEventListener(MouseEvent.CLICK,nowstop);
function nowstop(event:MouseEvent):void{
    gotoAndStop(2);
}
```

（3）gotoAndPlay()：用于转到某帧并开始播放。

例如：

```
start_Btn.addEventListener(MouseEvent.CLICK,nowstart);
function nowstart(event:MouseEvent):void{
```

```
    gotoAndPlay(2);
}
```

（4）addEventListener()：用于添加事件。

例如：

所要接收事件的对象.addEventListener（事件类型、事件名称、事件响应函数的名称）；

```
{
//此处是为响应的事件所要执行的动作
}
```

打开本书学习资源中的"基础素材＞Ch11＞01"文件，如图 11-25 所示。单击"时间轴"面板上方的"新建图层"按钮，创建新图层并将其命名为"按钮"，如图 11-26 所示。分别将"库"面板中的按钮元件"播放"和"停止"拖曳到舞台窗口中，效果如图 11-27 所示。

 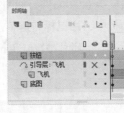 

　　图 11-25　　　　　　　　　图 11-26　　　　　　　　　　　图 11-27

选择"选择"工具，在舞台窗口中选中"播放"实例，如图 11-28 所示。在"属性"面板中的"实例名称"文本框中输入"start_Btn"，如图 11-29 所示。在舞台窗口中选中"停止"实例，如图 11-30 所示。在"属性"面板中的"实例名称"文本框中输入"stop_Btn"，如图 11-31 所示。

　　图 11-28　　　　　　　　　图 11-29　　　　　　　　　图 11-30　　　　　　　　　图 11-31

单击"时间轴"面板上方的"新建图层"按钮，创建新图层并将其命名为"动作脚本"。选择"窗口＞动作"命令，弹出"动作"面板，在"动作"面板中设置脚本语言，"脚本窗口"中显示的效果如图 11-32 所示。动作脚本设置完成后，关闭"动作"面板。在"动作脚本"图层中的第 1 帧上将显示出一个标记"a"，如图 11-33 所示。

按 Ctrl+Enter 组合键，即可查看动画效果。当单击停止按钮时，动画停止在正在播放的帧上，效果如图 11-34 所示。单击播放按钮后，动画将继续播放。

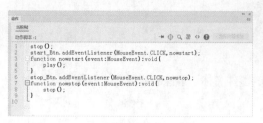

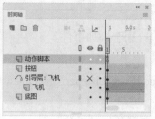

图 11-32　　　　　　　　　图 11-33　　　　　　　　　图 11-34

11.2　按钮事件

按钮是交互动画的常用控制方式，可以利用按钮来控制和影响动画的播放，实现页面的链接、场景的跳转等功能。

打开本书学习资源中的"基础素材 > Ch11 > 02"文件，如图 11-35 所示。按 Ctrl+L 组合键，打开"库"面板，如图 11-36 所示。在"库"面板中，用鼠标右键单击按钮元件"Play"，在弹出的菜单中选择"属性"命令，弹出"元件属性"对话框，勾选"为 ActionScript 导出"复选框，并在"类"文本框中输入类名称"playbutton"，如图 11-37 所示，单击"确定"按钮，完成元件属性的设置。

图 11-35　　　　　　　　　图 11-36　　　　　　　　　图 11-37

单击"时间轴"面板上方的"新建图层"按钮，新建图层并将其命名为"动作脚本"。选择"窗口 > 动作"命令，弹出"动作"面板（其快捷键为 F9 键）。在"脚本窗口"中输入脚本语言，"动作"面板中的效果如图 11-38 所示。按 Ctrl+Enter 组合键即可查看效果，效果如图 11-39 所示。

图 11-38　　　　　　　　　　　　　　图 11-39

下面介绍脚本语言中的表达式。

```
stop();
//处于静止状态
var playBtn:playbutton = new playbutton();
//创建一个按钮实例
    playBtn.addEventListener( MouseEvent.CLICK, handleClick );
//为按钮实例添加监听器
var stageW=stage.stageWidth;
var stageH=stage.stageHeight;
//依据舞台的宽和高
playBtn.x=stageW/1.2;
playBtn.y=stageH/1.2;
this.addChild(playBtn);
//添加按钮到舞台中，并将其放置在舞台的左下角（"stageW/1.2"、"stageH/1.2"宽和高在 x 轴和
y 轴的坐标）
function handleClick( event:MouseEvent ) {
        gotoAndPlay(2);
}
//单击按钮时跳到下一帧并开始播放动画
```

11.3　制作交互按钮

（1）新建空白文档，并将舞台颜色设为浅灰色（#CCCCCC），如图 11-40 所示。在"库"面板中新建一个按钮元件，舞台窗口也随之转换为按钮元件的舞台窗口。选择"窗口 > 颜色"命令，弹出"颜色"面板，单击"笔触颜色"按钮 ✏️ ■，将其设为无；单击"填充颜色"按钮 🪣 □，在"类型"选项的下拉列表中选择"径向渐变"选项；在色带上将左边的颜色控制点设为黄色（#FFFF00），将右边的颜色控制点设为橘黄色（#FF9900），即可生成渐变色，如图 11-41 所示。

（2）选择"椭圆"工具 ⬭，单击工具箱下方的"对象绘制"按钮 ⬜，按住 Shift 键的同时，在舞台窗口中绘制 1 个圆形，如图 11-42 所示。选中"图层_1"的"按下"帧，按 F5 键，即可插入普通帧。

图 11-40

图 11-41

图 11-42

（3）选择"选择"工具 ▶，选中绘制的圆形，按 Ctrl+C 组合键，复制图形。单击"时间轴"面板上方的"新建图层"按钮 ▮，新建图层"图层_2"，如图 11-43 所示。选中"图层_2"的"指针经过"帧，按 F6 键，即可插入关键帧，如图 11-44 所示。按 Ctrl+Shift+V 组合键，即可将复制的图形原位粘贴到"图层_2"中。

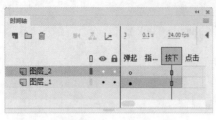
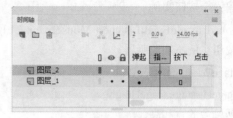

图 11-43　　　　　　　　　　　　　　　　图 11-44

（4）保持图形的被选中状态，按 F8 键，在弹出的"转换为元件"对话框中进行设置，如图 11-45 所示；单击"确定"按钮，即可将图形转换为影片剪辑元件，效果如图 11-46 所示。

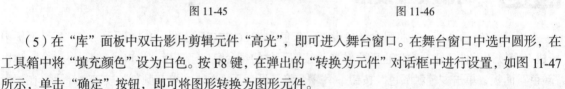

图 11-45　　　　　　　　　　　　　　　　图 11-46

（5）在"库"面板中双击影片剪辑元件"高光"，即可进入舞台窗口。在舞台窗口中选中圆形，在工具箱中将"填充颜色"设为白色。按 F8 键，在弹出的"转换为元件"对话框中进行设置，如图 11-47 所示，单击"确定"按钮，即可将图形转换为图形元件。

（6）选中"图层_1"的第 10 帧，按 F6 键，即可插入关键帧。按 Ctrl+T 组合键，弹出"变形"面板，将"缩放宽度"选项和"缩放高度"选项均设为 120%，相关设置如图 11-48 所示，效果如图 11-49 所示。

图 11-47　　　　　　　　　　图 11-48　　　　　　　　　图 11-49

（7）在舞台窗口中选中"圆形"实例，在图形"属性"面板中，选择"色彩效果"选项组，在"样式"选项的下拉列表中选择"Alpha"选项，将"Alpha 数量"设为 0，效果如图 11-50 所示。用鼠标右键单击"图层_1"的第 1 帧，在弹出的菜单中选择"创建传统补间"命令，即可生成传统补间动画，如图 11-51 所示。

（8）用鼠标右键单击"图层_1"，在弹出的菜单中选择"复制图层"命令，即可直接复制图层并生成"图层_1_复制"，如图 11-52 所示。用相同的方法再复制一个图层并生成"图层_1_复制_复制"。

图 11-50

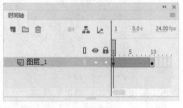

图 11-51

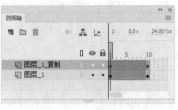

图 11-52

（9）单击"图层_1_复制"的图层名称，即可选中该图层中的所有帧，将所有帧向后拖曳至与"图层_1"间隔 1 帧的位置，如图 11-53 所示。用相同的方法对"图层_1_复制_复制"进行操作，如图 11-54 所示。

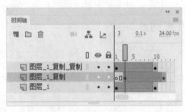

图 11-53

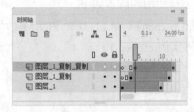

图 11-54

（10）在"库"面板中双击按钮元件"元件 1"，即可进入舞台窗口。选中"图层_2"的"按下"帧，按 F7 键，即可插入空白关键帧。在"时间轴"面板中将"图层_1"拖曳到"图层_2"的上方，如图 11-55 所示。选中"图层_1"的"按下"帧，按 F6 键，即可将其转换为关键帧，如图 11-56 所示。

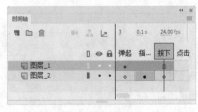

图 11-55

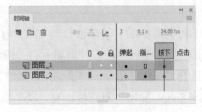

图 11-56

（11）选择"渐变变形"工具 ▣，在圆形上单击鼠标左键，圆形的周围将出现控制框，如图 11-57 所示。将鼠标指针放置在控制框的中心控制点上，指针变为 ✛，按住鼠标左键并向左上方拖曳，松开鼠标，即可调整渐变的中心位置，效果如图 11-58 所示。

（12）单击舞台窗口左上方的"场景 1"图标 ▦ 场景 1，即可进入"场景 1"的舞台窗口。将"库"面板中的按钮元件拖曳到舞台窗口中。交互按钮制作完成，按 Ctrl+Enter 组合键即可查看效果。按钮在不同状态时的效果如图 11-59 所示。

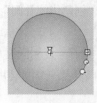

图 11-57 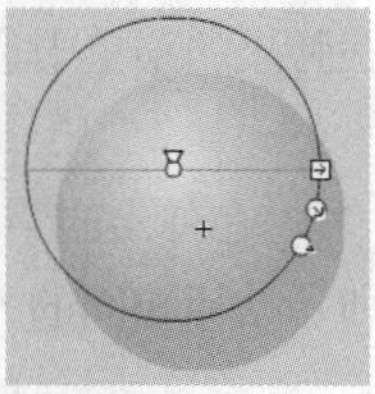　　　　图 11-58

（a）按钮的"弹起"状态　　　（b）按钮的"指针经过"状态　　　（c）按钮的"按下"状态

图 11-59

11.4　添加控制命令

控制鼠标跟随所使用的脚本如下。

```
root.addEventListener(Event.ENTER_FRAME,元件实例);
function 元件实例(e:Event) {
var h:元件 = new 元件();
//添加一个元件实例
h.x=root.mouseX;
h.y=root.mouseY;
//设置元件实例在 x 轴和 y 轴的坐标位置
root.addChild(h);
//将元件实例放入场景
}
```

打开本书学习资源中的"基础素材 > Ch11 > 03"文件。用鼠标右键单击"库"面板中的影片剪辑元件"图形动"，在弹出的菜单中选择"属性"命令，弹出"元件属性"对话框，勾选"为 ActionScript 导出"复选框，在"类"文本框中输入类名称"Box"，如图 11-60 所示，单击"确定"按钮，即可完成元件属性的设置。

在"时间轴"面板中创建新图层并将其命名为"动作脚本"。选择"窗口 > 动作"命令，弹出"动作"面板（其快捷键为 F9 键）。在"脚本窗口"中输入脚本语言，"动作"面板中的效果如图 11-61 所示。

选择"文件 > ActionScript 设置"命令，弹出"高级 ActionScript 3.0 设置"对话框，在对话框中单击"严谨模式"

图 11-60

选项前的复选框，取消该选项的勾选，如图 11-62 所示，然后单击"确定"按钮。鼠标效果制作完成，按 Ctrl+Enter 组合键即可查看效果，如图 11-63 所示。

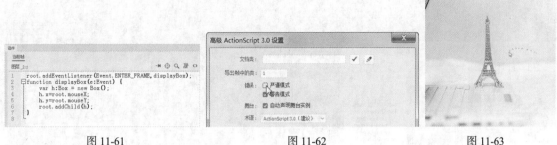

图 11-61   图 11-62   图 11-63

课堂练习——制作美食页面

【练习知识要点】使用"导入到库"命令，导入素材文件；使用"创建传统补间"命令，制作美食动画效果；使用"动作"面板，添加脚本语言，效果如图 11-64 所示。

【素材所在位置】Ch11 > 素材 > 制作美食页面 > 01~08。

【效果所在位置】Ch11 > 效果 > 制作美食页面.fla。

图 11-64

课后习题——制作女装馆界面

【习题知识要点】使用"导入到库"命令，导入素材；使用"新建元件"命令，制作按钮元件，效果如图 11-65 所示。

【素材所在位置】Ch11 > 素材 > 制作女装馆界面 > 01 ~ 09。

【效果所在位置】Ch11 > 效果 > 制作女装馆界面.fla。

图 11-65

第**12**章 组件和动画预设

本章介绍

在 Animate CC 2019 中，系统预先设定了组件和动画预设功能来协助用户制作动画，以提高制作效率。本章主要讲解组件、动画预设的使用方法。通过对本章的学习，读者可以了解并掌握如何应用系统自带的功能来事半功倍地完成动画制作。

学习目标

- 了解组件及组件的设置。
- 掌握动画预设的应用、导入、导出和删除方法。

技能目标

- 掌握"旅行箱广告"的制作方法。

12.1　组件

组件是一些复杂的且带有可定义参数的影片剪辑符号。一个组件就是一段影片剪辑，其中的参数由用户在创作影片时进行设置，其中的动作脚本 API 供用户在运行时自定义组件。组件旨在让开发人员重用和共享代码，封装复杂功能，让用户在没有"动作脚本"时也能使用和自定义这些功能。

12.1.1　关于 Animate 组件

组件可以是单选按钮、对话框、下拉列表、预加载栏甚至是根本没有图形的某个项，如定时器、服务器连接实用程序或自定义 XML 分析器等。

对于不熟悉如何编写 ActionScript 代码的用户，可以直接向文档中添加组件。添加的组件可以在"属性"面板中设置其参数，然后可以使用"代码片段"面板处理其事件。

用户无须编写任何 ActionScript 代码，就可以将"转到 Web 页"行为附加到一个 Button 组件上，用户单击此按钮时会在 Web 浏览器中打开一个 URL。

要创建功能更加强大的应用程序，可通过动态方式来创建组件。可使用 ActionScript 在运行时设置属性和调用方法，还可使用事件侦听器模型来处理事件。

首次将组件添加到文档时，Animate 会将其作为影片剪辑导入"库"面板，还可以将组件从"组件"面板直接拖到"库"面板中，然后将其实例添加到舞台上。在任何情况下，用户都必须先将组件添加到库中，然后才能访问其类元素。

12.1.2　设置组件

选择"窗口 > 组件"命令或按 Ctrl+F7 组合键，弹出"组件"面板，如图 12-1 所示。Animate 提供了 2 类组件，即用于创建界面的 User Interface 类组件和控制视频播放的 Video 组件。

可以在"组件"面板中双击要使用的组件，组件将显示在舞台窗口中，如图 12-2 所示。

可以在"组件"面板中选中要使用的组件，将其直接拖曳到舞台窗口中，如图 12-3 所示。

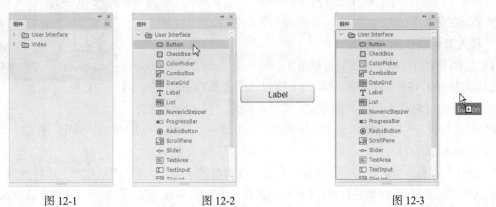

图 12-1　　　　　　　　　　图 12-2　　　　　　　　　　图 12-3

在舞台窗口中选中组件，如图 12-4 所示；按 Ctrl+F3 组合键，弹出"属性"面板，如图 12-5 所示。可以在其下拉列表中选择相应的选项，如图 12-6 所示。

图 12-4　　　　　　　　图 12-5　　　　　　　　图 12-6

12.2　使用动画预设

动画预设是预配置的补间动画，可以将它们应用于舞台上的对象。用户只需选择对象并单击"动画预设"面板中的"应用"按钮，即可为选中的对象添加动画效果。

使用动画预设是学习在 Animate 中添加动画的基础知识的快捷方法。一旦了解了预设的工作方式，自己制作动画就非常容易了。

用户可以创建并保存自己的自定义预设。这可以来自已修改的现有动画预设，也可以来自用户自己创建的自定义补间。

使用"动画预设"面板，还可导入和导出预设。用户可以与协作人员共享预设或利用由 Animate 设计社区成员共享的预设。

12.2.1　课堂案例——制作旅行箱广告

【案例学习目标】使用不同的预设命令来制作动画效果。

【案例知识要点】使用"导入到库"命令，导入素材制作图形元件；使用"从顶部飞入"选项、"从右边飞入"选项和"从左边飞入"选项，制作旅行箱广告动画，效果如图 12-7 所示。

【效果所在位置】Ch12 > 效果 > 制作旅行箱广告. fla。

图 12-7

1. 导入素材制作图形元件

（1）在欢迎页的"详细信息"选项组中，将"宽"选项设为 800，"高"选项设为 800；在"平台类型"选项的下拉列表中选择"ActionScript 3.0"选项，单击"创建"按钮，即可完成文档的创建。按 Ctrl+J 组合键，弹出"文档设置"对话框，将"舞台颜色"设为黄色（#FFCC99），单击"确定"按钮，即可完成舞台颜色的修改。

（2）选择"文件 > 导入 > 导入到库"命令，在弹出的"导入到库"对话框中，选择本书学习资源中的"Ch12 > 素材 > 制作旅行箱广告 > 01 和 02"文件，单击"打开"按钮，文件将被导入"库"面板，如图 12-8 所示。

（3）按 Ctrl+F8 组合键，弹出"创建新元件"对话框，在"名称"选项的文本框中输入"行李箱"，在"类型"选项的下拉列表中选择"图形"选项，单击"确定"按钮，即可新建图形元件"行李箱"，如图 12-9 所示。舞台窗口也随之转换为图形元件的舞台窗口。将"库"面板中的位图"02"拖曳到舞台窗口中，如图 12-10 所示。

图 12-8　　　　　　　　　　图 12-9　　　　　　　　　　图 12-10

（4）按 Ctrl+F8 组合键，弹出"创建新元件"对话框，在"名称"选项的文本框中输入"价位"，在"类型"选项的下拉列表中选择"图形"选项，如图 12-11 所示，单击"确定"按钮，即可新建图形元件"价位"。舞台窗口也随之转换为图形元件的舞台窗口。

（5）选择"文本"工具 T ，在文本工具"属性"面板中进行设置，在舞台窗口中的适当位置输入字号为 84、字体为"微软雅黑"的白色文字，文字效果如图 12-12 所示。再次在舞台窗口中输入字号为 126、字体为"Impact"的白色文字，文字效果如图 12-13 所示。

图 12-11　　　　　　　　　　图 12-12　　　　　　　　　　图 12-13

（6）在"库"面板中新建 1 个图形元件"文字 1"，舞台窗口也随之转换为图形元件的舞台窗口。在文本工具"属性"面板中进行设置，在舞台窗口中的适当位置输入字号为 109、字体为"方正正大黑简体"的白色文字，文字效果如图 12-14 所示。

（7）在"库"面板中新建 1 个图形元件"文字 2"，舞台窗口也随之转换为图形元件的舞台窗口。在文本工具"属性"面板中进行设置，在舞台窗口中的适当位置输入字号为 24、字体为"方正准圆简体"的白色文字，文字效果如图 12-15 所示。

图 12-14　　　　　　　　　　　　图 12-15

（8）在"库"面板中新建 1 个影片剪辑元件"立即购买"，舞台窗口也随之转换为影片剪辑元件的舞台窗口。将"图层_1"重命名为"文字"。在文本工具"属性"面板中进行设置，在舞台窗口中的适当位置输入字号为 42、字体为"方正准圆简体"的深蓝色（#224878）文字，文字效果如图 12-16 所示。

（9）在"时间轴"面板中创建新图层并将其命名为"矩形"。选择"基本矩形"工具 ，在基本矩形工具"属性"面板中，将"笔触颜色"设为无，"填充颜色"设为白色，其他选项的设置如图 12-17 所示。在舞台窗口中绘制 1 个圆角矩形，效果如图 12-18 所示。

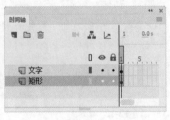

图 12-16

图 12-17

图 12-18

（10）在"时间轴"面板中将"矩形"图层拖曳到"文字"图层的下方，如图 12-19 所示，效果如图 12-20 所示。

图 12-19

图 12-20

2. 制作场景动画

（1）单击舞台窗口左上方的"场景 1"图标 场景 1，即可进入"场景 1"的舞台窗口。将"图层_1"重命名为"底图"，如图 12-21 所示。将"库"面板中的位图"01"拖曳到舞台窗口中，并放置在舞台的中心位置，如图 12-22 所示。选中"底图"图层的第 80 帧，按 F5 键，即可插入普通帧。

（2）在"时间轴"面板中创建新图层并将其命名为"行李箱"。将"库"面板中的图形元件"行李箱"拖曳到舞台窗口的右外侧，如图 12-23 所示。

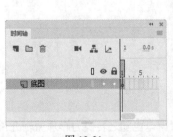

图 12-21

图 12-22

图 12-23

（3）保持"行李箱"实例的被选中状态，选择"窗口 > 动画预设"命令，弹出"动画预设"面板，单击"默认预设"文件夹前面的三角图标，展开默认预设，如图 12-24 所示。

（4）在"动画预设"面板中的"默认预设"文件夹中，选择"从右边飞入"选项，如图 12-25 所示；单击"应用"按钮（ 应用 ），舞台窗口中的效果如图 12-26 所示。

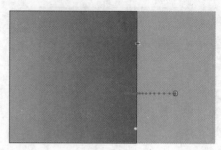

图 12-24　　　　　　　　　图 12-25　　　　　　　　　　图 12-26

（5）选中"行李箱"图层的第 24 帧，在舞台窗口中将"行李箱"实例水平向左拖曳到适当的位置，如图 12-27 所示。选中"行李箱"图层的第 80 帧，按 F5 键，即可插入普通帧。

（6）在"时间轴"面板中创建新图层并将其命名为"文字 1"。将"库"面板中的图形元件"文字1"拖曳到舞台窗口的上方外侧，如图 12-28 所示。

图 12-27　　　　　　　　　　　图 12-28

（7）保持"文字 1"实例的被选中状态，在"动画预设"面板中的"默认预设"文件夹中，选择"从顶部飞入"选项，如图 12-29 所示；单击"应用"按钮（ 应用 ），舞台窗口中的效果如图 12-30 所示。选中"文字 1"图层的第 24 帧，在舞台窗口中将"文字 1"实例垂直向下拖曳到适当的位置，如图 12-31 所示。选中"文字 1"图层的第 80 帧，按 F5 键，即可插入普通帧。

图 12-29　　　　　　　　　图 12-30　　　　　　　　　图 12-31

（8）在"时间轴"面板中创建新图层并将其命名为"文字 2"。将"库"面板中的图形元件"文字2"拖曳到舞台窗口的左外侧，如图 12-32 所示。

（9）保持"文字 2"实例的被选中状态，在"动画预设"面板中的"默认预设"文件夹中，选择"从左边飞入"选项，如图 12-33 所示；单击"应用"按钮 应用 ，舞台窗口中的效果如图 12-34 所示。

图 12-32   图 12-33   图 12-34

（10）选中"文字 2"图层的第 24 帧，在舞台窗口中将"文字 2"实例水平向右拖曳到适当的位置，如图 12-35 所示。选中"文字 2"图层的第 80 帧，按 F5 键，即可插入普通帧。

（11）在"时间轴"面板中创建新图层并将其命名为"价位"。选中"价位"图层的第 24 帧，按 F6 键，即可插入关键帧。将"库"面板中的图形元件"价位"拖曳到舞台窗口中，并放置在适当的位置，如图 12-36 所示。

图 12-35   图 12-36

（12）保持"价位"实例的被选中状态，在"动画预设"面板的"默认预设"文件夹中，选择"2D 放大"选项，如图 12-37 所示；单击"应用"按钮 应用 ，弹出提示对话框，单击"确定"按钮，舞台窗口中的效果如图 12-38 所示。选中"价位"图层的第 80 帧，按 F5 键，即可插入普通帧。

（13）在"时间轴"面板中创建新图层并将其命名为"立即购买"。选中"立即购买"图层的第 48 帧，按 F6 键，即可插入关键帧。将"库"面板中的图形元件"立即购买"拖曳到舞台窗口中，并放置在适当的位置，如图 12-39 所示。

图 12-37   图 12-38   图 12-39

（14）保持"立即购买"实例的被选中状态，在"动画预设"面板的"默认预设"文件夹中，选择"从底部飞入"选项，如图 12-40 所示；单击"应用"按钮 **应用**，舞台窗口中的效果如图 12-41 所示。

（15）选中"立即购买"图层的第 71 帧，在舞台窗口中将"立即购买"实例垂直向下拖曳到适当的位置，如图 12-42 所示。选中"立即购买"图层的第 80 帧，按 F5 键，即可插入普通帧。

（16）在"时间轴"面板中创建新图层并将其命名为"动作脚本"。选中"动作脚本"图层的第 80 帧，按 F6 键，即可插入关键帧。选择"窗口 > 动作"命令，弹出"动作"面板（其快捷键为 F9 键）。在"动作"面板中设置脚本语言，"脚本窗口"中的效果如图 12-43 所示。旅行箱广告制作完成，按 Ctrl+Enter 组合键即可查看效果。

图 12-40　　　　　　图 12-41　　　　　　图 12-42　　　　　　图 12-43

12.2.2　预览动画预设

Animate 提供的每个动画预设选项都包括预览，可在"动画预设"面板中查看其预览。通过预览，用户可以了解在将动画应用于 FLA 文件中的对象时所获得的结果。对于用户创建或导入的自定义预设，用户可以添加自己的预览。

选择"窗口 > 动画预设"命令，弹出"动画预设"面板，如图 12-44 所示。单击"默认预设"文件夹前面的三角图标，展开默认预设选项，选择其中一个默认的预设选项，即可预览默认动画预设，如图 12-45 所示。要停止预览播放，在"动画预设"面板外单击即可。

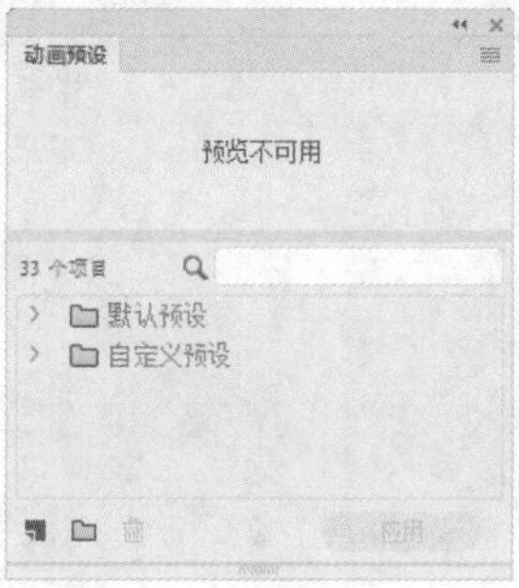

图 12-44 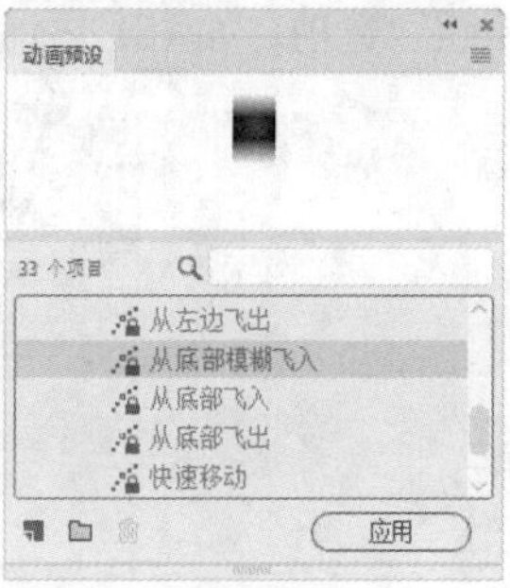　　　　　　图 12-45

12.2.3　应用动画预设

在舞台上选中可补间的对象（元件实例或文本字段）后，可单击"应用"按钮来应用预设。每个对象只能应用一个预设。如果将第 2 个预设应用于相同的对象，则第 2 个预设将替换第 1 个预设。

一旦将预设应用于舞台上的对象，在时间轴中创建的补间就不再与"动画预设"面板有任何关系了。在"动画预设"面板中删除或重命名某个预设对以前使用该预设时创建的所有补间没有任何影响。如果在面板中的现有预设上保存新预设，它对使用原始预设时创建的任何补间没有影响。

每个动画预设都包含特定数量的帧。在应用预设时，在时间轴中创建的补间范围将包含此数量的帧。如果目标对象已应用了不同长度的补间，补间范围将进行调整，以符合动画预设的长度。可在应用预设后调整时间轴中补间范围的长度。

包含 3D 动画的动画预设只能应用于影片剪辑实例。已创建补间的 3D 属性不适用于图形或按钮元件，也不适用于文本字段。可以将 2D 或 3D 动画预设应用于任何 2D 或 3D 影片剪辑。

注意   如果动画预设对 3D 影片剪辑的 z 轴位置进行了动画处理，则该影片剪辑在显示时也会改变其在 x 轴和 y 轴上的位置。这是因 z 轴上的移动是沿着从 3D 消失点 (在 3D 元件实例属性检查器中设置) 辐射到舞台边缘的不可见透视线执行的。

打开本书学习资源中的"基础素材 > Ch12 > 01"文件，如图 12-46 所示。单击"时间轴"面板上方的"新建图层"按钮，新建图层"图层_2"，如图 12-47 所示。将"库"面板中的图形元件"足球"拖曳到舞台窗口中，并放置在适当的位置，如图 12-48 所示。

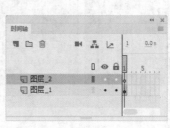

图 12-46   图 12-47   图 12-48

选择"窗口 > 动画预设"命令，弹出"动画预设"面板，如图 12-49 所示。单击"默认预设"文件夹前面的三角图标，展开默认预设选项，如图 12-50 所示。

在舞台窗口中选中"足球"实例，在"动画预设"面板中选择"默认预设"文件夹中的"大幅度跳跃"选项，如图 12-51 所示。

图 12-49   图 12-50   图 12-51

单击"动画预设"面板右下方的"应用"按钮，即可为"足球"实例添加动画预设，舞台窗口中的效果如图 12-52 所示，"时间轴"面板的效果如图 12-53 所示。

选中"图层_1"的第 75 帧，按 F5 键，即可插入普通帧，如图 12-54 所示。选择"图层_2"的第 75 帧，选择"选择"工具，在舞台窗口中将"足球"实例拖曳到适当的位置，如图 12-55 所示。

图 12-52

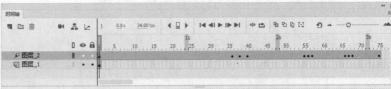

图 12-53

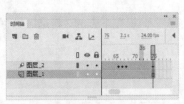

图 12-54

图 12-55

按 Ctrl+Enter 组合键即可测试动画效果，在动画中足球会自左向右弹跳。

12.2.4　将补间另存为自定义动画预设

如果用户想对自己创建的补间或在"动画预设"面板中应用的补间进行更改，可将它另存为新的动画预设。新预设将显示在"动画预设"面板中的"自定义预设"文件夹中。

选择"基本椭圆"工具 ，在工具箱中将"笔触颜色"设为无，"填充颜色"设为红色径向渐变，在舞台窗口中绘制 1 个圆形，如图 12-56 所示。

选择"选择"工具 ，选中圆形，按 F8 键，弹出"转换为元件"对话框，在"名称"选项的文本框中输入"小球"，在"类型"选项的下拉列表中选择"图形"选项，如图 12-57 所示；单击"确定"按钮，即可将圆形转换为图形元件。

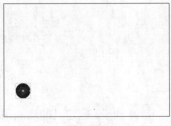

图 12-56

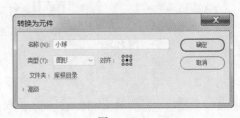

图 12-57

用鼠标右键单击"小球"实例，在弹出的菜单中选择"创建补间动画"命令，即可生成补间动画，"时间轴"面板如图 12-58 所示。在舞台窗口中将"小球"实例水平向右拖曳到适当的位置，如图 12-59 所示。

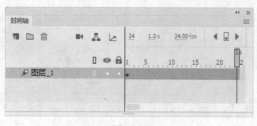

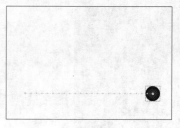

图 12-58

图 12-59

将鼠标指针放在运动路线上，当鼠标指针变为➤时，按住鼠标左键并向上拖曳到适当的位置，即可将运动路线调整为弧线，效果如图 12-60 所示。

选中舞台窗口中的"小球"实例，单击"动画预设"面板左下方的"将选区另存为预设"按钮▣，弹出"将预设另存为"对话框，如图 12-61 所示。

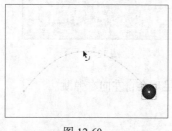

图 12-60

图 12-61

在"预设名称"选项的文本框中输入一个名称，如图 12-62 所示，单击"确定"按钮，完成另存为预设效果的操作，"动画预设"面板如图 12-63 所示。

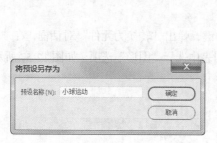

图 12-62

图 12-63

> **注意** 动画预设只能包含补间动画，传统补间不能保存为动画预设。自定义的动画预设存储在"自定义预设"文件夹中。

12.2.5　导入和导出动画预设

在 Animate CC 2019 中，动画预设除了默认预设和自定义预设外，还可以通过导入和导出的方式添加动画预设。

1. 导入动画预设

将动画预设存储为 XML 文件，导入 XML 补间文件可将其添加到"动画预设"面板。

单击"动画预设"面板右上角的选项按钮 ≡，在弹出的菜单中选择"导入…"命令，如图 12-64 所示；在弹出的"导入动画预设"对话框中选择要导入的文件，如图 12-65 所示。单击"打开"按钮，"小球运动-1.xml"文件会被导入"动画预设"面板，如图 12-66 所示。

| 图 12-64 | 图 12-65 | 图 12-66 |

2. 导出动画预设

在 Animate CC 2019 中，除了导入动画预设外，还可以将制作好的动画预设导出为 XML 文件，以便与其他 Animate 用户共享。

在"动画预设"面板中选择需要导出的动画预设，如图 12-67 所示；单击"动画预设"面板右上角的选项按钮 ≡，在弹出的菜单中选择"导出…"命令，如图 12-68 所示。在弹出的"另存为"对话框中，为 XML 文件选择保存位置并输入名称，如图 12-69 所示，单击"保存"按钮即可完成导出动画预设。

| 图 12-67 | 图 12-68 | 图 12-69 |

12.2.6　删除动画预设

可在"动画预设"面板中删除动画预设。在删除动画预设时，Animate 将从磁盘中删除其 XML 文件。请考虑制作以后会再次使用的任何动画预设的备份，方法是先导出这些动画预设的副本。

在"动画预设"面板中选择需要删除的动画预设，如图 12-70 所示；单击面板下方的"删除项目"按钮 ⬚，系统将弹出"删除预设"对话框，如图 12-71 所示，单击"删除"按钮，即可将选中的动画预设删除。

图 12-70   图 12-71

 在删除动画预设时，"默认预设"文件夹中的预设是删除不了的。

课堂练习——制作小风扇主图

【练习知识要点】使用"新建元件"命令，制作图形元件；使用"从左边飞入"选项、"从顶部飞入"选项、"从底部飞入"选项，制作文字动画；使用"脉搏"选项，制作价位动画，效果如图 12-72 所示。

【素材所在位置】Ch12 > 素材 > 制作小风扇主图 > 01 和 02。

【效果所在位置】Ch12 > 效果 > 制作小风扇主图 .fla。

图 12-72

课后习题——制作写真照片模板

【习题知识要点】使用"导入到库"命令，导入素材制作图形元件；使用"从顶部飞入"选项、"从左边飞入"选项和"从底部飞入"选项，制作写真照片模板，效果如图 12-73 所示。

【素材所在位置】Ch12 > 素材 > 制作写真照片模板 > 01 ~ 05。

【效果所在位置】Ch12 > 效果 > 制作写真照片模板 .fla。

图 12-73

第13章 商业案例实训

本章介绍

本章结合多个领域的商业案例的实际应用，通过案例分析、案例设计、案例制作等方面进一步详解 Animate 强大的应用功能和制作技巧。读者在学习商业案例并完成大量商业练习和习题后，可以快速地掌握商业动画设计的理念和软件操作的技术要点，设计并制作出专业的动画作品。

学习目标

- 掌握软件基本功能的使用方法。
- 了解 Animate 的常用设计领域。
- 掌握 Animate 在不同设计领域的使用技巧。

技能目标

- 掌握"社交媒体动图设计——教师节小动画"的制作方法。
- 掌握"动态标志设计——慧心双语幼儿园动态标志"的制作方法。
- 掌握"动态海报设计——春节动态海报"的制作方法。
- 掌握"电商广告设计——女包广告"的制作方法。

13.1 社交媒体动图设计——制作教师节小动画

13.1.1 项目背景及要求

1. 客户名称
Circle。

2. 客户需求
Circle 是一个以文字、图片、视频等多媒体形式，实现信息即时分享、传播互动的平台。在教师节来临之际，需要为平台制作一款动态宣传海报，要求能够适用于平台头图传播，以感恩教师节为主要内容；要求内容明确清晰，展现品牌品质。

3. 设计要求
（1）海报要求以黄色作为主体颜色，给人温馨的感受。

（2）设计形式要简洁明晰，能表现宣传主题。

（3）设计风格具有特色，能够引起读者的共鸣和查看的兴趣。

（4）设计规格为 900 px（宽）×500 px（高）。

13.1.2 项目创意及要点

1. 素材资源
图片素材所在位置：本书学习资源中的"Ch13 > 素材 > 制作教师节小动画 > 01～06"。

文字素材所在位置：本书学习资源中的"Ch13 > 素材 > 制作教师节小动画 > 文本"。

2. 设计作品
设计作品效果所在位置：本书学习资源中的"Ch13 > 效果 > 制作教师节小动画 . fla"，效果如图 13-1 所示。

3. 制作要点
使用"新建元件"命令和"文本"工具，制作文字图形元件；使用"时间轴"面板、"任意变形"工具和"变形"面板，制作人物动画效果；使用"动画预设"面板，制作文字动画效果；使用"创建传统补间"命令，制作补间动画；使用"属性"面板，改变元件的颜色使标志产生阴影效果。

13.1.3 案例制作及步骤

图 13-1

1. 导入素材并制作图形元件
（1）在欢迎页的"详细信息"选项组中，将"宽"选项设为 900，"高"选项设为 500；在"平台类型"选项的下拉列表中选择"ActionScript 3.0"选项，单击"创建"按钮，即可完成文档的创建。按 Ctrl+J 组合键，弹出"文档设置"对话框，将"舞台颜色"设为黄色（#EDB800），单击"确定"按钮，即可完成舞台颜色的修改。

（2）选择"文件 > 导入 > 导入到库"命令，在弹出的"导入到库"对话框中，选择本书学习资源中的"Ch13 > 素材 > 制作教师节小动画 > 01 ~ 06"文件，单击"打开"按钮，文件将被导入"库"面板，如图 13-2 所示。

（3）按 Ctrl+F8 组合键，弹出"创建新元件"对话框，在"名称"选项的文本框中输入"文字 1"，在"类型"选项的下拉列表中选择"图形"选项，如图 13-3 所示，单击"确定"按钮，即可新建图形元件"文字 1"，如图 13-4 所示。舞台窗口也随之转换为图形元件的舞台窗口。

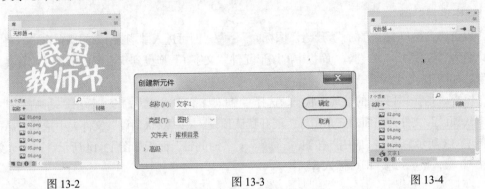

图 13-2　　　　　　　　　　　　　图 13-3　　　　　　　　　　　　　图 13-4

（4）将"库"面板中的位图"01"拖曳到舞台窗口中，并放置在适当的位置，如图 13-5 所示。用相同的方法分别将"库"面板中的位图"04"和"06"文件制作成图形元件"图形"和"装饰"，如图 13-6 和图 13-7 所示。

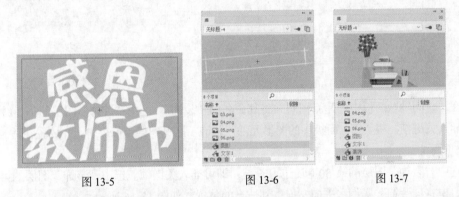

图 13-5　　　　　　　　　　　　　图 13-6　　　　　　　　　　　　　图 13-7

（5）在"库"面板中新建 1 个图形元件"文字 2"，舞台窗口也随之转换为图形元件的舞台窗口。选择"文本"工具 T，在文本工具"属性"面板中进行设置，在舞台窗口中的适当位置输入字号为 19、字体为"Arial Rounded MT"的白色文字，文字效果如图 13-8 所示。

（6）选择"选择"工具 ▶，在舞台窗口中选中文字，按 Ctrl+T 组合键，弹出"变形"面板，将"旋转"选项设为 – 2°，效果如图 13-9 所示。

图 13-8　　　　　　　　　　　　　图 13-9

（7）在"库"面板中新建 1 个图形元件"文字 3"，舞台窗口也随之转换为图形元件的舞台窗口。选择"文本"工具 T，在文本工具"属性"面板中进行设置，在舞台窗口中的适当位置输入字号为 23、字体为"方正准圆简体"的白色文字，文字效果如图 13-10 所示。

（8）选择"选择"工具 ▶，在舞台窗口中选中文字，按 Ctrl+T 组合键，弹出"变形"面板，将"旋转"选项设为 – 4.5°，效果如图 13-11 所示。

图 13-10   图 13-11

2. 制作场景动画

（1）单击舞台窗口左上方的"场景 1"图标 ，即可进入"场景 1"的舞台窗口。将"图层_1"重命名为"文字 1"。将"库"面板中的图形元件"文字 1"拖曳到舞台窗口中，并放置在舞台的中心位置，如图 13-12 所示。

（2）保持"文字 1"实例的被选中状态，选择"窗口 > 动画预设"命令，弹出"动画预设"面板，单击"默认预设"文件夹前面的三角图标，展开默认预设。在"默认预设"文件夹中选择"脉搏"选项，如图 13-13 所示，单击"应用"按钮 ，"时间轴"面板如图 13-14 所示。选中"文字 1"图层的第 90 帧，按 F5 键，即可插入普通帧。

图 13-12   图 13-13   图 13-14

（3）在"时间轴"面板中创建新图层并将其命名为"装饰"。选中"装饰"图层的第 20 帧，按 F6 键，即可插入关键帧。将"库"面板中的图形元件"装饰"拖曳到舞台窗口中，并放置在适当的位置，如图 13-15 所示。

（4）选中"装饰"图层的第 30 帧，按 F6 键，即可插入关键帧。选中"装饰"图层的第 20 帧，在舞台窗口中将"装饰"实例水平向左拖曳到适当的位置，如图 13-16 所示。

（5）在图形"属性"面板中，选择"色彩效果"选项组，在"样式"选项的下拉列表中选择"Alpha"选项，将"Alpha 数量"设为 0，舞台窗口中的效果如图 13-17 所示。

图 13-15   图 13-16   图 13-17

（6）用鼠标右键单击"装饰"图层的第 20 帧，在弹出的菜单中选择"创建传统补间"命令，即可生成传统补间动画。

（7）在"时间轴"面板中创建新图层并将其命名为"身体"。选中"身体"图层的第 20 帧，按 F6 键，即可插入关键帧。将"库"面板中的位图"02"拖曳到舞台窗口中，并放置在适当的位置，如图 13-18 所示。

（8）在"时间轴"面板中创建新图层并将其命名为"手臂"。选中"手臂"图层的第 20 帧，按 F6 键，即可插入关键帧。将"库"面板中的位图"03"拖曳到舞台窗口中，并放置在适当的位置，如图 13-19 所示。

图 13-18　　　　　　　　　　　　　　　图 13-19

（9）选择"任意变形"工具 ，在手臂图像的周围将出现控制框，如图 13-20 所示。将中心点拖曳到右下方控制点上，如图 13-21 所示。

（10）分别选中"手臂"图层的第 30 帧、第 40 帧、第 50 帧、第 60 帧、第 70 帧、第 80 帧，按 F6 键，即可分别插入关键帧，选中"手臂"图层的第 30 帧，按 Ctrl+T 组合键，弹出"变形"面板，将"旋转"选项设为 – 10°，效果如图 13-22 所示。

（11）用相同的方法分别设置"手臂"图层的第 50 帧、第 70 帧。在"时间轴"面板中将"身体"图层拖曳到"手臂"图层的上方，效果如图 13-23 所示。

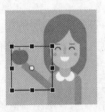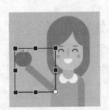

图 13-20　　　　　　图 13-21　　　　　　图 13-22　　　　　　图 13-23

（12）在"时间轴"面板中创建新图层并将其命名为"文字 2"。选中"文字 2"图层的第 20 帧，按 F6 键，即可插入关键帧。将"库"面板中的图形元件"文字 2"拖曳到舞台窗口中，并放置在适当的位置，如图 13-24 所示。

（13）选中"文字 2"图层的第 30 帧，按 F6 键，即可插入关键帧。选中"文字 2"图层的第 20 帧，在舞台窗口中选中"文字 2"实例，在图形"属性"面板中，选择"色彩效果"选项组，在"样式"选项的下拉列表中选择"Alpha"选项，将"Alpha 数量"设为 0，舞台窗口中的效果如图 13-25 所示。

（14）用鼠标右键单击"文字 2"图层的第 20 帧，在弹出的菜单中选择"创建传统补间"命令，即可生成传统补间动画。

（15）在"时间轴"面板中创建新图层并将其命名为"图形"。选中"图形"图层的第 20 帧，按 F6 键，即可插入关键帧。将"库"面板中的图形元件"图形"拖曳到舞台窗口中，并放置在适当的位置，如图 13-26 所示。

（16）选中"图形"图层的第 30 帧，按 F6 键，即可插入关键帧。选中"图形"图层的第 20 帧，在舞台窗口中选中"图形"实例，在图形"属性"面板中，选择"色彩效果"选项组，在"样式"选项的下拉列表中选择"Alpha"选项，将"Alpha 数量"设为 0，舞台窗口中的效果如图 13-27 所示。

（17）用鼠标右键单击"图形"图层的第 20 帧，在弹出的菜单中选择"创建传统补间"命令，即可生成传统补间动画。

图 13-24

图 13-25

图 13-26

图 13-27

（18）在"时间轴"面板中创建新图层并将其命名为"文字 3"。选中"文字 3"图层的第 30 帧，按 F6 键，即可插入关键帧。将"库"面板中的图形元件"文字 3"拖曳到舞台窗口中，并放置在适当的位置，如图 13-28 所示。

（19）选中"文字 3"图层的第 40 帧，按 F6 键，即可插入关键帧。选中"文字 3"图层的第 30 帧，在舞台窗口中选中"文字 3"实例，在图形"属性"面板中，选择"色彩效果"选项组，在"样式"选项的下拉列表中选择"Alpha"选项，将"Alpha 数量"设为 0，舞台窗口中的效果如图 13-29 所示。

（20）用鼠标右键单击"文字 3"图层的第 30 帧，在弹出的菜单中选择"创建传统补间"命令，即可生成传统补间动画。

（21）在"时间轴"面板中创建新图层并将其命名为"彩带"。选中"彩带"图层的第 20 帧，按 F6 键，即可插入关键帧。将"库"面板中的位图"05"拖曳到舞台窗口中，并放置在适当的位置，如图 13-30 所示。

图 13-28

图 13-29

图 13-30

（22）分别选中"彩带"图层的第 40 帧、第 60 帧、第 80 帧，按 F6 键，即可分别插入关键帧。分别选中"菜单"图层的第 30 帧、第 50 帧、第 70 帧，按 F7 键，即可分别插入空白关键帧，如图 13-31 所示。教师节小动画制作完成，按 Ctrl+Enter 组合键即可查看效果。

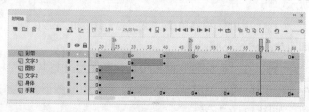
图 13-31

课堂练习 1——制作关注小动画

练习 1.1 项目背景及要求

1. 客户名称

欧朵露化妆品有限公司。

2. 客户需求

欧朵露化妆品有限公司是一家做护肤品和彩妆品直销的企业，公司经营多年，通过优质的服务和质量，得到广泛认可。目前公司为提高认知度，特推出公众号推广平台，现需要制作一个动画以引导客户关注。设计要求围绕主题，能够吸引客户的目光。

3. 设计要求

（1）要求以简单的插画元素搭配介绍文字进行设计。

（2）整体画面具有统一感。

（3）画面色彩搭配适宜，充满活力和新潮的特点。

（4）设计风格具有特色，布局新颖独特，能吸引用户。

（5）设计规格为 1080 px（宽）×300 px（高）。

练习 1.2 项目创意及要点

1. 素材资源

图片素材所在位置：本书学习资源中的"Ch13 > 素材 > 制作关注小动画 > 01"。

文字素材所在位置：本书学习资源中的"Ch13 > 素材 > 制作关注小动画 > 文本"。

2. 设计作品

设计作品效果所在位置：本书学习资源中的"Ch13 > 效果 > 制作关注小动画. fla"，效果如图 13-32 所示。

3. 制作要点

图 13-32

使用"导入到舞台"命令，导入素材；使用"文本"工具，输入文字；使用"分离"命令，将文字打散；使用"墨水瓶"工具，为文本添加描边；使用"颜料桶"工具，为文字填充颜色；使用"时间轴"面板，制作逐帧动画。

课堂练习 2——制作节气小动画

练习 2.1 项目背景及要求

1. 客户名称

去旅行。

2. 客户需求

去旅行是一个综合性旅行服务平台，去旅行可以随时随地向用户提供包括酒店预订、旅游度假及旅游资讯在内的全方位旅行服务。本例是为新一期的旅行指南制作文章配图，要求根据品牌的特点及本期指南的内容进行设计。

3. 设计要求

（1）表意准确，能够快速传达准确的信息。

（2）配图要求色彩丰富且独具特色。

（3）画面要求简洁美观，对简单的图形进行精细化设计。

（4）图案与文字搭配合理，画面看起来丰富并且具有趣味。

（5）设计规格为 1080 px（宽）×1080 px（高）。

练习 2.2   项目创意及要点

1. 素材资源

图片素材所在位置：本书学习资源中的"Ch13 > 素材 > 制作节气小动画 > 01 和 02"。

2. 设计作品

设计作品效果所在位置：本书学习资源中的"Ch13 > 效果 > 制作节气小动画. fla"，效果如图 13-33 所示。

3. 制作要点

使用"导入到库"命令，导入素材制作图形元件；使用"钢笔"工具，绘制运动路径；使用"添加传统运动引导层"命令，制作引导动画。

课后习题 1——制作学习宣传小动画

习题 1.1   项目背景及要求

1. 客户名称

Circle。

图 13-33

2. 客户需求

Circle 是一个以文字、图片、视频等多媒体形式，实现信息即时分享、传播互动的平台。现需要制作一款公众号宣传小动画，能够适用于平台首页传播，以宣传书籍阅读为主要内容，要求内容明确清晰，展现平台品质。

3. 设计要求

（1）海报内容应将文字与图片相结合，表明主题。

（2）色调淡雅，带给人平静、放松的视觉感受。

（3）画面干净整洁，使观者体会到阅读的快乐。

（4）设计注重细节，添加一些小的装饰元素为画面增添氛围。

（5）设计规格为 900 px（宽）×383 px（高）。

习题 1.2　项目创意及要点

1．素材资源

图片素材所在位置：本书学习资源中的"Ch13 > 素材 > 制作学习宣传小动画 > 01"。

文字素材所在位置：本书学习资源中的"Ch13 > 素材 > 制作学习宣传小动画 > 文本"。

2．设计作品

设计作品效果所在位置：本书学习资源中的"Ch13 > 效果 > 制作学习宣传小动画.fla"，效果如图 13-34 所示。

3．制作要点

使用"导入到舞台"命令，导入素材；使用"新建元件"命令和"文本"工具，制作图形元件；使用"创建传统补间"命令，制作传统补间动画。

课后习题 2——制作问候小动画

习题 2.1　项目背景及要求

图 13-34

1．客户名称

侃侃。

2．客户需求

侃侃是一款高质量的社交公众号平台，代表了年轻人随性洒脱的生活态度。用户通过侃侃可以随时随地和朋友们交流、分享新鲜事。侃侃现经过整体的规划和调整新添加了日签内容。本例是为平台设计今日的问候小动画，要求以晚安为话题进行设计。

3．设计要求

（1）能够快速传达准确的信息。

（2）画面要求简洁美观，独具文艺特色。

（3）页面风格淡雅闲适，表现形式层次分明，具有吸引力。

（4）设计形式具有特色，能够引起人们的共鸣。

（5）设计规格为 640 px（宽）× 1008 px（高）。

习题 2.2　项目创意及要点

1．素材资源

图片素材所在位置：本书学习资源中的"Ch13 > 素材 > 制作问候小动画 > 01 ~ 03"。

2．设计作品

设计作品效果所在位置：本书学习资源中的"Ch13 > 效果 > 制作问候小动画.fla"，效果如图 13-35 所示。

图 13-35

3. 制作要点

使用"导入到舞台"命令，导入素材；使用"椭圆"工具、"柔化填充边缘"命令和"创建补间形状"命令，制作月亮发光的效果。

13.2 动态标志设计——制作慧心双语幼儿园动态标志

13.2.1 项目背景及要求

1. 客户名称

慧心双语幼儿园。

2. 客户需求

慧心双语幼儿园是慧心国际教育机构下属的幼儿教育基地。幼儿园为来自全国的 1.5～6 岁的孩子提供了一流的双语教学环境和优质的教育服务，在确保孩子们全面发展的同时，也致力于培养孩子们的双语能力。本例是为幼儿园制作线上平台的动态标志，要求以简单的效果体现出幼儿园的特点，体现出轻松、愉悦的学习氛围。

3. 设计要求

（1）画面色彩要丰富多样，表现形式层次分明，具有吸引力。

（2）标志由图文搭配构成，通过对文字的变形与设计达到需要的效果。

（3）标志设计注重细节，添加一些小的装饰图案为标志增添特色。

（4）设计风格具有特色，能够体现出儿童的纯真与丰富多彩的校园生活。

（5）设计规格为 550 px（宽）×400 px（高）。

13.2.2 项目创意及要点

1. 素材资源

图片素材所在位置：本书学习资源中的"Ch13 > 素材 > 制作慧心双语幼儿园动态标志 > 01"。

文字素材所在位置：本书学习资源中的"Ch13 > 素材 > 制作慧心双语幼儿园动态标志 > 文本"。

2. 设计作品

设计作品效果所在位置：本书学习资源中的"Ch13 > 效果 > 制作慧心双语幼儿园动态标志.fla"，效果如图 13-36 所示。

3. 制作要点

使用"打开"命令，打开素材；使用"转换为元件"命令，将图形转为图形元件；使用"创建传统补间"命令，制作补间动画；使用"属性"面板，调整实例的透明度。

13.2.3 案例制作及步骤

1. 打开素材并制作图形元件

（1）选择"文件 > 打开"命令，在弹出的"打开"对话框中，选

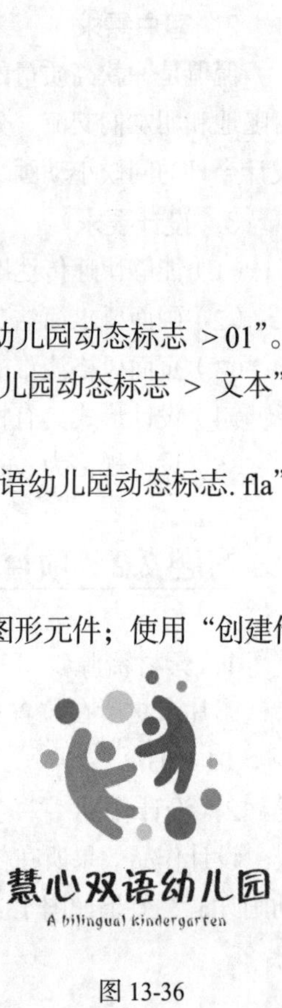

图 13-36

择本书学习资源中的"Ch13 > 素材 > 制作慧心双语幼儿园动态标志 > 01"文件，单击"打开"按钮，将其打开，如图 13-37 所示。

（2）选择"选择"工具 ，在舞台窗口中选中图 13-38 所示的图形，按 F8 键，在弹出的"转换为元件"对话框中进行设置，如图 13-39 所示，单击"确定"按钮，即可将选中的图形转换为图形元件。

图 13-37　　　　　　图 13-38　　　　　　　　　　　　图 13-39

（3）选中图 13-40 所示的图形，按 F8 键，在弹出的"转换为元件"对话框中进行设置，如图 13-41 所示，单击"确定"按钮，即可将选中的图形转换为图形元件。

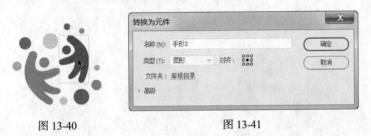

图 13-40　　　　　　　　　　图 13-41

（4）选中图 13-42 所示的圆形，按 F8 键，将其转换为图形元件"圆 1"，如图 13-43 所示。选中图 13-44 所示的圆形，按 F8 键，将其转换为图形元件"圆 2"，如图 13-45 所示。

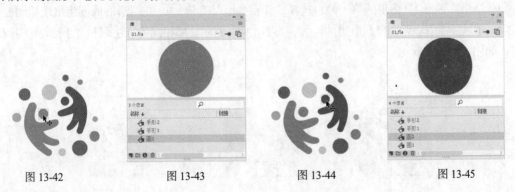

图 13-42　　　　　　图 13-43　　　　　　图 13-44　　　　　　图 13-45

（5）按住 Shift 键的同时，选中图 13-46 所示的圆形，按 F8 键，将其转换为图形元件"装饰圆"，如图 13-47 所示。

（6）按 Ctrl+F8 组合键，弹出"创建新元件"对话框，在"名称"选项的文本框中输入"文字"，在"类型"选项的下拉列表中选择"图形"选项，单击"确定"按钮，即可新建图形元件"文字"，如图 13-48 所示。舞台窗口也随之转换为图形元件的舞台窗口。

（7）选择"文本"工具 ，在文本工具"属性"面板中进行设置，在舞台窗口中的适当位置输入字号为 50、字体为"方正毡笔黑简体"的黑色（#231916）文字，文字效果如图 13-49 所示。

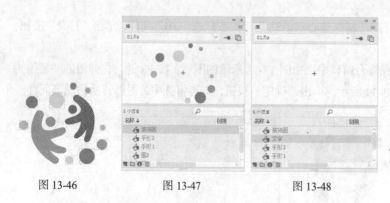

慧心双语幼儿园

| 图 13-46 | 图 13-47 | 图 13-48 | 图 13-49 |

2．制作场景动画

（1）单击舞台窗口左上方的"场景 1"图标 场景 1，即可进入"场景 1"的舞台窗口。选中"图层_1"的第 90 帧，按 F5 键，即可插入普通帧。按 Ctrl+A 组合键，将所有实例选中，如图 13-50 所示。选中"修改 ＞ 时间轴 ＞ 分散到图层"命令，将选中的实例分散到独立层，如图 13-51 所示。

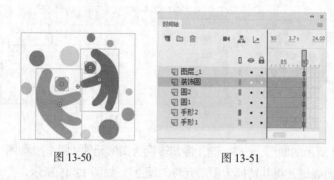

| 图 13-50 | 图 13-51 |

（2）选中"手形 1"图层的第 1 帧，选择"任意变形"工具 ，在图形的周围将出现控制框，如图 13-52 所示。将中心点拖曳到适当的位置，如图 13-53 所示。用相同的方法调整"手形 2"实例的中心点，如图 13-54 所示。

| 图 13-52 | 图 13-53 | 图 13-54 |

（3）分别选中"手形 1"图层和"手形 2"图层的第 10 帧，按 F6 键，即可分别插入关键帧。选中"手形 1"图层的第 1 帧，将鼠标指针放在控制框的左外侧，鼠标指针变为 ，按住鼠标左键并向右上方拖曳，如图 13-55 所示；松开鼠标，即可旋转实例的角度，效果如图 13-56 所示。

（4）用相同的方法调整"手形 2"图层的第 1 帧，效果如图 13-57 所示。分别用鼠标右键单击"手形 1"图层和"手形 2"图层的第 1 帧，在弹出的菜单中选择"创建传统补间"命令，即可生成传统补间动画。

图 13-55　　　　　　　　　图 13-56　　　　　　　　　图 13-57

（5）选择"选择"工具 ▶，选中"手形 1"图层的第 1 帧，在舞台窗口中选中"手形 1"实例，在图形"属性"面板中，选择"色彩效果"选项组，在"样式"选项的下拉列表中选择"Alpha"选项，将"Alpha 数量"设为 0，舞台窗口中的效果如图 13-58 所示。用相同的方法设置"手形 2"图层的第 1 帧，效果如图 13-59 所示。

（6）选中"圆 1"图层的第 1 帧，按住鼠标左键并将其拖曳到第 10 帧，如图 13-60 所示。用相同的方法设置"圆 2"图层，如图 13-61 所示。

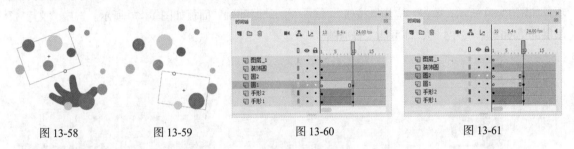

图 13-58　　　　　　图 13-59　　　　　　　　　图 13-60　　　　　　　　　　　图 13-61

（7）分别选中"圆 1"图层和"圆 2"图层的第 20 帧，按 F6 键，即可分别插入关键帧。选中"圆 1"图层的第 1 帧，在舞台窗口中选中"圆 1"实例，如图 13-62 所示。在图形"属性"面板中，选择"色彩效果"选项组，在"样式"选项的下拉列表中选择"Alpha"选项，将"Alpha 数量"设为 0，舞台窗口中的效果如图 13-63 所示。用相同的方法设置"圆 2"图层的第 10 帧，效果如图 13-64 所示。

图 13-62　　　　　　　　　图 13-63　　　　　　　　　图 13-64

（8）分别用鼠标右键单击"圆 1"图层和"圆 2"图层的第 10 帧，在弹出的菜单中选择"创建传统补间"命令，即可生成传统补间动画。

（9）选中"装饰圆"图层的第 1 帧，按住鼠标左键并将其拖曳到第 20 帧，如图 13-65 所示。选中"装饰圆"图层的第 30 帧，按 F6 键，即可插入关键帧。选中"装饰圆"图层的第 20 帧，在舞台窗口中选中"装饰圆"实例，如图 13-66 所示；在图形"属性"面板中，选择"色彩效果"选项组，在"样式"选项的下拉列表中选择"Alpha"选项，将"Alpha 数量"设为 0，舞台窗口中的效果如图 13-67 所示。

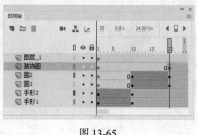
图 13-65

图 13-66

图 13-67

（10）用鼠标右键单击"装饰圆"图层的第 20 帧，在弹出的菜单中选择"创建传统补间"命令，即可生成传统补间动画。

（11）将"图层_1"重命名为"文字 1"。选中"文字 1"图层的第 30 帧，按 F6 键，即可插入关键帧。将"库"面板中的图形元件"文字"拖曳到舞台窗口中，并放置在适当的位置，如图 13-68 所示。

（12）保持"文字"实例的被选中状态，选择"窗口 > 动画预设"命令，弹出"动画预设"面板，单击"默认预设"文件夹前面的三角图标，展开默认预设。在"默认预设"文件夹中选择"脉搏"选项，如图 13-69 所示；单击"应用"按钮 应用 ，"时间轴"面板如图 13-70 所示。选中"文字 1"图层的第 90 帧，按 F5 键，即可插入普通帧。

图 13-68

图 13-69

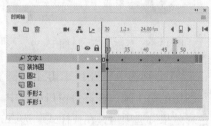
图 13-70

（13）在"时间轴"面板中创建新图层并将其命名为"文字 2"。选中"文字 2"图层的第 50 帧，按 F6 键，即可插入关键帧。选择"文本"工具 T ，在文本工具"属性"面板中进行设置，在舞台窗口中的适当位置输入字号为 20、字母间距为 2，字体为"方正毡笔黑简体"的黑色（#231916）文字，文字效果如图 13-71 所示。慧心双语幼儿园标志制作完成，按 Ctrl+Enter 组合键即可查看效果。

图 13-71

课堂练习 1——制作叭哥影视动态标志

练习 1.1　项目背景及要求

1. 客户名称

叭哥影视。

2．客户需求

叭哥影视传媒有限公司是一家刚刚成立的影视公司，经营范围包括制作、发行动画片、专题片、电视综艺等电视节目。现需要制作公司标志，作为公司形象中的关键元素。标志设计要求具有特色，能够体现公司的性质及特点。

3．设计要求

（1）要求以黄色和绿色作为标志设计的主体颜色，表现形式层次分明，具有吸引力。

（2）标志设计能够体现出公司富有活力、充满朝气的特点，具有较高的识别性。

（3）标志以公司名称的汉字进行设计，通过对文字的处理使标志看起来美观、独特。

（4）能表现出公司特色，整体设计搭配合理，并且富有变化。

（5）设计规格为 600 px（宽）×600px（高）。

练习 1.2　项目创意及要点

1．素材资源

图片素材所在位置：本书学习资源中的"Ch13 > 素材 > 制作叭哥影视动态标志 > 01"。

文字素材所在位置：本书学习资源中的"Ch13 > 素材 > 制作叭哥影视动态标志 > 文本"。

2．设计作品

设计作品效果所在位置：本书学习资源中的"Ch13 > 效果 > 制作叭哥影视动态标志.fla"，效果如图 13-72 所示。

3．制作要点

使用"打开"命令，打开素材；使用"圆形"工具和"创建补间形状"命令，制作形状补间动画；使用"矩形"工具，绘制高光图形；使用"创建传统补间"命令，制作补间动画；使用"遮罩层"命令，制作高光动画。

图 13-72

课堂练习2——制作童装动态标志

练习 2.1　项目背景及要求

1．客户名称

靓宝贝童装网。

2．客户需求

靓宝贝童装网是一家专门销售儿童服饰的网络平台，店面经营多年，凭借优质的服务和质量，得到广泛认可。目前网站为提高认知度，需要制作一款动态标志，网站设计要求围绕主题，表现出精品童装的特色。

3．设计要求

（1）标志设计要以黄色和绿色为主，体现儿童的纯真与服饰给人带来的温暖。

（2）标志以店面名称为主，通过对文字的变形与设计达到需要的效果。

（3）标志设计注重细节，添加一些小的装饰图案为标志增添特色。

（4）设计风格具有特色，动画形象生动，表现形式层次分明，具有吸引力。

（5）设计规格为 600 px（宽）× 600 px（高）。

练习 2.2　项目创意及要点

1．素材资源

图片素材所在位置：本书学习资源中的"Ch13 > 素材 > 制作童装动态标志 > 01"。

2．设计作品

设计作品效果所在位置：本书学习资源中的"Ch13 > 效果 > 制作童装动态标志.fla"，效果如图 13-73 所示。

3．制作要点

使用"打开"命令，打开素材；使用"墨水瓶"工具和"时间轴"面板，制作底图闪动效果；使用"椭圆"工具和"时间轴"面板，制作眼睛闪动效果；使用"创建传统补间"命令，制作花瓣动画。

图 13-73

课后习题 1——制作手柄电子竞技动态标志

习题 1.1　项目背景及要求

1．客户名称

手柄电子竞技。

2．客户需求

手柄电子是一家电子竞技俱乐部。成立不到一年时间，战队的竞技实力上升迅速，接连获得几届电子竞技比赛的冠军。现要为俱乐部设计一个标志，要求能够体现出俱乐部的特色。

3．设计要求

（1）标志设计要符合时下年轻人喜爱的风格特色。

（2）将图形和文字结合，要求通过文字的变化与设计使标志更加丰富。

（3）标志设计用色大胆前卫，能够使人眼前一亮。

（4）整体设计要求时尚、前卫，动画流畅、浑然一体，符合现代网络特色。

（5）设计规格为 550px（宽）× 400px（高）。

习题 1.2　项目创意及要点

1．素材资源

图片素材所在位置：本书学习资源中的"Ch13 > 素材 > 制作手柄电子竞技动态标志 > 01"。

2．设计作品

设计作品效果所在位置：本书学习资源中的"Ch13 > 效果 > 制作手柄电子竞技动态标志. fla"，效果如图 13-74 所示。

3．制作要点

使用"打开"命令，打开素材文件；使用"转换为元件"命令，将图形转换为图形元件；使用"创建传统补间"命令，生成补间动画；使用"属性"面板，调整实例的透明度。

手柄电子竞技

图 13-74

课后习题 2——制作酒吧动态标志

习题 2.1　项目背景及要求

1．客户名称

星部落酒吧。

2．客户需求

星部落酒吧是一家休闲娱乐的餐厅酒吧，拥有多位厨师和调酒师，店内提供独特的下午茶和鸡尾酒盛宴，定期有乐队在酒吧献唱，让舒缓浪漫的音乐陪顾客度过美妙的午夜时光。本例是为酒吧制作动态标志，要求根据品牌的调性、产品的功能及场景应用等因素设计一款图标。

3．设计要求

（1）标志设计要符合时下年轻人喜爱的风格特色。

（2）使用公司名称设计标志，要求通过文字的变化与图形元素的结合使标志更加丰富。

（3）标志设计用色大胆前卫，能够使人眼前一亮。

（4）整体设计要求时尚且具有特点。

（5）设计规格为 600 px（宽）×315 px（高）。

习题 2.2　项目创意及要点

1．素材资源

图片素材所在位置：本书学习资源中的"Ch13 > 素材 > 制作酒吧动态标志 > 01 和 02"。

文字素材所在位置：本书学习资源中的"Ch13 > 素材 > 制作酒吧动态标志 > 文本"。

2．设计作品

设计作品效果所在位置：本书学习资源中的"Ch13 > 效果 > 制作酒吧动态标志. fla"，效果如图 13-75 所示。

3．制作要点

使用"颜色"面板和"矩形"工具，绘制渐变矩形条；使用"遮罩"命令，制作转动的光晕效果；使用"创建传统补间"命令，制作补间动画效果；使用"文本"工具，输入标题文字。

图 13-75

13.3 动态海报设计——制作春节动态海报

13.3.1 项目背景及要求

1. 客户名称

创维有限公司。

2. 客户需求

创维有限公司是一家电商用品零售企业，销售平整式包装的家具、配件、浴室和厨房用品等。现因春节即将来临，需要制作一款动态海报，用于线上传播，以便与合作伙伴以及公司员工联络感情并互致问候。要求海报具有温馨的祝福语言、浓郁的民俗色彩以及传统的节日特色，能够充分表达本公司的祝福与问候。

3. 设计要求

（1）海报要求具有传统民俗的风格，既传统又具有现代感。

（2）使用具有春节特色的元素装饰画面，营造热闹的气氛。

（3）整体运用红色烘托节日氛围。

（4）设计规格为 1242 px（宽）×2208 px（高）。

13.3.2 项目创意及要点

1. 素材资源

图片素材所在位置：本书学习资源中的"Ch13 > 素材 > 制作春节动态海报 > 01～03"。

2. 设计作品

设计作品效果所在位置：本书学习资源中的"Ch13 > 效果 > 制作春节动态海报.fla"，效果如图 13-76 所示。

3. 制作要点

使用"导入到库"命令，导入素材文件；使用"转换为元件"命令，将图像转换为图形元件；使用"变形"面板、"属性"面板和"创建传统补间"命令，制作敲鼓动画。

13.3.3 案例制作及步骤

（1）在欢迎页的"详细信息"选项组中，将"宽"选项设为 1242，"高"选项设为 2208；在"平台类型"选项的下拉列表中选择"ActionScript 3.0"选项，单击"创建"按钮，即可完成文档的创建。

（2）选择"文件 > 导入 > 导入到库"命令，在弹出的"导入到库"对话框中，选择本书学习资源中的"Ch13 > 素材 > 制作春节动态海 > 01～03"文件，单击"打开"按钮，即可将选中的文件导入"库"面板，如图 13-77 所示。

图 13-76

（3）将"图层_1"重命名为"底图"。将"库"面板中的位图"01"拖曳到舞台窗口的中心位置，如图 13-78 所示。选中"底图"图层的第 20 帧，按 F5 键，即可插入普通帧。

（4）在"时间轴"面板中创建新图层并将其命名为"鼓棒1"。将"库"面板中的位图"03"拖曳到舞台窗口中，并放置在适当的位置，如图13-79所示。

图 13-77   图 13-78   图 13-79

（5）保持图像的被选中状态，按F8键，在弹出的"转换为元件"对话框中进行设置，如图13-80所示，单击"确定"按钮，即可将其转换为图形元件，如图13-81所示。

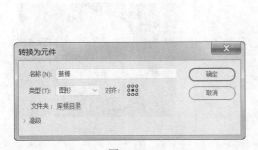 

图 13-80   图 13-81

（6）分别选中"鼓棒1"图层的第5帧，第10帧，按F6键，即可分别插入关键帧。选中"鼓棒1"图层的第5帧，在舞台窗口中将"鼓棒"实例拖曳到适当的位置，如图13-82所示。

（7）分别用鼠标右键单击"鼓棒1"图层的第1帧、第5帧，在弹出的菜单中选择"创建传统补间"命令，即可生成传统补间动画。

（8）在"时间轴"面板中创建新图层并将其命名为"响花1"。选中"响花1"图层的第5帧，按F6键，即可插入关键帧。将"库"面板中的位图"02"拖曳到舞台窗口中，并放置在适当的位置，如图13-83所示。

（9）保持图像的被选中状态，按F8键，在弹出的"转换为元件"对话框中进行设置，如图13-84所示，单击"确定"按钮，即可将其转换为图形元件。

 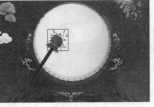 

图 13-82   图 13-83   图 13-84

（10）选中"响花 1"图层的第 8 帧，按 F6 键，即可插入关键帧。按 Ctrl+T 组合键，弹出"变形"面板，将"缩放宽度"选项和"缩放高度"选项均设为 120%，效果如图 13-85 所示。

（11）在图形"属性"面板中，选择"色彩效果"选项组，在"样式"选项的下拉列表中选择"Alpha"选项，将"Alpha 数量"设为 0，如图 13-86 所示，舞台窗口中的效果如图 13-87 所示。

图 13-85　　　　　　　　　　图 13-86　　　　　　　　　　图 13-87

（12）用鼠标右键单击"响花 1"图层的第 5 帧，在弹出的菜单中选择"创建传统补间"命令，即可生成传统补间动画。将"鼓棒 1"图层拖曳到"响花 1"图层的上方，如图 13-88 所示，舞台窗口中的效果如图 13-89 所示。

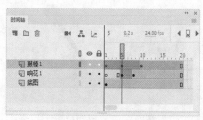

图 13-88　　　　　　　　　　　　图 13-89

（13）在"时间轴"面板中创建新图层并将其命名为"鼓棒 2"。将"库"面板中的图形元件"鼓棒"拖曳到舞台窗口中，如图 13-90 所示。选择"修改 > 变形 > 水平翻转"命令，即可将其水平翻转，效果如图 13-91 所示。

图 13-90　　　　　　　　　　　　图 13-91

（14）选择"选择"工具 ▶，在舞台窗口中将右侧的"鼓棒"实例拖曳到适当的位置，如图 13-92 所示。分别选中"鼓棒 2"图层的第 10 帧、第 15 帧、第 20 帧，按 F6 键，即可分别插入关键帧。选中"鼓棒 2"图层的第 15 帧，将舞台窗口中的"鼓棒"实例拖曳到适当的位置，如图 13-93 所示。

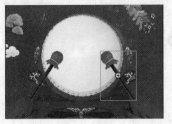

图 13-92 图 13-93

（15）分别用鼠标右键单击"鼓棒 2"图层的第 10 帧、第 15 帧，在弹出的菜单中选择"创建传统补间"命令，即可生成传统补间动画。

（16）在"时间轴"面板中创建新图层并将其命名为"响花 2"。选中"响花 2"图层的第 15 帧，按 F6 键，即可插入关键帧。将"库"面板中的图形元件"响花"拖曳到舞台窗口中，并放置在适当的位置，如图 13-94 所示。

（17）选中"响花 2"图层的第 18 帧，按 F6 键，即可插入关键帧。按 Ctrl+T 组合键，弹出"变形"面板，将"缩放宽度"选项和"缩放高度"选项均设为 120%，效果如图 13-95 所示。在图形"属性"面板中，选择"色彩效果"选项组，在"样式"选项的下拉列表中选择"Alpha"选项，将"Alpha数量"设为 0，舞台窗口中的效果如图 13-96 所示。

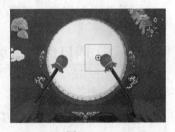

图 13-94 图 13-95 图 13-96

（18）用鼠标右键单击"响花 2"图层的第 15 帧，在弹出的菜单中选择"创建传统补间"命令，即可生成传统补间动画。

（19）在"时间轴"面板中将"响花 2"图层拖曳到"鼓棒 2"图层的下方，如图 13-97 所示，效果如图 13-98 所示。春节动态海报制作完成，按 Ctrl+Enter 组合键即可查看效果。

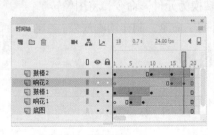

图 13-97 图 13-98

课堂练习 1——制作香水动态海报

练习 1.1　项目背景及要求

1. 客户名称

DIAR。

2. 客户需求

DIAR 是一家涉足护肤、彩妆、香水等多个产品领域的全新护肤品牌。现推出新款香水，要求设计一款动态海报，用于线上宣传。设计要求符合年轻人的喜好，给人芳香、迷人的感觉。

3. 设计要求

（1）设计风格要求清新淡雅，内容丰富。

（2）要求设计形式多样，在细节的处理上追求细致、独特。

（3）海报的设计要围绕新款香水这一主题，画面层次分明，具有吸引力。

（4）使用粉色作为海报的主体颜色，与产品相呼应，给人身临其境的感受。

（5）设计规格为 1242 px（宽）×2208 px（高）。

练习 1.2　项目创意及要点

1. 素材资源

图片素材所在位置：本书学习资源中的"Ch13 > 素材 > 制作香水动态海报 > 01 ~ 05"。

2. 设计作品

设计作品效果所在位置：本书学习资源中的"Ch13 > 效果 > 制作香水动态海报.fla"，效果如图 13-99 所示。

3. 制作要点

使用"导入到库"命令，导入素材；使用"转换为元件"命令，将图像转换为图形元件；使用"变形"面板、"创建传统补间"命令，制作动画效果。

图 13-99

课堂练习 2——制作促销动态海报

练习 2.1　项目背景及要求

1. 客户名称

晒潮流。

2. 客户需求

晒潮流是为广大年轻消费者提供服饰销售及售后服务的平台。平台拥有来自全球不同地区、不同风格的服饰，可为用户推荐特色及新品。在"双十一"来临之际，需要为女装平台设计一款动态海报，要求在展现产品特色的同时，突出优惠力度。

3．设计要求

（1）广告设计要以女装和"双十一"为主题。

（2）设计要求使用直观、醒目的文字来诠释广告内容，表现活动特色。

（3）画面色彩的使用要富有朝气，给人青春洋溢的感觉。

（4）画面版式沉稳且富于变化。

（5）设计规格为 1242 px（宽）×2208 px（高）。

练习 2.2　项目设计及要点

1．素材资源

图片素材所在位置：本书学习资源中的"Ch13 > 素材 > 制作促销动态海报 > 01 ~ 08"。

2．设计作品

设计作品效果所在位置：本书学习资源中的"Ch13 > 效果 > 制作促销动态海报.fla"，效果如图 13-100 所示。

3．制作要点

使用"导入到库"命令，导入素材；使用"新建元件"命令，制作图形元件；使用"变形"面板和"创建传统补间"命令，制作礼物动画；使用"时间轴"面板和帧，制作星星闪动效果。

图 13-100

课后习题 1——制作旅游动态海报

习题 1.1　项目背景及要求

1．客户名称

去旅行。

2．客户需求

去旅行是一家综合性旅行服务平台，去旅行可以随时随地向用户提供包括酒店预订、旅游度假及旅游资讯在内的全方位旅行服务。本例是为平台首页制作宣传海报，要求根据品牌的调性、产品的功能及场景应用等因素进行设计。

3．设计要求

（1）海报设计要求使用标志性景点作为底图，给顾客带来直观且具有吸引力的视觉感受。

（2）要求内容丰富，图文搭配合理。

（3）色彩鲜艳明亮，让人感受到热闹、欢乐的氛围。

（4）使用文字点名主题，要求搭配合理、内容明确、富有趣味。

（5）设计规格为 1242 px（宽）×2208 px（高）。

习题 1.2   项目创意及要点

1. 素材资源

图片素材所在位置：本书学习资源中的"Ch13 > 素材 > 制作旅游动态海报 > 01 ~ 04"。

2. 设计作品

设计作品效果所在位置：本书学习资源中的"Ch13 > 效果 > 制作旅游动态海报. fla"，效果如图 13-101 所示。

3. 制作要点

使用"导入到库"命令，导入素材；使用"新建元件"命令，制作图形元件；使用"创建传统补间"命令，制作补间动画。

课后习题 2——制作甜筒动态海报

图 13-101

习题 2.1   项目背景及要求

1. 客户名称

美食来了。

2. 客户需求

美食来了是一家餐饮企业，新推出了一款网上订餐平台，提供的品类包括甜品、蛋糕、奶茶、咖啡、水果、鲜花等。现推出新款抹茶甜筒，要求为此设计一款动态宣传海报，用于线上平台宣传和推广，要求设计符合产品主题且具有品牌特点。

3. 设计要求

（1）画面要求以产品实物为主导。

（2）设计要求使用直观醒目的文字来诠释宣传内容，表现活动特色。

（3）画面色彩搭配适宜，体现出甜品的口味特点及特色。

（4）设计风格具有特色，版式布局合理有序。

（5）设计规格为 1242 px（宽）×2208 px（高）。

习题 2.2   项目创意及要点

1. 素材资源

图片素材所在位置：本书学习资源中的"Ch13 > 素材 > 制作甜筒动态海报 > 01 ~ 04"。

2. 设计作品

设计作品效果所在位置：本书学习资源中的"Ch13 > 效果 > 制作甜筒动态海报. fla"，效果如图 13-102 所示。

图 13-102

3．制作要点

使用"导入到库"命令，导入素材；使用"时间轴"面板和帧，制作文字动画；使用"新建元件"命令，制作图形元件；使用"创建传统补间"命令，制作阴影动画。

13.4 电商广告设计——制作女包广告

13.4.1 项目背景及要求

1．客户名称

NEW LOOK。

2．客户需求

NEW LOOK 是一家主营各类皮件商品的公司，包括各式皮包、男女装、香水、丝巾等，多年来一直坚持自己的品牌精神，为顾客提供不同的产品。现因公司推出新款女士皮包，需要制作一个全新的网店首页海报，要求起到宣传公司新产品的作用，向客户传递出清新感和活力感。

3．设计要求

（1）将自然元素与新产品巧妙结合，但不能喧宾夺主。

（2）画面包含新产品，突出产品的优点。

（3）色彩运用自然和谐，画面明亮清新。

（4）设计具有简洁、时尚和雅致的艺术风格。

（5）设计规格为 800 px（宽）×250 px（高）。

13.4.2 项目创意及要点

1．素材资源

图片素材所在位置：本书学习资源中的"Ch13 > 素材 > 制作女包广告 > 01 和 02"。

文字素材所在位置：本书学习资源中的"Ch13 > 素材 > 制作女包广告 > 文本"。

2．设计作品

设计作品效果所在位置：本书学习资源中的"Ch13 > 效果 > 制作女包广告.fla"，效果如图 13-103 所示。

图 13-103

3. 制作要点

使用"导入到库"命令，导入素材并制作图形元件；使用"创建传统补间"命令，制作补间动画效果；使用"属性"面板，设置实例的不透明度；使用"变形"面板，改变实例的大小及旋转角度；使用"文本"工具，输入标题性文字。

13.4.3 案例制作及步骤

1. 导入素材制作图形元件并制作画面 1

（1）在欢迎页的"详细信息"选项组中，将"宽"选项设为800，"高"选项设为250；在"平台类型"选项的下拉列表中选择"ActionScript 3.0"选项，单击"创建"按钮，即可完成文档的创建。

（2）选择"文件 > 导入 > 导入到库"命令，在弹出的"导入到库"对话框中，选择本书学习资源中的"Ch13 > 素材 > 制作女包广告 > 01 和 02"文件，单击"打开"按钮，即可将选中的文件导入"库"面板，如图 13-104 所示。

（3）按 Ctrl+F8 组合键，弹出"创建新元件"对话框，在"名称"选项的文本框中输入"文字1"，在"类型"选项的下拉列表中选择"图形"选项，如图 13-105 所示，单击"确定"按钮，即可新建图形元件"文字1"，如图 13-106 所示。舞台窗口也随之转换为图形元件的舞台窗口。

图 13-104

图 13-105

图 13-106

（4）选择"矩形"工具 ▢，在工具箱中将"笔触颜色"设为无，"填充颜色"设为红色（#F71036）；单击工具箱下方的"对象绘制"按钮 ◉，在舞台窗口中绘制一个矩形，如图 13-107 所示。

（5）选择"文本"工具 T，在文本工具"属性"面板中进行设置，在舞台窗口中适当的位置输入字号为 9、字体为"方正兰亭黑简体"的白色文字，文字效果如图 13-108 所示。用相同的方法制作图形元件"文字 2"，效果如图 13-109 所示。

图 13-107　　　　　　　　　　　图 13-108　　　　　　　　　　　图 13-109

（6）单击舞台窗口左上方的"场景 1"图标 场景 1，即可进入"场景 1"的舞台窗口。将"图层_1"重命名为"底图"。将"库"面板中的位图"01"文件拖曳到舞台窗口中，如图 13-110 所示。选中"底图"图层的第 210 帧，按 F5 键，即可插入普通帧，如图 13-111 所示。

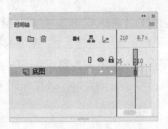

图 13-110　　　　　　　　　　　　　　　图 13-111

（7）在"时间轴"面板中创建新图层并将其命名为"遮罩"。选择"矩形"工具，在工具箱中将"笔触颜色"设为无，"填充颜色"设为绿色（#90CC3B），在舞台窗口中绘制一个矩形，如图 13-112 所示。

（8）选中"遮罩"图层的第 20 帧，按 F6 键，即可插入关键帧。选中"遮罩"图层的第 1 帧，按 Ctrl+T 组合键，弹出"变形"面板，将"缩放宽度"选项设为 1%，"缩放高度"选项设为 100%，如图 13-113 所示，按 Enter 键确认。

图 13-112　　　　　　　　　　　　　　　图 13-113

（9）用鼠标右键单击"遮罩"图层的第 1 帧，在弹出的快捷菜单中选择"创建补间形状"命令，即可生成形状补间动画，如图 13-114 所示。在"遮罩"图层上单击鼠标右键，在弹出的快捷菜单中选择"遮罩层"命令，即可将"遮罩"图层设置为遮罩层，将图层"底图"设置为被遮罩层，如图 13-115 所示。

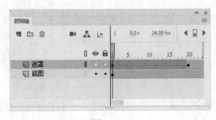
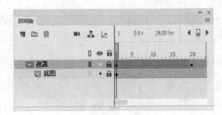

图 13-114　　　　　　　　　　　　　　　图 13-115

（10）在"时间轴"面板中创建新图层并将其命名为"NEW"。选中"NEW"图层的第 20 帧，按 F6 键，即可插入关键帧。选择"文本"工具 T，在文本工具"属性"面板中进行设置，在舞台窗口中适当的位置输入字号为 30、字体为"ITC Avant Garde Gothic Demi"的粉色（#EF9D9D）英文，文字效果如图 13-116 所示。

（11）在"时间轴"面板中创建新图层并将其命名为"遮罩 2"。选中"遮罩 2"图层的第 20 帧，按 F6 键，即可插入关键帧。选择"矩形"工具，在工具箱中将"笔触颜色"设为无，"填充颜色"

设为绿色（#90CC3B），在舞台窗口中绘制一个矩形，如图 13-117 所示。

（12）选中"遮罩 2"图层的第 30 帧，按 F6 键，即可插入关键帧。选择"任意变形"工具 ，在矩形周围将出现控制点，按住 Alt 键的同时，选中矩形右侧中间的控制点并向右拖曳到适当的位置，即可改变矩形的宽度，效果如图 13-118 所示。

图 13-116　　　　　　　　　　图 13-117　　　　　　　　　　图 13-118

（13）用鼠标右键单击"遮罩 2"图层的第 20 帧，在弹出的快捷菜单中选择"创建补间形状"命令，即可生成形状补间动画，如图 13-119 所示。在"遮罩 2"图层上单击鼠标右键，在弹出的快捷菜单中选择"遮罩层"命令，即可将图层"遮罩 2"图层设置为遮罩层，将图层"NEW"设置为被遮罩层，如图 13-120 所示。

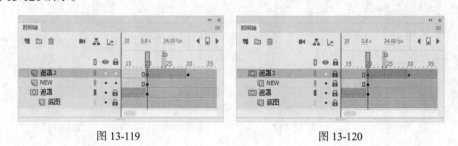

图 13-119　　　　　　　　　　　　　　图 13-120

（14）在"时间轴"面板中创建新图层并将其命名为"LOOK"。选中"LOOK"图层的第 30 帧，按 F6 键，即可插入关键帧。选择"文本"工具 T ，在文本工具"属性"面板中进行设置，在舞台窗口中适当的位置输入字号为 30、字体为"ITC Avant Garde Gothic Demi"的粉色（#EF9D9D）英文，文字效果如图 13-121 所示。

（15）在"时间轴"面板中创建新图层并将其命名为"遮罩 3"。选中"遮罩 3"图层的第 30 帧，按 F6 键，即可插入关键帧。选择"矩形"工具 ，在工具箱中将"笔触颜色"设为无，"填充颜色"设为绿色（#90CC3B），在舞台窗口中绘制一个矩形，如图 13-122 所示。

（16）选中"遮罩 3"图层的第 40 帧，按 F6 键，即可插入关键帧。选择"任意变形"工具 ，在矩形周围将出现控制点，按住 Alt 键的同时，选中矩形右侧中间的控制点并向右拖曳到适当的位置，即可改变矩形的宽度，效果如图 13-123 所示。

图 13-121　　　　　　　　　　图 13-122　　　　　　　　　　图 13-123

（17）用鼠标右键单击"遮罩 3"图层的第 30 帧，在弹出的快捷菜单中选择"创建补间形状"命令，即可生成形状补间动画，如图 13-124 所示。在"遮罩 3"图层上单击鼠标右键，在弹出的快捷菜单中选择"遮罩层"命令，即可将图层"遮罩 3"图层设置为遮罩层，将图层"LOOK"设置为被遮罩层，如图 13-125 所示。

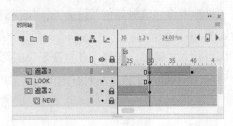

图 13-124　　　　　　　　　　　　　　　　图 13-125

2．制作画面 2

（1）在"时间轴"面板中创建新图层并将其命名为"花季盛宴"。选中"花季盛宴"图层的第 40 帧，按 F6 键，即可插入关键帧。选择"文本"工具 T，在文本工具"属性"面板中进行设置，在舞台窗口中的适当位置输入字号为 35、字体为"方正兰亭中黑简体"的红色（#F71036）文字，文字效果如图 13-126 所示。

（2）在"时间轴"面板中创建新图层并将其命名为"遮罩 4"。选中"遮罩 4"图层的第 40 帧，按 F6 键，即可插入关键帧。选择"矩形"工具 ⬜，在工具箱中将"笔触颜色"设为无，"填充颜色"设为绿色（#90CC3B），在舞台窗口中绘制一个矩形，如图 13-127 所示。

（3）选中"遮罩 4"图层的第 60 帧，按 F6 键，即可插入关键帧。选择"任意变形"工具 ▦，在矩形周围将出现控制点，按住 Alt 键的同时，选中矩形右侧中间的控制点并向右拖曳到适当的位置，改变矩形的宽度，效果如图 13-128 所示。

图 13-126　　　　　　　　　　　图 13-127　　　　　　　　　　　图 13-128

（4）用鼠标右键单击"遮罩 4"图层的第 40 帧，在弹出的快捷菜单中选择"创建补间形状"命令，即可生成形状补间动画，如图 13-129 所示。在"遮罩 4"图层上单击鼠标右键，在弹出的快捷菜单中选择"遮罩层"命令，即可将图层"遮罩 4"图层设置为遮罩层，将图层"花季盛宴"设置为被遮罩层，如图 13-130 所示。

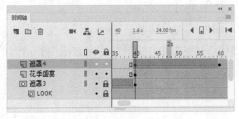

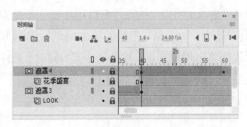

图 13-129　　　　　　　　　　　　　　　　图 13-130

（5）在"时间轴"面板中创建新图层并将其命名为"水平线"。选中"水平线"图层的第 60 帧，按 F6 键，即可插入关键帧。选择"线条"工具 ⟋，在线条工具"属性"面板中，将"笔触颜色"设为黑色，"笔触"选项设为 1，在舞台窗口中绘制两条水平线，如图 13-131 所示。

（6）在"时间轴"面板中创建新图层并将其命名为"遮罩 5"。选中"遮罩 5"图层的第 60 帧，按 F6 键，即可插入关键帧。选择"矩形"工具 ▢，在工具箱中将"笔触颜色"设为无，"填充颜色"设为绿色（#90CC3B），在舞台窗口中绘制一个矩形，如图 13-132 所示。

（7）选中"遮罩 5"图层的第 80 帧，按 F6 键，即可插入关键帧。选择"任意变形"工具 ▥，在矩形周围将出现控制点，按住 Alt 键的同时，选中矩形右侧中间的控制点并向右拖曳到适当的位置，即可改变矩形的宽度，效果如图 13-133 所示。

图 13-131　　　　　　　　　　图 13-132　　　　　　　　　　图 13-133

（8）用鼠标右键单击"遮罩 5"图层的第 60 帧，在弹出的快捷菜单中选择"创建补间形状"命令，即可生成形状补间动画，如图 13-134 所示。在"遮罩 5"图层上单击鼠标右键，在弹出的快捷菜单中选择"遮罩层"命令，即可将"遮罩 5"图层设置为遮罩层，将图层"水平线"设置为被遮罩层，如图 13-135 所示。

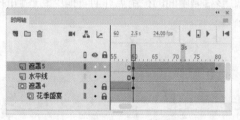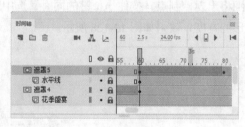

图 13-134　　　　　　　　　　　　　　图 13-135

（9）在"时间轴"面板中创建新图层并将其命名为"日期"。选中"日期"图层的第 80 帧，按 F6 键，即可插入关键帧。选择"文本"工具 T，在文本工具"属性"面板中进行设置，在舞台窗口中适当的位置输入字号为 13、字体为"方正兰亭中黑简体"的黑色文字，文字效果如图 13-136 所示。

（10）在"时间轴"面板中创建新图层并将其命名为"遮罩 6"。选中"遮罩 6"图层的第 80 帧，按 F6 键，即可插入关键帧。选择"矩形"工具 ▢，在工具箱中将"笔触颜色"设为无，"填充颜色"设为绿色（#90CC3B），在舞台窗口中绘制一个矩形，如图 13-137 所示。

（11）选中"遮罩 6"图层的第 95 帧，按 F6 键，即可插入关键帧。选择"任意变形"工具 ▥，在矩形周围将出现控制点，按住 Alt 键的同时，选中矩形右侧中间的控制点并向右拖曳到适当的位置，即可改变矩形的宽度，效果如图 13-138 所示。

图 13-136

图 13-137

图 13-138

（12）用鼠标右键单击"遮罩 6"图层的第 80 帧，在弹出的快捷菜单中选择"创建补间形状"命令，即可生成形状补间动画，如图 13-139 所示。在"遮罩 6"图层上单击鼠标右键，在弹出的快捷菜单中选择"遮罩层"命令，即可将图层"遮罩 6"图层设置为遮罩层，将图层"日期"设置为被遮罩层，如图 13-140 所示。

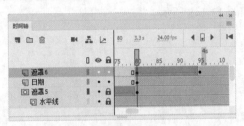
图 13-139

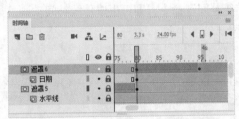
图 13-140

（13）在"时间轴"面板中创建新图层并将其命名为"文字 1"。选中"文字 1"图层的第 95 帧，按 F6 键，即可插入关键帧。将"库"面板中的图形元件"文字 1"拖曳到舞台窗口中，并放置在适当的位置，如图 13-141 所示。

（14）在"时间轴"面板中创建新图层并将其命名为"文字 2"。选中"文字 2"图层的第 95 帧，按 F6 键，即可插入关键帧。将"库"面板中的图形元件"文字 2"拖曳到舞台窗口中，并放置在适当的位置，如图 13-142 所示。

图 13-141

图 13-142

（15）分别选中"文字 1"图层和"文字 2"图层的第 110 帧，按 F6 键，即可分别插入关键帧，如图 13-143 所示。选中"文字 1"图层的第 95 帧，在舞台窗口中将"文字 1"实例水平向左拖曳到适当的位置，如图 13-144 所示。

（16）在图形"属性"面板中选择"色彩效果"选项组，在"样式"选项的下拉列表中选择"Alpha"，并将其"Alpha 数量"设为 0，效果如图 13-145 所示。

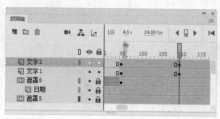

图 13-143　　　　　　　　　图 13-144　　　　　　　　　图 13-145

（17）选中"文字 2"图层的第 95 帧，在舞台窗口中将"文字 2"实例水平向右拖曳到适当的位置，如图 13-146 所示。在图形"属性"面板中选择"色彩效果"选项组，在"样式"选项的下拉列表中选择"Alpha"，并将其"Alpha 数量"设为 0，效果如图 13-147 所示。

（18）分别用鼠标右键单击"文字 1"图层和"文字 2"图层的第 95 帧，在弹出的快捷菜单中选择"创建传统补间"命令，即可生成传统补间动画，如图 13-148 所示。

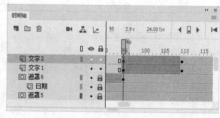

图 13-146　　　　　　　　　图 13-147　　　　　　　　　图 13-148

（19）在"时间轴"面板中创建新图层并将其命名为"包"。选中"包"图层的第 110 帧，按 F6 键，即可插入关键帧。将"库"面板中的位图"02"拖曳到舞台窗口中，并放置在适当的位置，如图 13-149 所示。按 F8 键，弹出"转换为元件"对话框，在"名称"选项的文本框中输入"包"，在"类型"选项的下拉列表中选择"图形"选项，单击"确定"按钮，即可将图形转换为图形元件。

（20）分别选中"包"图层的第 140 帧、第 145 帧、第 150 帧、第 155 帧、第 160 帧，按 F6 键，即可分别插入关键帧，如图 13-150 所示。选中"包"图层的第 145 帧，按 Ctrl+T 组合键，弹出"变形"面板，将"旋转"选项设为 5°，效果如图 13-151 所示。

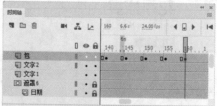

图 13-149　　　　　　　　　图 13-150　　　　　　　　　图 13-151

（21）选中"包"图层的第 155 帧，按 Ctrl+T 组合键，弹出"变形"面板，将"旋转"选项设为 −5°，其他设置如图 13-152 所示，效果如图 13-153 所示。

图 13-152　　　　　　　　　　　图 13-153

（22）分别用鼠标右键单击"包"图层的第 140 帧、第 145 帧、第 150 帧、第 155 帧，在弹出的快捷菜单中选择"创建传统补间"命令，即可生成传统补间动画，如图 13-154 所示。

（23）分别选中"包"图层的第 170 帧、第 172 帧、第 174 帧、第 176 帧、第 178 帧、第 180 帧，按 F6 键，即可分别插入关键帧，如图 13-155 所示。

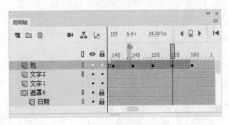
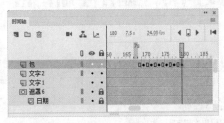

图 13-154　　　　　　　　　　　图 13-155

（24）选中"包"图层的第 170 帧，在舞台窗口中选中"包"实例，在图形"属性"面板中选择"色彩效果"选项组，在"样式"选项的下拉列表中选择"色调"，在右侧的颜色框中将颜色设为白色，其他选项的设置如图 13-156 所示，效果如图 13-157 所示。用相同的方法分别设置"包"图层的第 174 帧、第 178 帧中的实例。

（25）在"时间轴"面板中创建新图层并将其命名为"遮罩 7"。选中"遮罩 7"图层的第 110 帧，按 F6 键，即可插入关键帧。选择"椭圆"工具 ，在工具箱中将"笔触颜色"设为无，"填充颜色"设为绿色（#90CC3B），按住 Shift 键的同时，在舞台窗口中绘制 1 个圆形，如图 13-158 所示。

图 13-156　　　　　　　　图 13-157　　　　　　　　图 13-158

（26）选中"遮罩 7"图层的第 125 帧，按 F6 键，即可插入关键帧。选中"遮罩 7"图层的第 110 帧，按 Ctrl+T 组合键，弹出"变形"面板，将"缩放宽度"选项和"缩放高度"选项均设为 1%。

（27）用鼠标右键单击"遮罩 7"图层的第 110 帧，在弹出的快捷菜单中选择"创建补间形状"命令，即可生成形状补间动画，如图 13-159 所示。在"遮罩 7"图层上单击鼠标右键，在弹出的快捷菜单中选择"遮罩层"命令，即可将图层"遮罩 7"图层设置为遮罩层，将图层"包"设置为被遮罩层，如图 13-160 所示。女包广告效果制作完成，按 Ctrl+Enter 组合键即可查看效果。

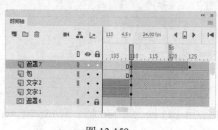

图 13-159

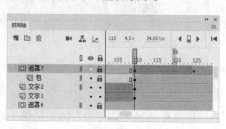

图 13-160

课堂练习1——制作手机广告

练习 1.1　项目背景及要求

1．客户名称
米心手机专营店。

2．客户需求
米心手机专营店是一家手机专卖店。该手机店推出了新款手机，需要制作针对网店的宣传广告，要求体现出新款产品的特点。广告要求重点突出，着力宣传此次推出的新款产品的活动。

3．设计要求
（1）广告要求重点突出，着力宣传此次新品推广活动。

（2）添加手机形象，与文字一起构成丰富的画面。

（3）广告设计要求主次分明，对文字进行具有特色的设计，使消费者快速了解产品信息。

（4）要求画面对比强烈，能迅速吸引人们的注意。

（5）设计规格为 800 px（宽）×251 px（高）。

练习 1.2　项目创意及要点

1．素材资源
图片素材所在位置：本书学习资源中的"Ch13 > 素材 > 制作手机广告 > 01 ~ 04"。

文字素材所在位置：本书学习资源中的"Ch13 > 素材 > 制作手机广告 > 文本"。

2．设计作品
设计作品效果所在位置：本书学习资源中的"Ch13 > 效果 > 制作手机广告.fla"，效果如图 13-161 所示。

图 13-161

3．制作要点

使用"导入到库"命令，导入素材；使用"新建元件"命令和"文本"工具，制作图形元件；使用"矩形"工具和"颜色"面板，制作高光效果；使用"创建传统补间"命令，制作补间动画；使用"遮罩层"命令，制作遮罩动画；使用"动作"面板，设置脚本语言。

课堂练习2——制作女装广告

练习 2.1　项目背景及要求

1．客户名称

ELEGANCE 服装公司。

2．客户需求

ELEGANCE 服装公司是一家集服装设计、生产、服务于一体的专业性制装企业。现推出新款春装，需要制作宣传广告，设计要求突出青春、雅致、清爽的特点。

3．设计要求

（1）浅淡的背景色营造出清新、淡雅的氛围。

（2）丰富的颜色运用体现出青春和活力。

（3）人物和文字的搭配给人时尚雅致的感觉。

（4）整体风格简洁大气，具有感染力。

（5）设计规格为 1000 px（宽）× 339 px（高）。

练习 2.2　项目创意及要点

1．素材资源

图片素材所在位置：本书学习资源中的"Ch13 > 素材 > 制作女装广告 > 01 ~ 04"。

文字素材所在位置：本书学习资源中的"Ch13 > 素材 > 制作女装广告 > 文本"。

2．设计作品

设计作品效果所在位置：本书学习资源中的"Ch13 > 效果 > 制作女装广告.fla"，效果如图 13-162 所示。

图 13-162

3．制作要点

使用"导入"命令，导入素材文件；使用"新建元件"命令，将导入的素材制作成图形元件；使用"文字"工具，输入广告语文本；使用"分离"命令，将输入的文字打散；使用"创建传统补间"命令，制作补间动画效果；使用"动作脚本"命令，添加动作脚本。

课后习题 1——制作空调扇 Banner 广告

习题 1.1　项目背景及要求

1．客户名称

戴森尔。

2．客户需求

戴森尔是一家网上购物综合平台，商品涵盖家电、手机、计算机、服装、百货、海外购等品类。现推出新型变频空调扇，要求进行广告设计，用于平台宣传及推广。设计要符合现代设计风格，给人沉稳、干净的感觉。

3．设计要求

（1）画面设计要求以产品图片为主体。

（2）设计要求使用直观、醒目的文字来诠释广告内容，表现活动特色。

（3）画面色彩要给人清新、干净的感觉。

（4）画面版式沉稳且富于变化。

（5）设计规格为 1920 px（宽）×800 px（高）。

习题 1.2　项目创意及要点

1．素材资源

图片素材所在位置：本书学习资源中的"Ch13 > 素材 > 制作空调扇 Banner 广告 > 01 ~ 03"。

文字素材所在位置：本书学习资源中的"Ch13 > 素材 > 制作空调扇 Banner 广告 > 文本"。

2．设计作品

设计作品效果所在位置：本书学习资源中的"Ch13 > 效果 > 制作空调扇 Banner 广告.fla"，效果如图 13-163 所示。

3．制作要点

使用"导入到库"命令，导入素材；使用"新建元件"命令和"文本"工具，制作图形元件；使用"分散到图层"命令，制作功能动画；使用"创建传统补间"命令，制作补间动画；使用"属性"面板，调整实例的透明度。

图 13-163

课后习题 2——制作电商平台 App 主页 Banner

习题 2.1　项目背景及要求

1. 客户名称

Living App。

2. 客户需求

Living App 是一家零售企业，销售家电、数码通信、计算机、家居百货、服装服饰等。现有新款全面屏手机上市，为了更好地宣传和推广，需要制作一款主页 Banner。设计要求符合品牌特点，突出产品特色且具有吸引力。

3. 设计要求

（1）广告要求内容突出，重点宣传此次新品推广活动。

（2）添加手机形象，与文字一起构成丰富的画面。

（3）广告设计要求主次分明，对文字进行具有特色的设计，使消费者快速了解产品信息。

（4）要求画面对比强烈，能迅速吸引人们的注意。

（5）设计规格为 1920 px（宽）× 600 px（高）。

习题 2.2　项目创意及要点

1. 素材资源

图片素材所在位置：本书学习资源中的"Ch13 > 素材 > 制作电商平台 App 主页 Banner > 01 和 02"。

文字素材所在位置：本书学习资源中的"Ch13 > 素材 > 制作电商平台 App 主页 Banner > 文本"。

2. 设计作品

设计作品效果所在位置：本书学习资源中的"Ch13 > 效果 > 制作电商平台 App 主页 Banner. fla"，效果如图 13-164 所示。

图 13-164

3. 制作要点

使用"导入到库"命令，导入素材文件；使用"新建元件"命令和"文本"工具，制作图形元件；使用"创建传统补间"命令，制作补间动画；使用"属性"面板，调整实例的透明度。